Konstruktionsbücher

Herausgegeben von Professor Dr.-Ing G. Pahl

Band 33

Heinz Peeken · Christoph Troeder

Elastische Kupplungen

Ausführungen, Eigenschaften, Berechnungen

Mit 205 Abbildungen

Springer-Verlag Berlin
Heidelberg GmbH 1986

Dr.-Ing. Heinz Peeken

Professor, Institut für Maschinenelemente und Maschinengestaltung
der Rhein.-Westf. Technischen Hochschule Aachen

Dr.-Ing. Christoph Troeder

Professor, Akademischer Rat an diesem Institut

Dr.-Ing. Gerhard Pahl

Professor, Fachgebiet Maschinenelemente und Konstruktionslehre
der Technischen Hochschule Darmstadt

ISBN 978-3-540-13933-1 ISBN 978-3-642-82389-3 (eBook)
DOI 10.1007/978-3-642-82389-3

CIP-Kurztitelaufnahme der Deutschen Bibliothek

(Konstruktionsbücher ; Bd. 33)

NE: Troeder, Christoph: GT

3020/2362/543210

Vorwort

Die elastische Ausgleichskupplung ist ein Maschinenelement, das in Antriebssystemen von Maschinenanlagen und Fahrzeugen vielfältige Verwendung findet. Obwohl sie einfach aufgebaut ist, war das Wissen über Auslegung und Auswahl bisher relativ begrenzt. Erst in den letzten Jahren hat sich die Forschung verstärkt auch der elastischen Kupplung angenommen und vielfältige Erkenntnisse über Steifigkeit und Dämpfung sowie zur Auslegung im Zusammenwirken mit einem Antriebsstrang bereitgestellt. Das vorliegende Buch beabsichtigt deshalb, diese neuen Erkenntnisse zusammenfassend darzustellen und sie so einer breiteren Anwendung in Konstruktion und Betriebspraxis zugänglich zu machen.

Neben dem Überblick über Bauformen und konstruktive Einzelheiten der elastischen Ausgleichskupplungen ist es ein Anliegen des Buches, über die komplexen Vorgänge in den Elastomerelementen – als die die Kennwerte einer Kupplung bestimmenden Glieder – zu informieren. Die Darstellung der Kupplungsberechnung bezieht sich weniger auf Fragen der Festigkeit von Kupplungskörper und Elastomerelement, sondern mehr auf die Bestimmung der zeitabhängigen Beanspruchungsgrößen, die eine Kupplung im Antriebsstrang erfährt.

Dabei wurde großer Wert darauf gelegt, sowohl Näherungsmethoden als auch genauere Berechnungsverfahren zusammen mit dem wissenschaftlichen Hintergrund darzustellen, zumal – durch das stärkere Vordringen der elektronischen Datenverarbeitung – der Einsatz dieser Verfahren ständig an Bedeutung gewinnt.

Die Bestimmung der Beanspruchungsgrößen einer Kupplung erfordert die rechnerische Simulation des Betriebsverhaltens des ganzen Antriebsstranges. Es war deshalb erforderlich, auch Eigenschaften und Kennwerte typischer Bauelemente von Antriebssystemen wie Antriebs- und Arbeitsmaschinen, Getriebe, Schaltkupplungen, Freilaufkupplungen, Gelenkwellen usw. aufzunehmen.

Sind die Beanspruchungsgrößen bekannt, so kann – zusammen mit Angaben der Kupplungshersteller – eine Dimensionierung leicht vorgenommen werden. Beispiele vorgenommener Simulationen verschiedenster Maschinenanlagen zeigen die große Anwendungsbreite der dargestellten Berechnungsverfahren.

Die Autoren danken allen im Buch erwähnten Firmen, die technische Unterlagen und Bilder zur Verfügung gestellt haben. Unser besonderer Dank gilt Herrn Dr.-Ing. Benner für die Bearbeitung des Kapitels 8 und für die durchgeführten Messungen, Herrn Dipl.-Ing. Kaufhold für die Unterstützung bei der Auswahl der Beispiele, Herrn Dr.-Ing. Kretzer für redaktionelle Arbeiten am Manuskript, Frau Lenertz und Frau Kutsch, die das Manuskript trotz mancher Änderungen sorgfältig geschrieben haben, Herrn Schweitzer und Herrn Will, die die sorgfältige Anfertigung der Zeichnungen übernommen haben. Außerdem gilt unser Dank dem Springer-Verlag für die gute Zusammenarbeit.

Aachen, im Januar 1986 H. Peeken · Ch. Troeder

Inhaltsverzeichnis

Verwendete Formelzeichen und Abkürzungen

Abkürzung	Einheit	Bezeichnung
A	Nm	Arbeit
A	mm^2	Fläche
B	N/mm^2	Breite der Hystereseschleife
C	–	Konstante
C	N/mm^2	Steifigkeit
C	Nm/rad	Drehfedersteifigkeit
C	–	Polynome
D	–	Lehrsches Dämpfungsmaß
D	mm	Durchmesser
DD	–	Faktor, Anzahl der Zeitschritte innerhalb der kürzesten Schwingungsperiode
E	N/mm^2	Elastizitätsmodul
E	–	Exponent
F	N	Kraft
F	Hz	Erregerfrequenz
F	–	Störfunktion
G	N/mm^2	Schubmodul
H	N	Haftkraft
J	kgm^2	Massenträgheitsmoment
K	–	Gestaltfunktion
K	–	Degressivfaktor bzw. -exponent
ΔK	mm, rad	maximaler Versatz
L	mm	Abstand (axialer Abstand der Federelemente)
M'	–	Anregungsstärke
M	Nm	Erregermoment
M	Nm	Biegemoment
N	–	Laufkoordinate
N	–	Anzahl der Stützstellen bei FFT
N	–	Lastspielzahl
P	kW	Leistung
P	–	Bezugsebene
Q	W	Wärmeleistung
Q	–	Bezugsebene
S	–	Stoßfaktor
S	–	Faktor
T_s	°C	Kältesprödigkeitstemperatur
T	s	Zeit- bzw. Relaxationszeit

Abkürzung	Einheit	Bezeichnung
T	Nm	Wellen- und Kupplungsmomente
U	Ws	innere Energie
U	–	Umkehrpunkt
U	m/s	Umfangsgeschwindigkeit
V	m^3	Volumen
V	–	Faktor (Resonanzfaktor V_R)
$V(V_{(\mathrm{fi})})$	–	Drehmomentvergrößerungsfaktor
V	–	Vergrößerungsfunktion
W	Nm	Verformungsarbeit
ΔW	mm	Wellenversatz
ΔW	rad	Wellenversatz
Z	1/n	Anlaufzahl
Shore A	–	Härte in Shore
Shore D	–	Härte in Shore
CR	–	Chlorbutadien
FPM	–	Fluor-Kautschuk
NBR	–	Acrylnitril-Butadien-Kautschuk
NR	–	Naturkautschuk
PA	–	Polyamid
PUR	–	Polyurethan Elastomer
PVMQ	–	Silikon-Kautschuk
VMQ	–	Silikon-Kautschuk
a	–	Koeffizient
a^*	–	Koeffizient
a	–	Arbeitskennzahl
b	–	Koeffizient
c	J/kgK	spez. Wärme
c	–	Koeffizient
c	–	normierte Federsteife
c	N/mm	Federsteife der Verzahnung
d	Nms/rad	geschwindigkeitsproportionale Dämpfung
d	–	Dämpfungskoeffizient
d	mm	Durchmesser
e	–	Exponent
f	1/s	Frequenz
f	m	Durchbiegung
h	mm	Höhe
i	–	imaginäre Einheit
i	–	Koeffizient, Laufkoordinate
j	–	Koeffizient, Laufkoordinate
k	–	Koeffizient, Laufkoordinate
m	–	Faktor, Koeffizient
m_1	–	linearer Anteil der statischen Kennlinie
m	–	Momentenkennzahl
m	–	Massenfaktor
n	1/min	Drehzahl

Abkürzung	Einheit	Bezeichnung
n	–	Exponent zur Beschreibung des nichtlinearen Anteils der statischen Kennlinie
n	–	Laufkoordinate
n	–	Belastungszahl
p	N/mm^2	Einheitsspannung
p	–	Konsistenzordnung
p	–	Koeffizient
p	–	Polpaarzahl
q	–	Formfaktor
q	–	Traganteil
r	mm	Radius
s	mm	Wandstärke
s	mm	Zahnspiel
s	–	Schlupf
s	s	zurücklaufende Zeitkoordinate (Vergangenheit)
s	mm	relative Zahnverformung der fehlerfreien Zahnpaare
t	s	Zeit (Stoßzeit)
u	mm	Weg
$\dot{u}$	mm/s	Geschwindigkeit
y	–	Funktion
z	–	Zähnezahl
Φ	W	Quellenstärke
Φ	mm^2/N	Retardation
Ψ	N/mm^2	Relaxation
Ω	1/s	Kreisfrequenz
α	°	Beugungswinkel
α'	–	Koeffizient
α	°	Überholwinkel
α	–	Koeffizient
β	–	Koeffizient
γ	1/s	Gedächtnisfunktion
γ	–	Kennzahl (Koeffizient) für Frequenz
γ	%	Schiebung, Gleitung
γ	°	Scherwinkel
δ	mm	Verschiebung
δ	–	Toleranzbreite
δ	1/s	Gedächtnisfunktion
$\hat{\varepsilon}$	–	Spitzenwert der Auslenkung
ε	–	Deformation
ε	–	Überdeckungsgrad
ε	µm/m bzw. %	Dehnung
ε	–	relativer Verdrehwinkel
ζ	°	Verlustwinkel
η	Ns/m^2	Viskosität
η	–	Frequenzverhältnis
η	–	substituierte Größe
η	–	Formnutzzahl

Abkürzung	Einheit	Bezeichnung
ϑ	°C	Temperatur
ϑ	–	logarithmisches Dekrement
λ	W/m°C	Wärmeleitfähigkeit
λ	1/s	Relaxationszeit
λ	–	Wurzel der charakteristischen Gleichung
ϱ	–	Konstante
ϱ	1/s	Relaxationszeit
ϱ	kg/m^3	Dichte
ϱ	1/s	Motordämpfung
σ	N/mm^2	Spannung (Druck- bzw. Zug-)
τ	s	Zeit
τ	–	(Kennzahl) substituierte Größe
φ	°, rad	Verdrehwinkel, Auslenkung
φ_N	°, rad	statischer Verdrehwinkel bei Nennmoment
$\dot{\varphi}$	rad/s	Drehgeschwindigkeit
$\ddot{\varphi}$	rad/s^2	Drehbeschleunigung
ψ	–	verhältnismäßige Dämpfung
ω	1/s	Resonanzfrequenz

Index	Bedeutung
A	Anfahr-
A	Anfang-
A	Amplitude
A	Antriebsseite
B	Belastung
BA	konstantes Moment (Coulomb Reibung)
C	Coulomb
Diagr	Diagramm
D	Dämpfung
E	Erreger
F	Frequenz
G	Generator
Grenz	Grenz-
Hyst	Hysterese
K	Kupplung
Kipp	Kipp-
KN	Nenn-
KW	Dauerwechsel
K_{max}	Maximal
L	Lastseite
N	Nenn-
P	Prüf-
R	Resonanz
R	Rückstell-
Ru	Rutsch-
S	Spiel
S	Spitzen-
T	Turbine
T	Dreh- (Torsion)
V	Verdichter
W	Wechsel-
a	axial
a	außen
bl	bleibend
d	Dreh-
d	dämpfend
d	dynamisch
dyn	dynamisch
e	Eigen-
e	Ersatz
el	elastisch
f	Frequenz
f	fehlerbehaftet
g	Gedächtnis
h	homogen
i	(Laufkoordinate) Ordnungszahl
m	mittel
max	maximal

Index	Bedeutung	Index	Bedeutung
n	Drehzahl	u	untere
o	obere	u	Umkehr
p	partikulär	ü	Übergang
r	radial	v	Vergleich-
r	Reibung	v	Volumen
s	Schwingung	v	Verzahnung
s	Schlupf	w	Winkel, winklig
s	statisch	z	Anlauf-
s	Stoß	0	Bezugspunkt bzw. Ausgangszustand
spez	spezifisch	ϑ	Temperatur
stat	statisch	φ	Relativdrehwinkel
tan	tangential		

1 Aufgaben elastischer Kupplungen

Alle Maschinenanlagen sind aus Einzelkomponenten wie Antriebsmaschinen, Getrieben, Wellen, Arbeitsmaschinen aufgebaut, die durch Kupplungen miteinander verbunden werden müssen. Kupplungen sind demnach Maschinenelemente zur drehfesten Verbindung zwischen diesen Komponenten.

Von elastischen Kupplungen werden

- schlupffreie Übertragung der Drehbewegung und
- betriebssichere Übertragung zeitabhängiger Kräfte und Drehmomente während der geforderten Lebensdauer

verlangt. Da wegen begrenzter Herstelltoleranzen, Wärmedehnungen, Montagefehlern, Fundamentsetzungen, Lagerverschleiß, elastischer Verformung der Wellen, betriebsbedingter Biegeschwingungen usw. ein genaues Fluchten der mittels Kupplung zu verbindenden Teile kaum zu erreichen ist, muß die Kupplung eine

- allgemeine Ausgleichsbewegung zulassen.

Nach Bild 1.1 läßt sich eine allgemeine Ausgleichsbewegung durch Angabe der Axial-, Radial- und Winkelverschiebungen ΔK_a, ΔK_r und ΔK_w beschreiben.

Neben der Drehmomentenübertragung und der Forderung nach dem Ausgleich von Fluchtungsfehlern werden der elastischen Kupplung die Aufgaben einer

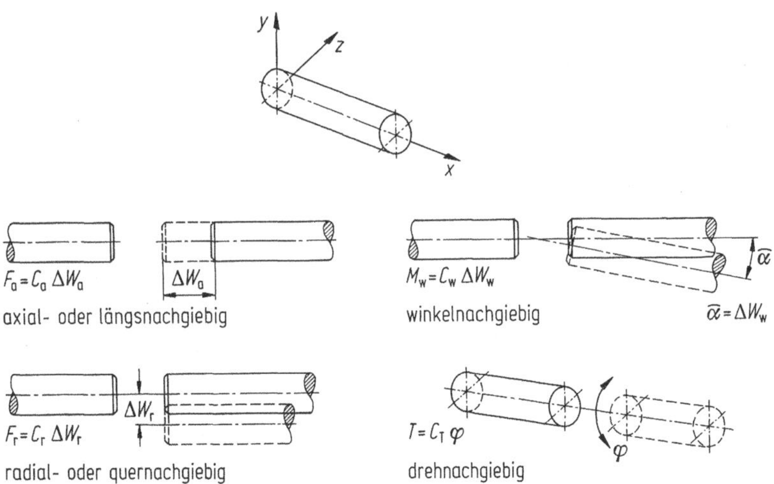

Bild 1.1. Wellenversatzarten bei Kupplungen

— Verminderung der Drehschwingungsbelastung einer Maschinenanlage sowie der
— Dämpfung von Drehmoment- und Geschwindigkeitsstößen

zugewiesen. Diese Aufgaben erfordern eine sorgfältige Kupplungsauswahl, die sich auf die Anpassung der Kupplungskennlinie und der Dämpfung an das dynamische Verhalten der Maschinenanlage beziehen muß. Es ist bekannt, daß bei mangelnder Abstimmung der Kupplung auf die Anlage beispielsweise die Anfahrstöße ein Vielfaches des Kupplungsnennmomentes betragen können. Zu beachten ist auch, daß bei hoher Dämpfung Schwingungsausschläge zwar schneller abklingen, die Temperatur in den elastischen Elementen aber höher ansteigen kann. Daraus können sich Veränderungen der Kupplungskennlinie und eine ungünstige Auswirkung auf die Resonanzzustände einer Anlage ergeben.
Elastische Kupplungen können außerdem Aufgaben der

— Schallisolierung und der
— elektrischen Isolierung

übernehmen, indem sie eine Trennung der Körperschallbrücke zwischen den verbundenen Systemen bewirken und bei Verwendung nichtmetallischer Werkstoffe als trennende Elemente eine elektrische Isolierung schaffen.

2 Kupplungsbauarten

2.1 Systematik der Ausgleichskupplungen

Im Sinne der Konstruktionsmethodik nach Pahl und Beitz [1, 2] sind die Funktionen einer Ausgleichskupplung

— Kräfte und Momente leiten,
— Wellenversatz ausgleichen.

Die Leitungsfunktion von Längs- und Querkräften, von Biege- und vor allem Torsionsmomenten wird durch konstruktive Lösungen, wie sie von den Verbindungselementen her bekannt sind, erreicht.

Aus den möglichen Ausgleichsfunktionen wie Längs-, Quer-, Winkel- und Drehnachgiebigkeit läßt sich zusammen mit den in der Kupplung für die einzelnen Nachgiebigkeiten verwirklichten Steifigkeiten die in Bild 2.1 gezeigte Einteilungsübersicht für Ausgleichskupplungen nach [2] entwickeln. Mögliche Steifigkeitsgrade reichen von der starren Verbindung mit $C \rightarrow \infty$ über eine elastische Verknüpfung mit der Federkonstanten C bis zur gelenkigen Verbindung mit $C \rightarrow 0$. Das in Bild 2.1 dargestellte Ordnungsschema erfaßt alle gängigen Ausgleichskupplungen. Sind, wie in Spalte 1 der Übersicht dargestellt, alle möglichen Ausgleichsbewegungen durch starre Verbindun-

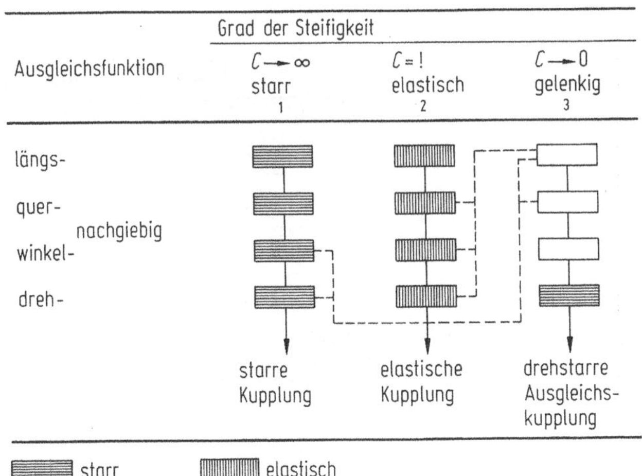

Bild 2.1. Systematik von Ausgleichskupplungen nach den ordnenden Gesichtspunkten, Ausgleichsfunktion und geforderte Eigenschaft der Verbindung (gestrichelt: kombinatorische Varianten). Nach [2]

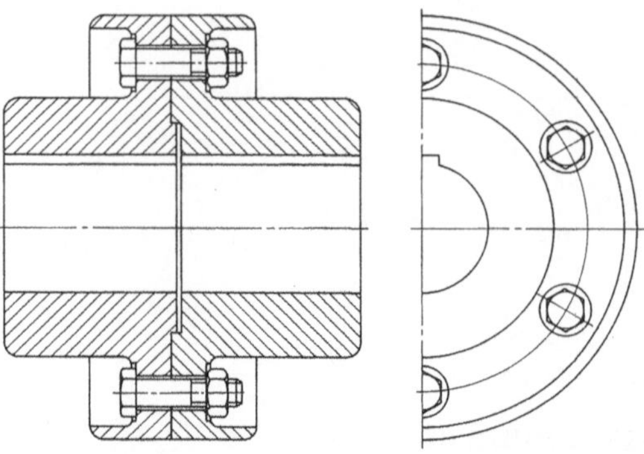

Bild 2.2. Scheibenkupplung nach DIN 116

gen ($C \rightarrow \infty$) blockiert, so ist mit dieser Spalte eine starre Kupplung beschrieben, für die in Bild 2.2 das Beispiel der Scheibenkupplung nach DIN 116 angeführt wird. Sind dagegen, wie Spalte 2 ausweist, alle Ausgleichsbewegungen elastisch möglich, so ergibt sich der Fall einer elastischen Kupplung (Bild 2.3). Dagegen beschreibt Spalte 3 eine drehstarre Ausgleichskupplung (Bild 2.4) bei der alle Ausgleichsfunktionen bis auf die der Drehnachgiebigkeit beweglich möglich sind.

Das Ordnungsschema nach Bild 2.1 erfaßt aber auch über eine Kombination zwischen den Zeilen und Spalten jede andere Kupplungsbauart. Ausgenommen sind dabei drehbewegliche Kupplungen, da sie der Forderung nach Drehmomentenübertragung widersprechen.

Mit den Linienzügen I und II in Bild 2.1 sind beispielsweise zwei Kombinationen angedeutet, deren konstruktive Verwirklichung in den Bildern 2.5 und 2.6 wiedergegeben ist. Die Eupex-Kupplung in Bild 2.5 besitzt entsprechend dem Linienzug I in Bild 2.1 eine elastische Ausgleichsmöglichkeit in Quer-, Winkel- und Drehrichtung

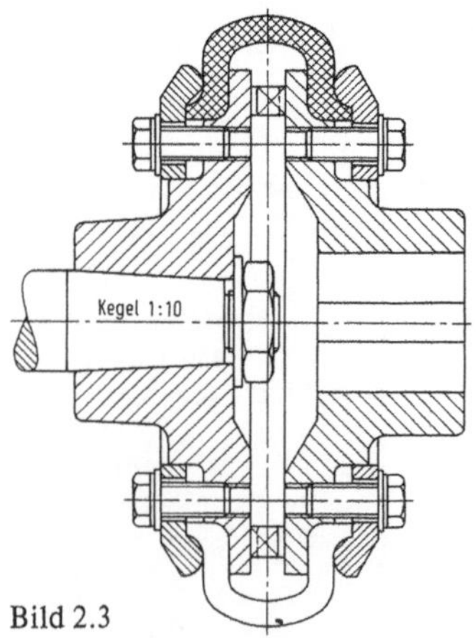

Bild 2.3

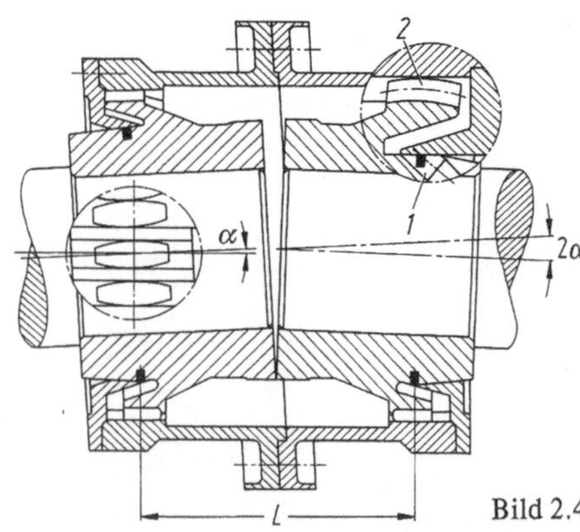

Bild 2.4

Bild 2.3. Periflex-Wellenkupplung mit geteiltem Reifen und Anschlag (Stromag, Unna). Anschlag dient als Durchdrehsicherung bei Schaden am Reifen und als Ausschlagbegrenzung bei großen Schwingungsausschlägen im Resonanzfall

Bild 2.4. Zahnkupplung (Tacke, Rheine)

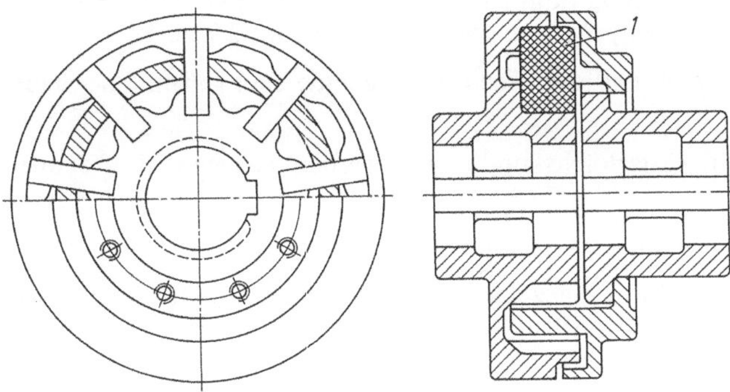

Bild 2.5. Elastische Kupplung (Bauart Eupex) entsprechend Linienzug I in Bild 2.1 (Flender, Bocholt), *1* Gummiklotz

(Spalte 2 in Bild 2.1), ist aber durch die im Rahmen der Konstruktion mögliche Verschiebung der Klauen axial gelenkig (Spalte 3). Die Oldham-Kupplung nach Bild 2.6 (Linienzug II in Bild 2.1) besitzt keine Winkel- und Drehnachgiebigkeit, ist aber über die mögliche Relativverschiebung des Zwischenstücks als gelenkig in Längs- und Querrichtung anzusehen.

2.2 Kupplungsbauformen (Wirkprinzipien und Gestaltung)

Die Bauform einer Kupplung wird von den Vorgaben hinsichtlich Ausgleichsfunktion und Steifigkeitsgrad gemäß dem Ordnungsschema nach Bild 2.1 bestimmt. Die Forderung nach sehr großer Steifigkeit ($C \rightarrow \infty$) kann durch eine starre Verbindung verwirklicht werden. Bezüglich der konstruktiven Ausbildung starrer Verbindungen wird auf bekannte Lösungen bei den Verbindungselementen verwiesen.

Gelenkige Verbindungen mit der Steifigkeit Null lassen sich durch den Einsatz formschlüssiger Schiebeelemente wie Klauen, Verzahnungen oder Gelenke schaffen. Für den elastisch nachgiebigen Ausgleich führt die Betrachtung auf Federelemente unterschiedlicher Formgebung und Werkstoffe.

Metallische Federn haben den Vorteil einer hohen Temperaturbeständigkeit. Eine

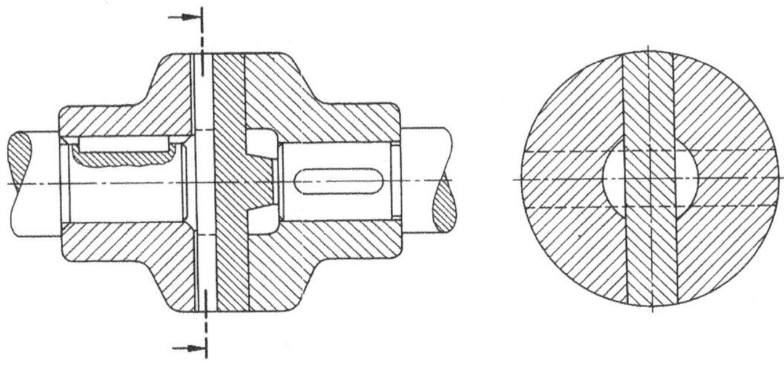

Bild 2.6. Oldham-Kupplung entsprechend Linienzug II in Bild 2.1

eventuell erforderliche Schmierung muß jedoch als Nachteil gewertet werden. Als Federformen für drehelastische Kupplungen werden — wie Bild 2.7 zeigt —

— Blattfedern, endliches oder endloses Federband, gerade oder gewundene Stäbe und Schraubenfedern

verwendet. Für drehstarre Ausgleichskupplungen werden dagegen als flexible Elemente

— dünnwandige Laschen, Lamellen, Membranen und Schalen

verwendet. Wie die dafür in Bild 2.8 gegebene Übersicht zeigt, sind für Laschen, Membranen und Schalen zahlreiche Konstruktionsvarianten möglich.

Elastomerfedern gibt es nach Bild 2.9 vor allem als

— walzen-, tonnen-, scheiben-, reifen-, prisma- und zahnförmige Elemente,

die einzeln oder miteinander verbunden eingesetzt werden. Sie werden — wie Bild 2.9a zeigt — überwiegend als Druckpuffer verwendet. Ihre Steifigkeit läßt sich über die geometrische Form der Elemente selbst, der Anschlußteile (Einflußnahme auf die Einspannbedingungen) und über den Werkstoff beeinflussen. In Bild 2.9b sind Beispiele biegebeanspruchter und in 2.9c drehschubbelasteter Elemente dargestellt. Ein Nachteil der Elastomerwerkstoffe liegt in der geringen Temperaturbeständigkeit bis etwa 80 bis 100 °C.

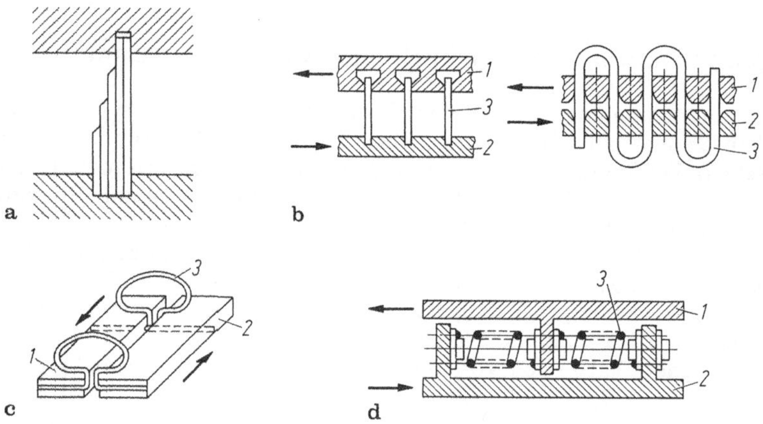

Bild 2.7a–d. Metallische Federn für drehelastische Ausgleichskupplungen nach Köhler-Rögnitz. a) Blattfeder, biegebeansprucht; b) Biegefeder, gerade oder gebogen; c) gewundener Stab, torsionsbeansprucht; d) Schraubenfeder, torsionsbeansprucht

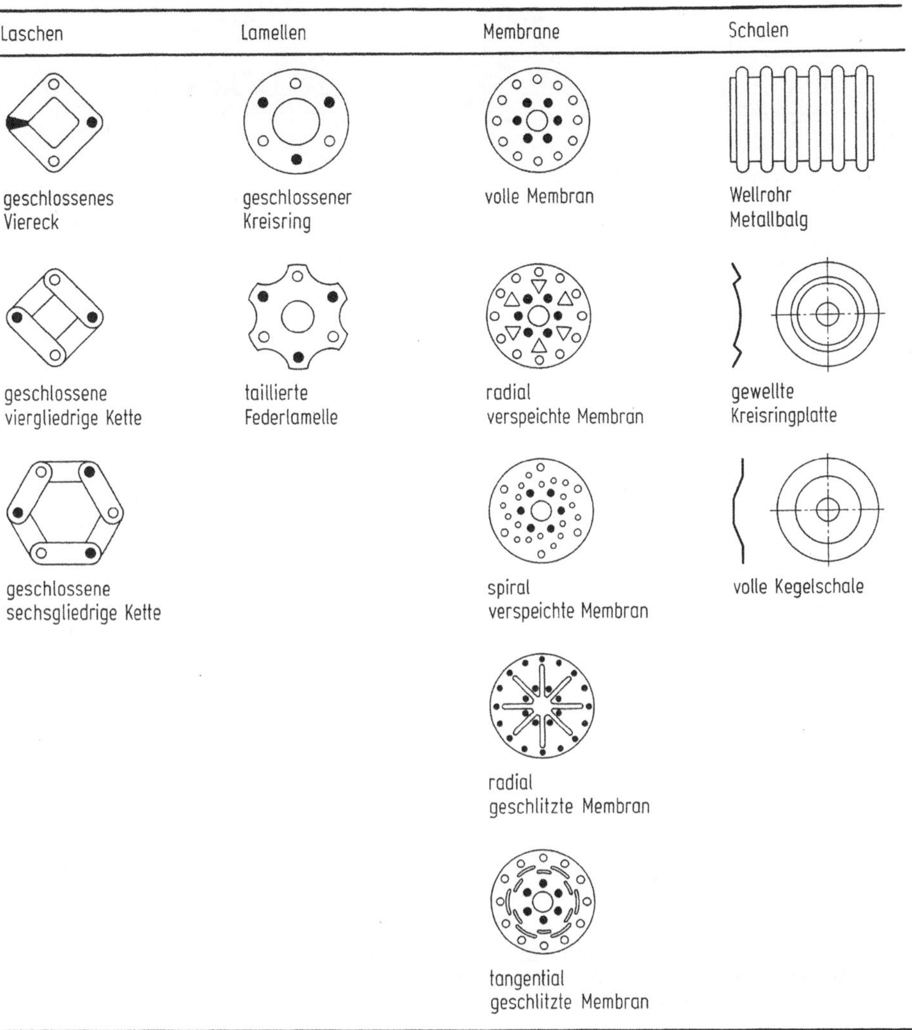

Bild 2.8. Metallische flexible Elemente für drehstarre Ausgleichskupplungen. Nach [5]

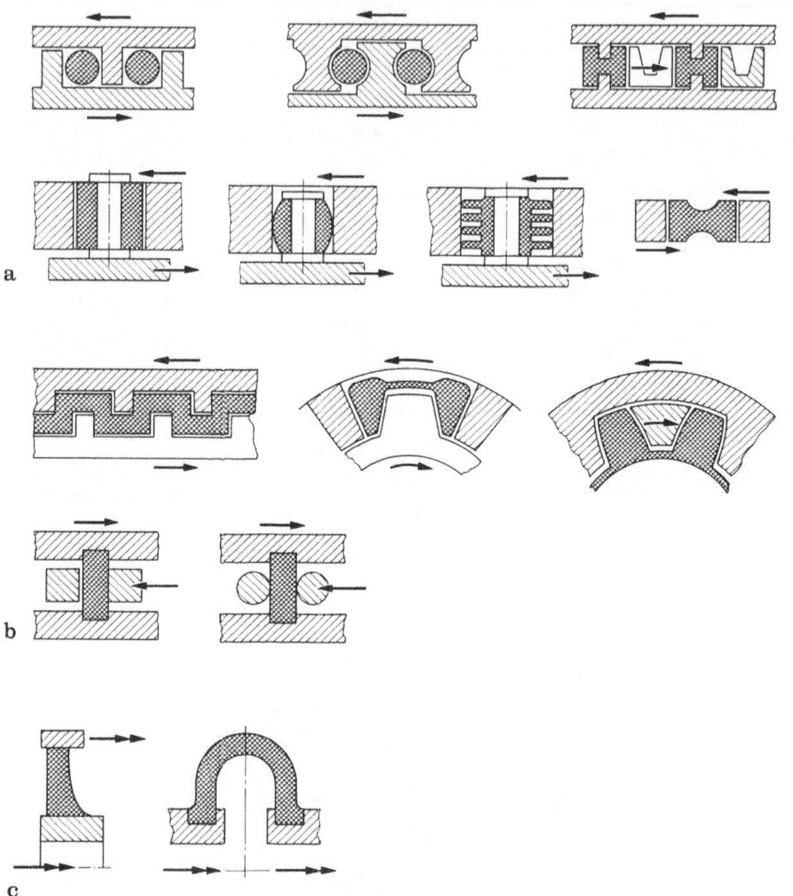

Bild 2.9a–c. Anordnung von Elastomerfedern zwischen den Hälften einer Ausgleichskupplung nach Köhler-Rögnitz. a) Beispiele überwiegend druckbeanspruchter Federn; b) biegebeansprucht; c) überwiegend drehschubbeansprucht

3 Ausgeführte Kupplungen

3.1 Drehelastische Ausgleichskupplungen mit Metallfedern

Im folgenden werden Beispiele für auf dem Markt befindliche Kupplungen mit unterschiedlichen Federformen gegeben.

Bei der in Bild 3.1 gezeigten Kupplung wird die Drehnachgiebigkeit durch tangential angeordnete Schraubenfedern erzielt. Die Federn liegen unter Vorspannung zwischen drehbar gelagerten Führungsstücken, die abwechselnd der rechten bzw. linken Kupplungshälfte zugehören. Eine Intervall-Fettschmierung der Bolzen ist erforderlich. Die Kupplung läßt axiale, radiale und winklige Verlagerungen zu.

Die Kupplung nach Bild 3.2 verbindet die beiden Kupplungshälften durch bügelförmig gebogene Drahtfedern mit Kreisquerschnitt, die auf Torsion beansprucht werden. Sie sind in den Bohrungen drehbar gelagert und bewirken eine lineare Kennlinie. Die Kupplungssteifigkeit ist von der Anzahl der eingesetzten Federn abhängig. Die Reibung der Federbügel in den Bohrungen macht eine Fettfüllung erforderlich.

Bei der Schlangenfederkupplung nach Bild 3.3a dient eine schlangenförmig gewundene Stahlfeder mit rechteckigem Querschnitt als elastisches Element. Zum leichteren Ein- und Ausbau ist diese Feder mehrteilig ausgeführt. Sie liegt in axialen zur Kupplungsmitte hin sich kreisförmig erweiternden Nuten, so daß sich — wie Bild 3.3b zeigt — bei steigender Kupplungsbelastung die Einspannlänge der Feder verkleinert. Durch diese konstruktive Maßnahme wird eine progressive Kupplungskennlinie erzeugt. Die Steifigkeit der Kupplung wird durch die Nutenform und — wie Bild 3.4 zeigt — durch den axialen Abstand der Nuten voneinander bestimmt. Bei Belastung

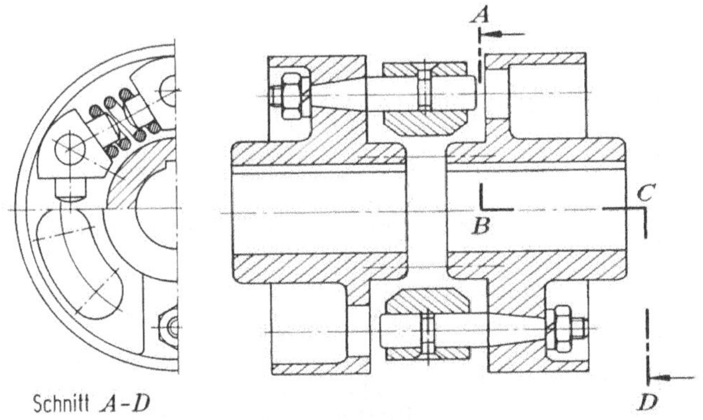

Bild 3.1. Cardeflex-Kupplung (Hochreuther & Baum, Ansbach)

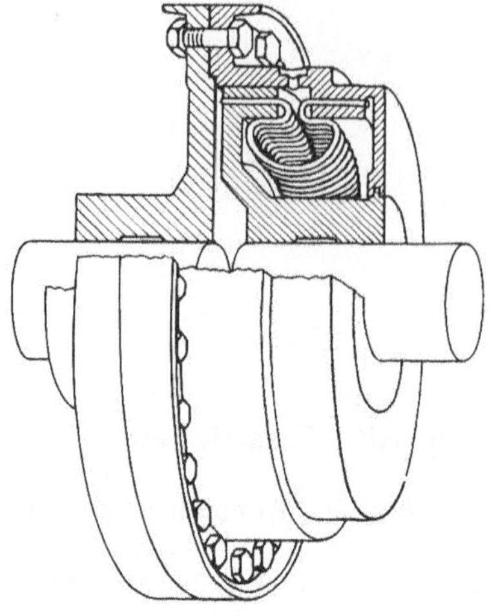

Bild 3.2. Voith-Maurer-Kupplung mit linearer Kennlinie
Bauform bis 8 kNm (Voith, Heidenheim).
Versatz möglich: radial: 0,6...1,2 mm; axial: 3...6 mm; winklig: ...1,5°. Fettfüllung wegen Reibung notwendig

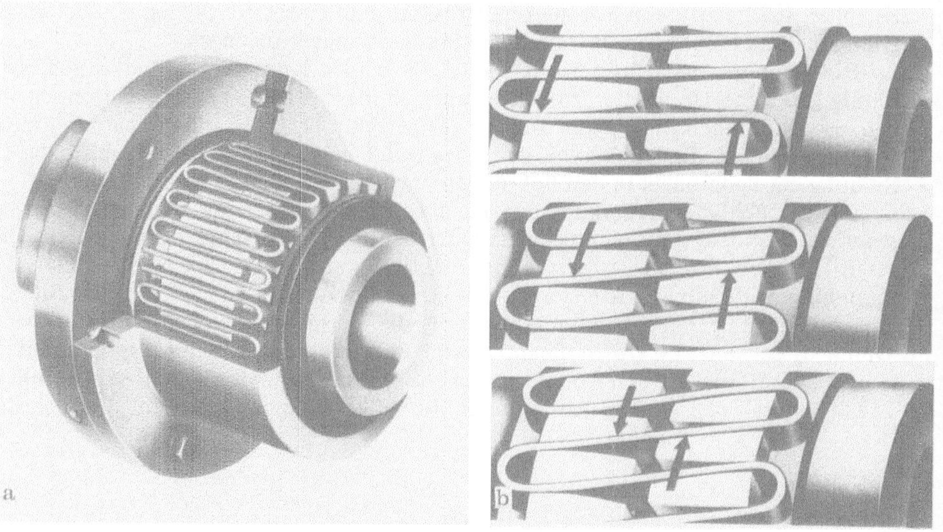

Bild 3.3 a u. b. Malmedie-Bibby-Kupplung mit progressiver Kennlinie, geringfügig raumbeweglich. Wegen Verwendung von Stahlfedern nur geringe Dämpfung; Ölfüllung zur Schmierung (Malmedie, Düsseldorf)

auftretende Gleitbewegungen an den Federn erfordern eine Schmierung der Zähne, die durch eine Ölfüllung erreicht wird.

Die Kupplung nach Bild 3.5 verwendet als elastische Elemente radial, zwischen Innen- und Außenteil der Kupplung formschlüssig angeordnete Blattfederpakete. Das besondere Kennzeichen dieser Kupplung ist eine hohe Dämpfung, die ein Mehrfaches der Dämpfung einer hochdämpfenden Gummikupplung betragen kann. Die Dämpfung wird durch Reibung in den geschichteten Blattfedern aber auch durch Verdrängungswirkung des bei Belastung der Kupplung von einer Blattfederkammer in die an-

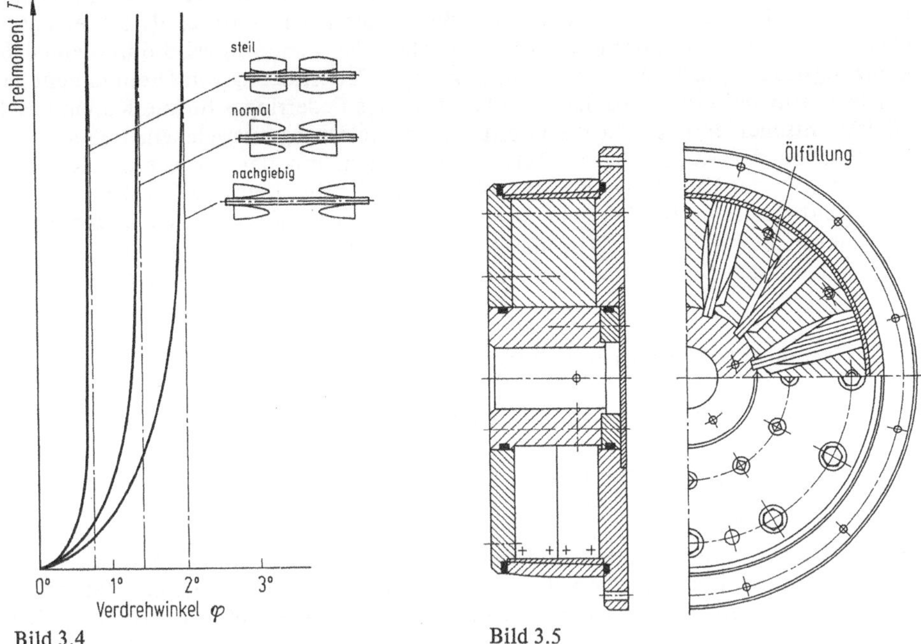

Bild 3.4 Bild 3.5

Bild 3.4. Kennlinie der Malmedie-Bibby-Kupplung
Bild 3.5. Geislinger-Kupplung (Geislinger, Salzburg)

dere überströmenden Öls bewirkt. Die Ölversorgung der Kupplung kann sowohl von der Antriebs- als auch von der Arbeitsmaschine erfolgen. Die Kupplung hat eine progressive Kennlinie und kann Verdrehwinkel bis zu 9° erreichen. Anwendung der Kupplung vor allem in Fahrzeugantrieben, Lokomotiven und Schiffen.

Zu den drehelastischen Ausgleichskupplungen mit Metallfedern gehört auch die Keilflex-Kupplung nach Bild 3.6. Wie das Bild zeigt, greifen an- und abtriebsseitige

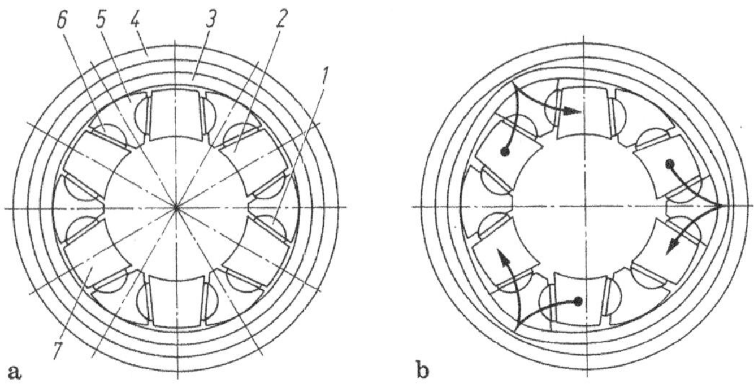

Bild 3.6a, b. Keilflex-Kupplung (Balcke-Dürr, Frankenthal).
a) unbelastet; *1* Zylinderkalotte; *2* Klauen, Antriebsseite; *3* Federring; *4* Begrenzungsring; *5* Gleitkeil; *6* Kugelkalotte; *7* Klauen, Abtriebsseite; b) belastet

Klauen ineinander und bilden keilförmige Lücken. Darin sind vier bzw. sechs Gleitkeile angeordnet, die z. B. über einen außen liegenden Federring, als das eigentlich elastische Element, formschlüssig fixiert werden. Der Federring wird durch einen Begrenzungsring gegen Überlast geschützt. Bei einer Übertragung von Drehmoment wird der Federring deformiert, so daß die Elastizität des Federringes für die Kupplungselastizität entscheidend ist. Da die Gleitkeile bei Belastung ausweichen, treten an den Gleitflächen der Kugelkalotten Relativbewegungen, mit der Folge einer Reibungsdämpfung in der Kupplung, auf. Die Werkstoffe für Kalotten und Lagerungen lassen einen wartungsfreien Betrieb ohne Öl- oder Fettschmierung zu. Die Kupplung erreicht Verdrehwinkel $\varphi = 2 \dots 3°$. Wird das Maximalmoment überschritten, so legt sich der Federring an den Begrenzungsring an und die Kupplung wird damit drehstarr.

3.2 Drehstarre Ausgleichskupplungen

3.2.1 Ausgleich über Führungen und Gelenke

Eine drehstarre Ausgleichskupplung, die axiale, radiale und winklige Wellenverlagerungen über formschlüssig wirkende Führungen bzw. Gelenke erzielt, ist die Zahnkupplung nach Bild 2.4. In das innenverzahnte Außenteil (Hülse) greifen auf beiden Seiten (Doppelzahnkupplung) außenverzahnte Innenteile (Sterne) ein, deren Zentrierung zur Hülse über eine Abstützung auf der kugelförmigen Fläche (Stelle *1* in Bild 2.4) am Stern oder auf dem kugelförmigen Zahnkopf im Zahngrund der Hülse (Stelle *2* in Bild 2.4) erreicht werden kann. Zur Herstellung der Winkelbeweglichkeit der Kupplung sind die Evolventenverzahnungen als Kreisbogen ausgeführt und meist noch mit einer Bombierung über die Zahnbreite versehen. Durch die Breitenbombierung wird ein „Ecken" der Zähne des Sterns in der Hülsenverzahnung beim Abwinkeln des Sterns vermieden.

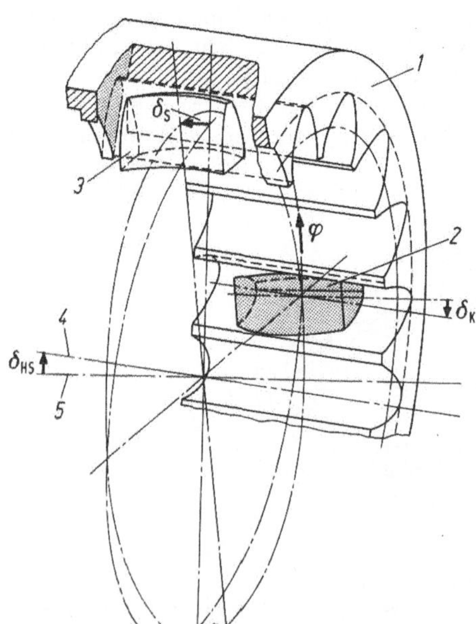

Bild 3.7. Charakteristische Zahnstellung bei Auslenkung einer Zahnkupplung. Nach [3]. *1* Hülse, *2* Sternzahn in Kippstellung, *3* Sternzahn in Schwenkstellung, *4* Hülsenachse, *5* Sternachse

Diese Schränkbewegung des Sternzahns in der Hülsenverzahnung entsteht bei ausgelenkter Kupplung pro Umlauf zweimal — wie Bild 3.7 zeigt — in der sogenannten Kippstellung [3]. Dadurch wird die Hülse um einen geringen Betrag gegenüber dem Stern verdreht mit der Folge, daß ein Teil der in Schwenklage (Bild 3.7) befindlichen Zähne entlastet wird. Die Momentenübertragung wird sich deshalb auf die in Kippstellung befindlichen Zähne konzentrieren. Wie Bild 3.8 zeigt [4], wird der Traganteil q der Zähne einer Zahnkupplungshälfte um so geringer, je größer der Beugewinkel α ist. Er steigt mit der Durchbiegung des am stärksten belasteten Zahnes wieder an. Teilungsfehler in der Verzahnung führen zu einer zusätzlichen Ungleichmäßigkeit der Lastverteilung in der Verzahnung.

Man erkennt, daß die Ausgleichsbewegung in dieser Kupplung bei nicht fluchtenden Wellen durch Relativbewegung der miteinander in Kontakt stehenden Bogenzähne erfolgt. Um dabei erträgliche Reibungszustände zwischen den unter Last stehenden Kontaktflächen zu erzielen, muß die Kupplung mit einem ausreichenden Verdrehflankenspiel versehen und mit Schmierstoff versorgt sein. Das Verdrehflankenspiel wird üblicherweise über eine Profilverschiebung der Hülsenverzahnung erzeugt. Im Sinne steigender Betriebsdrehzahlen sind Zahnkupplungen mit Fett- oder Ölfüllung versehen und bei größeren Umfangsgeschwindigkeiten (U > 30 m/s) mit einer Öldurchflußschmierung, die auch zur Kühlung der Kupplung benutzt wird, ausgestattet. Schmierstoffverluste können mit zuverlässigen Dichtungen vermieden werden.

Da die Relativgeschwindigkeiten bei z. T. ungünstiger Spaltgeometrie relativ klein sind, ist der Aufbau hydrodynamisch tragfähiger Filme kaum möglich, so daß mit Mischreibung zu rechnen ist. Wegen dieses Mischreibungsanteils empfiehlt es sich, Schmieröle mit EP-Zusätzen zu verwenden. Auf diese Weise kann dem Verschleiß in der Zahnkupplung begegnet werden. Bei zu großer Reibenergiedichte an den Kontaktstellen kann auch Fressen als Ausfallursache auftreten. Zur Optimierung der mögli-

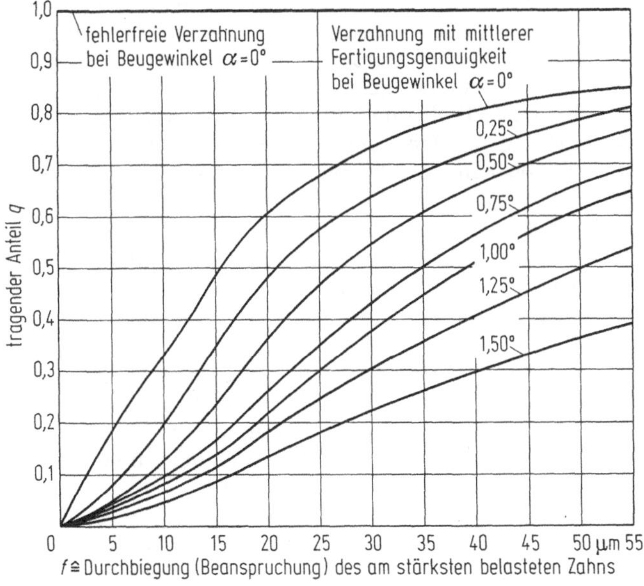

Bild 3.8. Tragender Anteil q der Zähne einer Bogenzahnkupplungshälfte bei mittlerer Fertigungsgenauigkeit in Abhängigkeit vom Beugungswinkel α. Nach [4]

chen hydrodynamischen Filmtragfähigkeit und zur Minimierung des Verschleißes sollte die Zahnkupplung bei mäßiger Winkelauslenkung betrieben werden. Neben der Verkleinerung von Reibwerten ergibt sich dabei der Effekt, daß auf den Umfang gesehen, die Reibkräfte in der Zahnpaarung sich partiell umkehren und dadurch ein kleinerer Axialschub entsteht [3]. Mit steigender Genauigkeit der Wellenausrichtung werden die Relativbewegungen der Zähne zueinander kleiner, so daß sich Schmierfilme in den Kontaktzonen nicht mehr halten können und das Auftreten von Reibkorrosion begünstigt wird. Zahnbrüche sind relativ selten.

Zur Herstellung von wartungsfreien, trockenlaufenden Kupplungen wird die Hülse aus Kunststoff (Polyamid) hergestellt. Beispiele sind die Bo-Wex-Kupplung und die Travex-Kupplung (Kupplungstechnik, Rheine). Ebenso wie bei der klassischen Ganzmetall-Zahnkupplung die Kupplungstemperatur durch den eingesetzten Schmierstoff begrenzt ist, setzt hier der Kunststoff eine Temperaturgrenze bei etwa 80 °C.

Bei hoher Drehsteifigkeit baut die Zahnkupplung relativ klein, so daß sie infolge ihres kleinen Trägheitsmomentes für hohe Drehzahlen und große Momente geeignet ist. Vorteilhaft ist auch ihre relative Unempfindlichkeit gegen Überbelastungen. Die maximalen Beugewinkel betragen etwa 1 bis 1,5° und hängen vom Bombierungsradius, von der Dauerfestigkeit des Werkstoffs und von der Kupplungsdrehzahl ab. Diese Größen müssen unter Beachtung der Wärmebilanz in der Kupplungsverzahnung sorgfältig aufeinander abgestimmt werden [4]. Der überbrückbare Parallelversatz der Wellen ist direkt proportional dem Abstand der beiden Verzahnungen L bei der Doppelzahnkupplung (Bild 2.4)

$$\Delta K_r = L \tan \Delta K_w . \tag{3.1}$$

Sofern nicht eine gesonderte Zentrierung die Hülse festlegt, stellt sie sich gegenüber dem Stern entsprechend der wirkenden Kräfte frei ein. Das führt im allgemeinen auf eine exzentrische Lage, so daß radiale Unwuchtkräfte entstehen, die nach [3] berechenbar sind und die Maschinenanlage mit ein- bis dreifacher Wellendrehzahl erregen. Neben den radialen Kräften können auch beträchtliche axiale Kräfte auftreten, die von Axiallagern des Systems aufgenommen werden müssen. Eine Analyse zeigt, daß die Axialkräfte von Reibwert, Drehmoment und vom Beugewinkel abhängen. Bei Beugewinkeln größer als 0,05° tritt nach [3] ein Steilabfall der Axialkraft auf, so daß dieser Winkel möglichst überschritten werden sollte. Auch die Hülsengeometrie nimmt auf die Axialkraft Einfluß. Sie kann bei kürzer werdender Hülse auf große Werte ansteigen.

Da eine Zahnkupplung nicht in einem einzigen Betriebspunkt sondern auf einer Betriebskennlinie arbeitet, ergeben sich abhängig vom Schwingungsverhalten des Systems dynamische Zusatzbelastungen der Zahnpaare, die bei hoher Drehzahl und großen Leistungen verbunden mit großen Beugewinkeln stets zu überprüfen sind.

Die Festigkeitsberechnung bzw. Bestimmung des übertragbaren Kupplungsmomentes auf der Grundlage der Verzahnungsgeometrie und unter Einbeziehung der Summenteilungsfehler von Hülse und Stern nach Benkler [4] zeigt, daß alle maßgeblichen Parameter wie Zähnezahl, Spiel, Bombierungsradius, Zahnbreite, Hülsenwanddicke und Verzahnungsauslenkung im Hinblick auf das größtmögliche übertragbare Drehmoment optimal aufeinander abzustimmen sind.

Als weiteres Beispiel für eine drehstarre Ausgleichskupplung bei der der Ausgleich über Gelenke erfolgt, sei die in Bild 3.9 gezeigte Kreuzscheiben-Ausgleichskupplung genannt. Axialer, radialer und winkliger Ausgleich erfolgen über die geschlitzte Zwischenscheibe 3, in die die unter 90° versetzten Klauen der Kupplungshälften eingreifen. Ebenso gehören dazu alle Kardan- und Parallelkurbel-Kupplungen auf die hier nicht näher eingegangen werden soll.

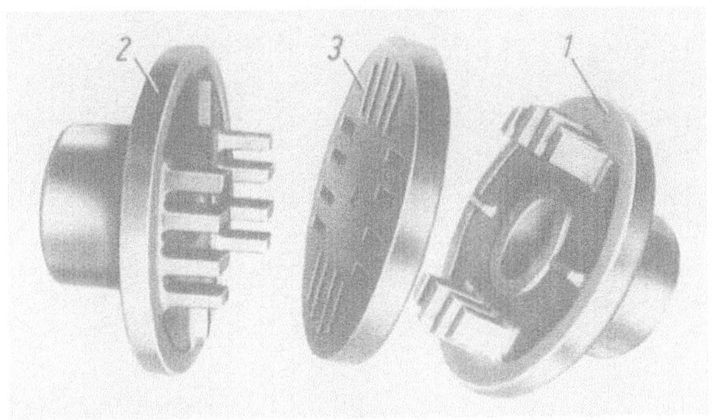

Bild 3.9. Ausgleichskupplung (Ringspann, Albrecht Maurer KG, Bad Homburg v. d. H.). *1* Antriebsseite, *2* Abtriebsseite, *3* Zwischenscheibe

3.2.2 Ausgleich über Metallfedern

Bei drehstarren Ausgleichskupplungen mit metallelastischen Elementen werden entsprechend Bild 2.8 als Federelemente Laschen, Lamellen, Membranen oder Schalen eingesetzt. Dabei können diese flexiblen Elemente in Einfach- oder auch Mehrfachanordnung verwendet werden (Bild 3.10) [5]. Bei der Doppelkupplung ist der überbrückbare Parallelversatz ΔK_r der Wellen — wie (3.1) zeigt — vom axialen Abstand L der Federelemente abhängig [5]. Außer der Doppelkupplung ist auch die Vierfachkupplung möglich und auch gebräuchlich. Der zulässige Winkel- und Axialversatz ergibt sich dann proportional zur Zahl der Federebenen. Einfachkupplungen sind nicht in der Lage, Parallelversatz der Wellen auszugleichen. Sie erreichen im allgemeinen eine zulässige Winkelabweichung von 0,5 bis 1°. Allerdings sind Winkel- und axiale Auslenkung über die ertragbare Spannung miteinander verknüpft. Ein größerer Winkelversatz erlaubt weniger Axialversatz und umgekehrt.

Wie Bild 2.8 zeigt, können Laschenkupplungen in Viereck-, Sechseck- oder gar Achteckanordnung gebaut werden. Alle Befestigungsschrauben für die Laschen sind dabei am gleichen Durchmesser angeordnet und wechselseitig an die Kupplungshälf-

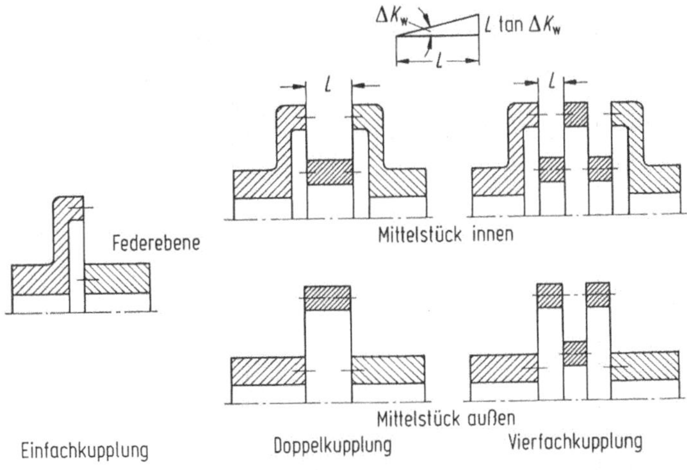

Bild 3.10. Kupplungsanordnungen von Membrankupplungen. Nach Ehrlenspiel [5]

Bild 3.11. Laschenkupplung in Sechseckanordnung (Arpex, Flender, Bocholt)

ten angeschlossen. Bei Fluchtungsfehlern der Wellen werden die Laschen und ebenso auch die Teilstücke geschlossener ringförmiger Lamellen (Bild 2.8) auf Biegung beansprucht. Das Drehmoment selbst wird durch Zug bzw. Druckkräfte übertragen. Diese Kupplungen erzeugen insbesondere als Einfachkupplung in Viereckanordnung geringe pulsierende Drehmomente mit der doppelten Wellenfrequenz. In Bild 3.11 ist als Beispiel eine Laschenkupplung in Sechseckanordnung gezeigt. Diese Kupplung benutzt lamellierte Laschenpakete, um die Biegenachgiebigkeit der elastischen Elemente zu erhöhen. Die Laschenpakete werden durch Abstandsstücke berührungsfrei gehalten oder teflonisiert. Ähnliche Bauformen z. Teil auch als Ringkupplung liegen in der Rigiflex-Kupplung (Rheinstahl, Mühlheim), der Turboflex (Reich, Bochum) und der Thomas-Kupplung (Bolzenz & Schäfer, Dortmund) vor.

Im Gegensatz zu Laschen und Ringen werden Membranen innen und außen an die Kupplungskörper angeschlossen, so daß Winkelfehler durch Verwölbung der Membrane ausgeglichen werden müssen. Zur Steigerung der Nachgiebigkeit werden Membrane beispielsweise als Vollmembran mit nach außen hyperbolisch abnehmender Wandstärke ($s \sim 1/r^2$) ausgeführt (dadurch wird eine konstante Schubspannungsvertei-

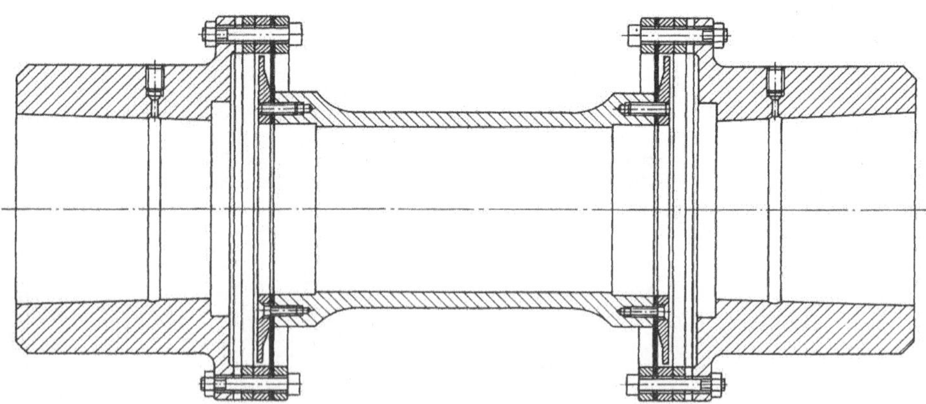

Bild 3.12. Membrankupplung mit spiralverspeichter Membran nach Bild 2.8. (Bauart T, Renk-Wülfel, Hannover)

lung erreicht: Ausführung AEG-Bendix) oder mit tangentialen Schlitzen (Ausführung Meyl & Ziesel) bzw. mit Durchbrüchen versehen, die eine radiale oder spiralige Speichenstruktur ergeben (Ausführung: Metastream M und Renk-Wülfel). Auch die Ausführung als gewellte Membran (Ausführung: Stromag, Unna) verfolgt den gleichen Zweck. Zusätzliche Steifigkeitsabsenkungen lassen sich durch lamellierte Membranpakete erreichen. Das hat auch den Vorteil, daß ein Bruchbeginn bei rechtzeitiger Inspektion eher entdeckt werden kann. Als Beispiel zeigt Bild 3.12 eine Membrandoppelkupplung mit spiralverspeichter Membran.

Während bei der Zahnkupplung die Ausgleichsbewegungen durch Gleit- und Wälzvorgänge an den Kontaktflächen bewirkt werden, erreicht die Membrankupplung den Ausgleich durch elastische Deformationen der Membran. Aus dieser unterschiedlichen Funktion folgen die Merkmale und auch die Unterschiede zwischen Membran- und Zahnkupplung.

Als Vorteile der Membrankupplung werden in [5] aufgeführt:

— kein Schmierungs- und Wartungsaufwand,
— kein Versagen durch fehlenden Schmierstoff,
— eindeutig berechenbare Axial- und Radialkräfte bei Ausgleichsbewegungen,
— Spielfreiheit in jeder Richtung,
— komplett auswuchtbar, da spielfrei; damit auch im Leerlauf schwingungsarm,
— hohe zulässige Temperaturen (bis ca. 270 °C),
— bei dauerfester Auslegung theoretisch unbegrenzte Lebensdauer, da verschleißfrei.

Membrankupplungen haben gegenüber Zahnkupplungen aber auch Nachteile:

— empfindlich gegen stoßartige Überlastungen,
— plötzlicher Bruch als Versagensart, d. h. Betriebsunterbrechung,
— nur geringe axiale Ausgleichsbewegungen,
— im allgemeinen größere Durchmesser und größeres Trägheitsmoment,
— damit kleinere Grenzdrehzahlen,
— mögliche Axialschwingungen von Zwischenstücken.

Der Einsatz von Membrankupplungen erstreckt sich vor allem auf Bereiche, in denen eine synchrone Drehübertragung und große Wartungsfreiheit gefordert werden. Membrankupplungen haben eine geringere Dämpfung, die sich aus der reinen Werkstoffdämpfung der Membran ableitet. Grundlagen zur Festigkeitsberechnung wurden von Henkel [6] erarbeitet.

3.3 Drehelastische Ausgleichskupplungen mit Elastomerfedern

Hier erfolgt die Übertragung des Drehmomentes form- und stoffschlüssig wobei die auftretenden Kräfte über Elastomerelemente geleitet werden. Bild 2.9 gibt eine Übersicht über die geometrische Vielfalt dieser Elemente. Mit der Wahl einer bestimmten Elementgeometrie wird gleichzeitig eine Entscheidung über die Geometrie der Kupplungsanschlußteile getroffen. Eine große Zahl von Elastomerelementformen führt auf das Prinzip der Bolzen- oder Klauenkupplung, wobei sich die Geometrievielfalt in der Klauengestalt fortsetzt. Klauen- und Bolzenkupplungen sind in axialer Richtung frei beweglich, so daß sie kräftefrei beachtliche Axialverschiebungen zulassen. In radialer Richtung können einige Millimeter überbrückt werden, während die Winkelabweichung 1 bis 3° beträgt. Bei mittlerer Elastizität treten Verdrehwinkel bis zu 5° auf.

Sogenannte hochelastische Ausgleichskupplungen benötigen im allgemeinen ein größeres Elastomervolumen. Sie werden als Wulst- oder Scheibenkupplungen ausge-

Bild 3.13

Bild 3.14

Bild 3.13. Drehelastische Kompressionshülsenkupplung (Revolex, Kupplungstechnik, Rheine)
Bild 3.14. Drehelastische Bolzenkupplung (Rupex, Flender, Bocholt)

führt, wobei die Elastomerelemente kraft- oder formschlüssig angeschlossen sein können. Die Verdrehwinkel erreichen hier Werte bis zu 30°. Radial können bis zu $\Delta K_r = 6 \dots 10$ mm und axial bis zu $\Delta K_a = 10 \dots 15$ mm überbrückt werden. Ein oft gebrauchter Einteilungsgrundsatz verwendet die Art der Beanspruchung. Danach werden Elastomerelemente mit Druck-, Zug-, Biegung- oder Schubbeanspruchung unterschieden.

In den Bildern 3.13 und 3.14 sind Ausführungsformen von Bolzenkupplungen gezeigt, bei denen die hülsenförmigen elastischen Elemente überwiegend auf Druck beansprucht werden. Die in Bild 3.13 erkennbaren rillierten Elastomerhülsen bewirken eine nachgiebigere Kupplungskennlinie als sie sich beispielsweise mit zylindrischen oder den ballig ausgeführten Hülsenelementen nach Bild 3.14 ergeben kann. Der Aufbau dieser Kupplungen ist einfach. Die an der einen Kupplungshälfte befestigten Bolzen tragen axial gesicherte Elastomerhülsen und ragen in entsprechende Bohrungen der Gegenseite hinein. Da das verformte Elastomervolumen klein ist, haben diese Kupplungen eine geringe drehelastische Wirkung. Zu den Bolzenkupplungen muß auch die Ausführung nach Bild 3.15 gezählt werden. Hier wird ein entsprechend gestalteter elastischer Zwischenring durch Bolzenreihen in beiden Kupplungshälften abschnittsweise auf Druck beansprucht.

Bild 3.15. Drehelastische Ausgleichskupplung (Guriflex, Stromag, Unna)

Die Bilder 3.16 bis 3.22 zeigen verschiedene Ausführungsbeispiele für Klauenkupplungen mit überwiegend druckbeanspruchten Elastomerelementen. Auch hier ist der konstruktive Aufbau der Kupplungen unkompliziert. Als weiteres Unterscheidungsmerkmal kann die Geometrie der Elastomerelemente dienen. Die in den Kupplungen verwirklichten Einspann- bzw. Lagerungsbedingungen der elastischen Elemente beeinflussen in starkem Maße Querdehnung und damit auch die Federkennlinie der Kupplung.

In den Bildern 3.16 bis 3.18 werden walzenförmige Elastomerelemente einzeln oder durch einen Ring miteinander verbunden (Bild 3.18) verwendet. Die Klauen können prismatisch (Bild 3.16) oder mit Flächen versehen sein, die die Elastomerkörper fast vollständig umfassen. In diesem Fall tritt eine Erhöhung der Verdrehsteifigkeit der Kupplung ein.

Demgegenüber zeigen die Bilder 3.19 und 3.20 Ausführungen von Klauenkupplungen, die mit prismatischen Elastomerkörpern — einzeln oder zu einem geschlossenen Ring zusammengefaßt — ausgestattet sind. Auch hier liegt eine Druckbeanspruchung der elastischen Elemente vor. Die Kupplungen der Bilder 3.21 und 3.22 verwenden druckbeanspruchte zahnförmige Elastomerelemente in kranz- oder paarweiser Anordnung (Bild 3.22).

Beispiele für Kupplungen, die elastische, auf Biegung beanspruchte Elemente verwenden, sind in den Bildern 3.23 und 3.24 dargestellt. Die Kräfte werden bei der

Bild 3.16. Drehelastische Klauenkupplung mit walzenförmigen Elastomerelementen (Eflex-R, Breitbach, Düsseldorf)

Bild 3.17. Drehelastische Klauenkupplung mit walzenförmigen Elastomerelementen (Baureihe B, Tschan, Neunkirchen)

Bild 3.18. Drehelastische Klauenkupplung mit walzenförmigen Elastomerelementen (Baureihe S, Tschan, Neunkirchen)

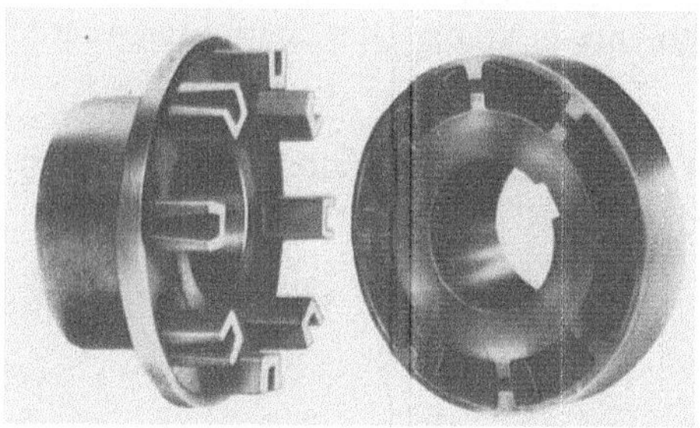

Bild 3.19. Drehelastische Klauenkupplung mit prismatischen Elastomerelementen (N-Eupex, Flender, Bocholt)

Bild 3.20. Drehelastische Klauenkupplung mit prismatischen Elastomerelementen (Nor-Mex, Tschan, Neunkirchen)

Kado-Kupplung (Bild 3.23) über Bolzen in die in Kupplungshülse und Kupplungsstern gelagerten Elastomerblöcke eingeleitet. Ebenso gibt es aber Ausführungen (Bild 3.24), die die Kräfte über prismatische Klauen überleiten. Spielfreiheit läßt sich in derartigen Kupplungen nur über den Einbau dickerer, unter Vorspannung stehender Elastomerblöcke, erzielen.

In Bild 3.25 ist mit der Polygonkupplung, auch Zwischenringkupplung genannt, ein Beispiel für eine Zug/Druck-Beanspruchung des Elastomerelements gegeben. Die

Bild 3.21. Drehelastische Klauenkupplung mit zahnförmigen Elastomerelementen (Rotex Kupplungstechnik Rheine)

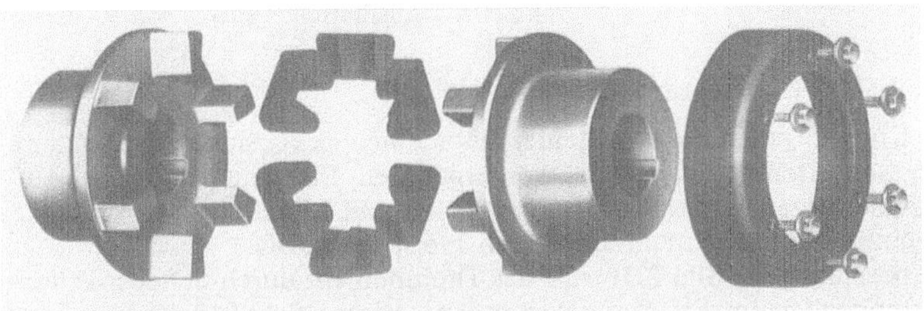

Bild 3.22. Drehelastische Klauenkupplung mit zahnförmigen Elastomerelementen (Multi-Mont, Reich, Bochum)

Bild 3.23. Drehelastische Bolzenkupplung mit auf Biegung beanspruchten elastischen Elementen (Kado, Kauermann, Düsseldorf)

Bild 3.24. Drehelastische Klauenkupplung mit auf Biegung und Schub beanspruchten elastischen Elementen (Eupex, Flender, Bocholt)

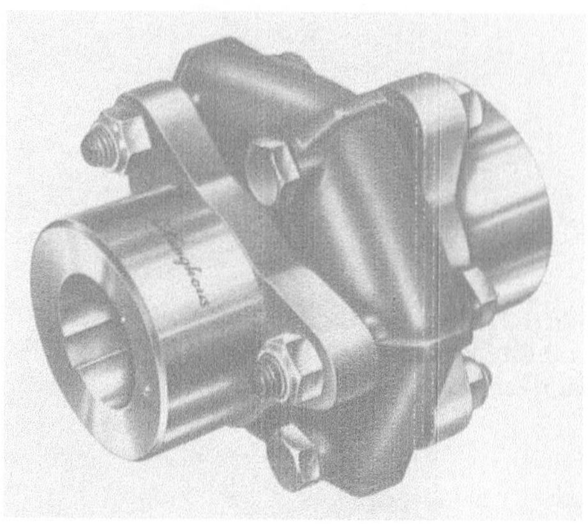

Bild 3.25. Drehelastische Polygonkupplung (Ausführung Ortlinghaus, Wermelskirchen, ähnliche Ausführung auch von Vulkan, Herne)

Verbindung der Kupplungshälften erfolgt hier über einen eckig ausgebildeten und wechselseitig angeschlossenen, auf Druck vorgespannten Elastomerring. Zur Aufnahme der Schraubenbolzen ist der Ring an den Ecken mit Metallbuchsen verstärkt. Die Kupplungskennlinie dieser Kupplung verläuft meist progressiv.

Bei den Wulstkupplungen (Bild 2.3) wird das Drehmoment durch Schubspannungen übertragen, wenngleich im Elastomerelement in anderen Schnittrichtungen entsprechend dem Mohrschen Spannungskreis auch Zug- bzw. Druckspannungen vorhanden sind. Der elastische Körper ist bei diesen Kupplungen reifenförmig gestaltet und an einer Stelle quer zu Montagezwecken aufgetrennt. Er wird mittels Druckringen verschraubt und verbindet so die beiden Kupplungshälften kraftschlüssig. Die Kupplung ist allseits beweglich und hochelastisch. Die bei Verformungen auftretenden Rückstellkräfte sind gering. Bei Drehmomentübertragung können je nach Kupplungsbauart bei größeren Verformungen der Elastomerelemente auch größere Axialkräfte entstehen. Die Kupplung vermag radiale Verformungen ΔK_r bis 4 mm, axiale Verformungen ΔK_a bis 8 mm und winklige Verformungen ca. ΔK_w bis 4° zu überbrücken. Andere Ausführungsformen unterscheiden sich durch die Gestaltung und Verbindung der Elastomerelemente. So zeigt Bild 3.26 eine Flanschkupplung, bei der die Anschluß-

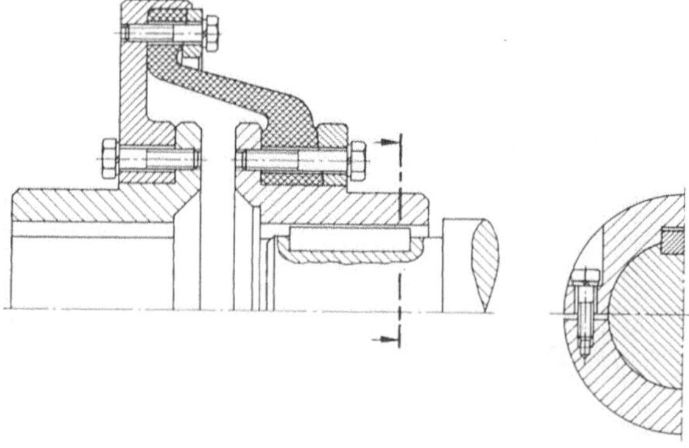

Bild 3.26. Drehelastische Flanschkupplung mit auf Schub beanspruchtem elastischem Element (Periflex, Stromag, Unna)

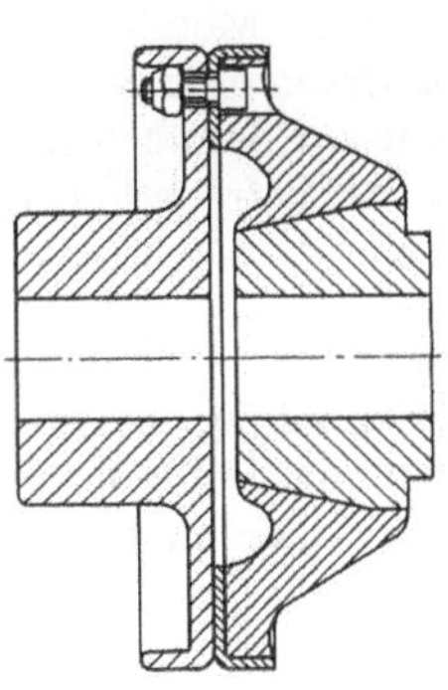

Bild 3.27

Bild 3.28

Bild 3.27. Drehelastische Flanschkupplung mit auf Schub beanspruchtem elastischem Element (Kegelflex, Kauermann, Düsseldorf)
Bild 3.28. Drehelastische Kreuzstollenkupplung (Multicross, Reich, Bochum)

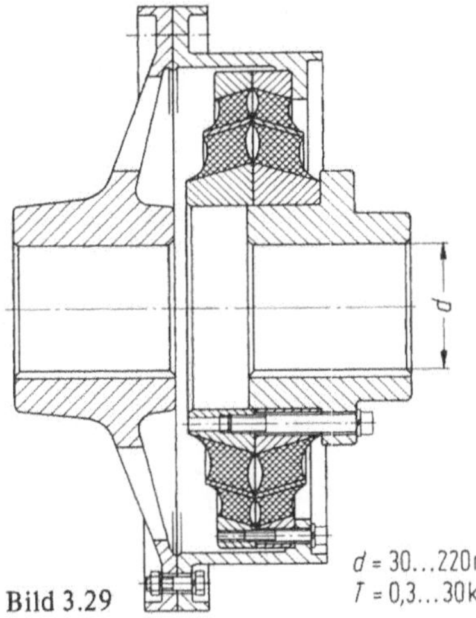

d = 30...220 mm
T = 0,3...30 kNm

Bild 3.29

Bild 3.30

Bild 3.29. Drehelastische Ausgleichskupplung mit auf Schub beanspruchten elastischen Elementen. Hauptsächlich für Schiffsantriebe verwendet (Spiroflex, Lohmann & Stolterfoth, Düsseldorf)
Bild 3.30. Steckbare drehelastische Ausgleichskupplung mit auf Schub beanspruchtem elastischem Element (Periflex, Stromag, Unna)

schrauben durch das elastische Element hindurchgeführt werden. In Bild 3.27 ist eine Kupplungsausführung dargestellt, bei der kegelförmige Elastomerelemente auf die Nabenkonstruktion aufvulkanisiert sind. Als elastische Elemente der Multi-Cross-Kupplung (Bild 3.28) dienen sogenannte Kreuzstollen aus Gummi, die auch durch Cordfäden armiert sein können, zur Drehmomentübertragung. Sie sind kraftschlüssig über geschraubte Druckringe an die Kupplungshälften angeschlossen.

Die elastischen Elemente der Spiroflex-Kupplung (Bild 3.29) bestehen aus Innen- und Außenring zwischen die — durch schmale Metallringe unterteilt — das elastische Material eingebracht ist. Die Verbindung an den Berührflächen zum Metall wird durch Vulkanisation hergestellt. Die dünnen Stahlzwischenringe bewirken eine radiale Versteifung der Elastomerelemente. Sie werden unter Drehmoment auf Schub beansprucht. Die Kupplung wird vielfach als hochelastische Kupplung mit beträchtlichen Verdrehwinkeln bis ca. 40° für Schiffsantriebe verwendet. Sie kann Versätze von radial bis $\Delta K_r = 0{,}5 \ldots 2{,}8$ mm, axial bis $\Delta K_a = 1 \ldots 4$ mm und winklig $\Delta K_w = 2 \ldots 3°$ überbrücken.

Bild 3.30 gibt schließlich noch ein Beispiel für eine Scheibenkupplung, bei der zwei zusammengeschaltete Scheiben außen mit der einen Kupplungshälfte formschlüssig über ein Vielkeilprofil verbunden sind und innen mit der anderen Kupplungshälfte kraftschlüssig über Druckscheiben angeschlossen sind. Die außen liegende formschlüssige Momentenübertragung hat den Vorteil, daß sich die Kupplung in Form einer Steckverbindung relativ leicht montieren läßt.

4 Eigenschaften und Kennwerte elastischer Ausgleichskupplungen

4.1 Abmessungen und Drehzahlgrenzen

Aus Ähnlichkeitsbetrachtungen lassen sich über Kupplungsdurchmesser und Drehzahlgrenze allgemeine Angaben machen. Mit dem Kriterium der gleichen Beanspruchung im Elastomerelement folgt der theoretische Zusammenhang zwischen Kupplungsaußendurchmesser D_a und Kupplungsnennmoment T_{KN} aus

$$D_a = \text{const}\, T_{KN}^{1/3}. \tag{4.1}$$

Für die Grenzdrehzahl folgt unter Beachtung des Kriteriums der gleichen Umfangsgeschwindigkeit

$$n = \text{const}\, T_{KN}^{-1/3}. \tag{4.2}$$

Diese Zusammenhänge wurden auch von Ehrlenspiel [5] durch Untersuchung der Abmessungen und zugelassenen Drehzahlgrenzen von am Markt befindlichen Kupplun-

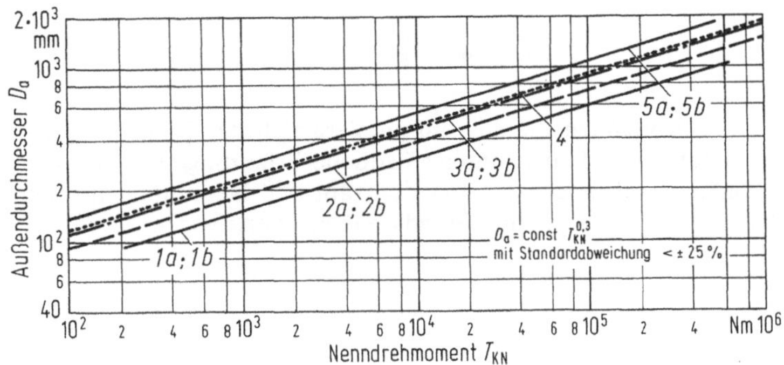

Bild 4.1. Außendurchmesser D_a nicht schaltbarer Kupplungen. Nach Prospektangaben.
a schnellaufende Bauarten, *b* mittelschnellaufende Bauarten;
1 Doppelzahnkupplungen, *1a* (für Turbomaschinen) Tacke, TSB; Renk, 2 KT; BHD/Krupp, 2 KH; *1b* Flender Zapex; Tacke, SB; Malmedie, NBZ
2 Membran- und Federlaschenkupplungen, *2a* Metastream S; Bendix, S 200; BSD, Thomas *2b* Flender, Arpex B; Reich, Turboflex GCS; Thyssen Henschel, Rigiflex;
3 metallelastische (drehelastische) Kupplungen *3a* Geislinger; Malmedie Bibby, VB; H & B Cardeflex, N;
4 Elastomerkupplungen mittlerer Elastizität, 15 Typen, z. B. Flender, N-Eupex; Renk/Wülfel, Elco; Desch, Hadeflex F;
5 Elastomerkupplungen hoher Elastizität, *5a* Flender, Elpex EN; L & S, Spiroflex, *5b* BSD, Radaflex; Desch, Aflex; Kauermann, Kegelflex; Stromag, Periflex; Reich, Multicross; Vulkan, EZ

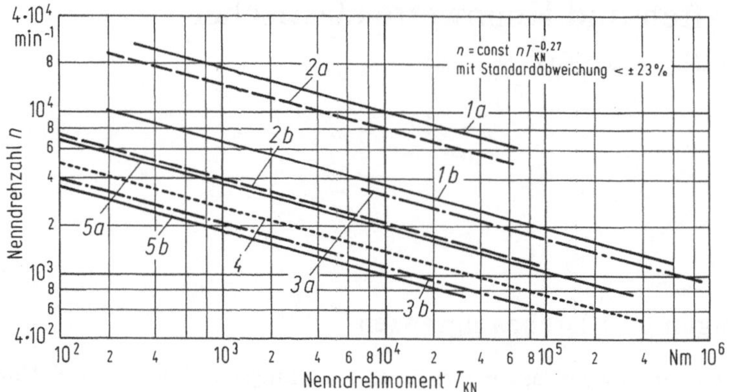

Bild 4.2. Nach Prospekt zulässige Drehzahlen nicht schaltbarer Kupplungen

gen angenähert nachgewiesen. Die Bilder 4.1 und 4.2 zeigen die durch Marktrecherche gefundene Abhängigkeit von Kupplungsaußendurchmesser und Drehzahlgrenze vom Nenndrehmoment für verschiedene Kupplungsbauarten. Dabei wird erkennbar, daß Kupplungsdurchmesser und ebenso auch Kupplungslänge, -gewicht und -trägheitsmoment innerhalb einer Kupplungsbauart fast unabhängig vom Hersteller auf etwa gleich große Werte konvergieren. Aus Bild 4.1 und 4.2 sind folgende Tendenzen erkennbar: Je drehelastischer eine Kupplung ist, um so größer und damit schwerer baut sie. Innerhalb einer Kupplungsbauart läßt sich die Abhängigkeit zwischen Außendurchmesser D_a und Nennmoment T_{KN} mit einer Standardabweichung ± 25 % durch die Beziehung

$$D_a = \text{const}\ T_{KN}^{0,3} \tag{4.3}$$

beschreiben.
Bei den Drehzahlgrenzen nehmen die sich durch Vergleich der Firmen ergebenden Abweichungen zu. Dafür sind offenbar unterschiedliche Erfahrungen der Firmen verantwortlich. Die Abhängigkeit zwischen Grenzdrehzahl und Nennmoment innerhalb einer Kupplungsbauart läßt sich mit einer Standardabweichung von ± 23 % durch die Gleichung

$$n = \text{const}\ T_{KN}^{-0,27} \tag{4.4}$$

erfassen.

4.2 Werkstoffe

Bei drehnachgiebigen und drehstarren Ausgleichskupplungen mit metallischen elastischen Elementen kommen überwiegend Stahlfedern aus genormten Werkstoffen oder auch Sonderwerkstoffen zum Einsatz.

Hinsichtlich der Festigkeit wird auf das Normblatt DIN 17 220, das eine Übersicht über warm- und kaltverformte, nicht rostende und warmfeste Federstähle gibt, verwiesen. Gegenüber Elastomer-Werkstoffen sind die Stähle durch hohe Festigkeit, hohen Elastizitätsmodul $E = 2,1 \cdot 10^5\ \text{N/mm}^2$ und hohe Gebrauchstemperatur gekennzeichnet.

Das Arbeitsaufnahmevermögen elastischer Elemente hängt in starkem Maße von der Spannungsverteilung im beanspruchten Element ab. Bekanntlich können einachsig auf Zug oder Druck beanspruchte Körper die größtmögliche Verformungsarbeit speichern, weil alle Werkstoffteilchen gleich hoch beansprucht werden. Mit σ als Zug- oder Druckspannung, V als Volumen des beanspruchten Körpers und E als Elastizitätsmodul folgt diese maximal mögliche Verformungsarbeit aus

$$W_{max} = \sigma^2 V/2E. \tag{4.5}$$

In Fällen, in denen der Werkstoff Zonen mit geringerer Beanspruchung aufweist, nimmt die speicherbare Verformungsarbeit ab. Mit W_{max} nach (4.5) als Bezugsgröße läßt sich als Maß für das wirkliche Arbeitsvermögen einer Feder die Formnutzzahl

$$\eta = W/W_{max} \tag{4.6}$$

definieren. Darin ist W die von einem Federelement wirklich speicherbare Verformungsarbeit. Beispielsweise erreicht ein auf Torsion beanspruchter Vollstab $\eta = 0{,}5$, ein dünnwandiges Torsionsrohr hingegen $\eta \approx 1$.Auf Biegung beanspruchte Federelemente mit konstantem Querschnitt, wie sie beispielsweise bei der Kado- und der Eupex-Kupplung (Bilder 3.23 und 3.24) vorkommen, erreichen nur eine Formnutzzahl von $\eta \approx 0{,}11$. Das Arbeitsaufnahmevermögen ist jedoch nicht das einzige Kriterium bei der Auswahl einer Kupplung. Ebenso wichtig kann beispielsweise auch die Drehelastizität einer Kupplung sein.

Zur Herstellung von Elastomerfedern werden überwiegend die Werkstoffe: Naturkautschuk, Chloroprenkautschuk, Acrylnitril-Butadien-Kautschuk (z. B. Perbunan), Silikon-Kautschuk, Polyurethan (z. B. Vulkollan), Polyamid (z. B. Nylon), Fluor-Kautschuk (z. B. Viton) verwendet.

Naturkautschuk (NR) ist ein hochpolymeres Isopren, das sich durch hohe mechanische Festigkeit und Elastizität, hohe Dämpfung, sowie durch gutes Kälteverhalten auszeichnet. Es quillt in Mineralölen und Fetten, ist aber gut beständig gegen Basen und Säuren. Die zulässigen Arbeitstemperaturen betragen −60 bis +80 °C. Angaben über Lagerung, Reinigung und Wartung in DIN 7716.

Chloropren-Kautschuk (CR) ist ein Polymerisat des Chlorbutadiens. Er zeichnet sich durch chemische und mechanische Beständigkeit sowie gute Widerstandsfähigkeit gegen Alterung und Ozoneinfluß aus. Er weist mittlere bis gute Quellbeständigkeit gegen Mineralöle auf. Der thermische Einsatzbereich liegt mischungsabhängig zwischen −45 und +100 °C.

Acrylnitril-Butadien-Kautschuk (NBR) ist ein Polymerisat aus Acrylnitril und Butadien. Der Acrylnitrilanteil kann zwischen 18 und 50 % liegen. Mit steigendem Acrylnitrilanteil vermindern sich Elastizität und Druckverformungsrest. Der Druckverformungsrest (DIN 53517) gibt darüber Auskunft, wie sich ein Elastomer unter länger einwirkender konstanter Verformung oder konstanter Belastung verhält. Es wird der Verformungsanteil eines Probekörpers, der zu einem bestimmten Zeitpunkt nach Entspannung oder Entlastung noch verblieben ist, gemessen. Die Quellbeständigkeit in Mineralölen und Fetten nimmt hingegen zu. Im allgemeinen besitzt dieser Werkstoff eine gute Quellbeständigkeit in Benzin, Mineralölen und Heißwasser bis 100 °C. Der thermische Anwendungsbereich liegt zwischen −30 und +100 °C.

Silikon-Kautschuk (VMQ, PVMQ) zeichnet sich durch besonders hohe Temperaturbeständigkeit, gute Kälteflexibilität, sehr guten Widerstand gegen den Angriff von Sauerstoff und Ozon, sowie geringe Temperaturabhängigkeit der technologischen Eigenschaften aus. In Ölen mit Additiven tritt keine Verhärtung ein. Es besteht eine mittlere Quellbeständigkeit in Mineralölen und Fetten. Konzentrierte Säuren und Alkalien, Wasser und Dampf bei Temperaturen über etwa 100 °C wirken zerstörend auf den Werkstoff. Zulässige Einsatztemperaturen liegen zwischen ca. −60 und +200 °C.

Elastomere aus *Polyurethan* (PUR) haben hohe Zugfestigkeit, gute Weiterriß- und Abriebfestigkeit aber geringe Dämpfung. Sie sind witterungs- und ozonbeständig, jedoch bei höheren Temperaturen hydrolyseempfindlich. Es besteht eine gute Quellbeständigkeit in Mineralölen und Fetten. Der thermische Anwendungsbereich liegt bei −30 bis +80 °C.

Polyamid (PA) hat hohe Festigkeit, geringe Dämpfung, großen Widerstand gegen Abrieb und eine zähharte Materialstruktur. Die Temperaturgrenze liegt bei etwa +80 °C.

Die besondere Bedeutung von *Fluor-Kautschuk* (FPM) liegt in seiner hohen Temperaturbeständigkeit und chemischen Stabilität. Der Werkstoff ist quellbeständig in Mineralölen, Fetten und Kraftstoffen. Die thermischen Anwendungsgrenzen liegen zwischen −25 und +200 °C.

Im Gegensatz zu metallischen Werkstoffen lassen sich bei Elastomeren keine festen Kennwerte z. B. für Zugfestigkeit, Elastizitätsmodul, prozentuale Dämpfung usw. angeben. Diese Werte sind in starkem Maße von der Temperatur, der Geometrie der Formteile, aber auch von den Einspannbedingungen und Dehnungsbehinderungen durch die Umgebungskonstruktion abhängig. Außerdem können sie entscheidend durch die Komposition des jeweiligen Werkstoffs aus seinen Grundbestandteilen und durch hinzugefügte Füllstoffe wie Ruß, Schwefel und Silikate in weiten Grenzen beeinflußt werden. Trotz der sehr großen Variationsmöglichkeiten gelingt es nicht, eine beliebige Kombination gewünschter physikalischer und chemischer Eigenschaften in einem Werkstoff zu vereinen. Zum Beispiel gelingt eine Verbesserung im chemischen Verhalten meist nur auf Kosten anderer Eigenschaften.

Neben ausreichenden physikalischen Anforderungen nach Festigkeit, Elastizitätsmodul, Dämpfung, Abriebverhalten, Temperaturbeständigkeit, Kälteverhalten usw. sind es vor allem chemisch orientierte Forderungen wie Alterungsbeständigkeit, Beständigkeit gegen Öle, Fette, aggressive Flüssigkeiten und Gase (Ozon) sowie Beständigkeit gegen Strahlung, die die Praxis an die Elastomerwerkstoffe stellt.

4.2.1 Härte

Die zur Charakterisierung von Elastomerwerkstoffen am meisten benutzte Eigenschaft ist die Härte. Sie wird nach DIN 53 505 mit Shore-Härte-Prüfgeräten festgestellt. Für weiche Elastomere wird die Shore-A Härteprüfung und bei harten Gummiwerkstoffen die Shore-D-Prüfung verwendet. Die Shore-A-Prüfung benutzt einen Kegelstumpf und Shore-D einen abgerundeten Kegel als Eindringkörper. Über den Zusammenhang zwischen belastender Federkraft und Eindringtiefe läßt sich die Härte angeben.

4.2.2 Verformbarkeit von Elastomeren

Zur Gewinnung ausreichender Informationen über die Verformbarkeit von Elastomeren empfiehlt es sich, stets das gesamte Dehnungsschaubild aufzunehmen (DIN 53 504). Die Angaben von Zugfestigkeit und Bruchdehnung reichen allein nicht aus, um die Verformbarkeit eines Elastomers zu beschreiben.

Die bei metallischen Werkstoffen benutzte Bezeichnung „Modul" für den Spannungswert bei 100 % Dehnung ist bei Gummiwerkstoffen wenig geeignet, da die Spannungs-Dehnung-Relation sich stark nichtlinear verhält und vielfach auch einen Wendepunkt aufweist.

Bild 4.3 zeigt beispielsweise die Abhängigkeit des Elastizitätsmoduls E von ε beim

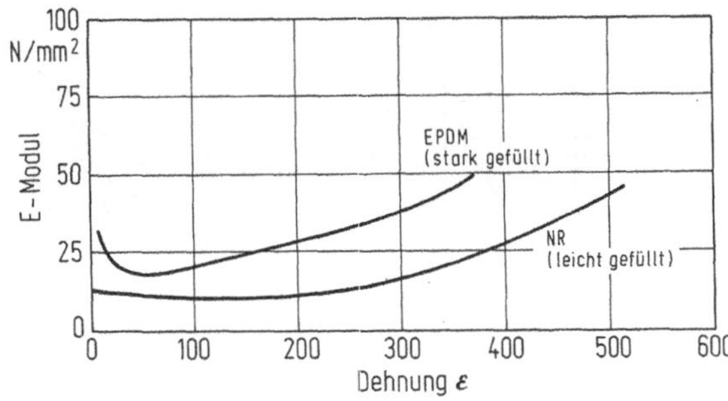

Bild 4.3. Abhängigkeit des E-Moduls von der Dehnung ε für die Werkstoffe EPDM (Ethylen-Propylen-Dien-Kautschuk), stark gefüllt und NR (Naturkautschuk), leicht gefüllt. Nach [7]

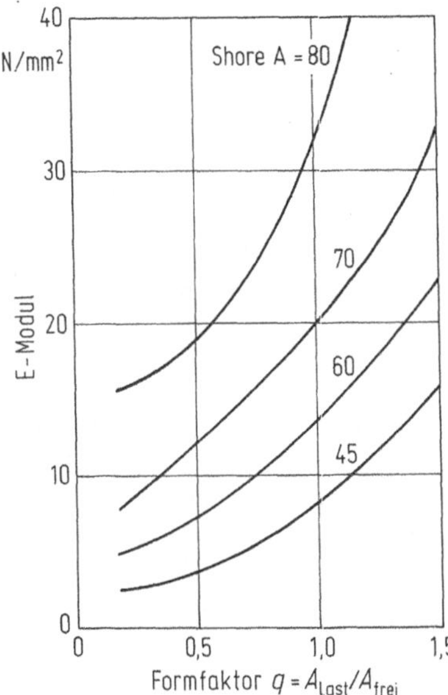

Bild 4.4. Abhängigkeit des E-Moduls bei 20 %iger Druckverformung vom Formfaktor q für verschiedene Shore-A-Härten eines Elastomers. Nach [7]

Zugversuch mit Elastomerproben aus EPDM, stark gefüllt (Ethylen-Propylen-Dien-Kautschuk) und NR, leicht gefüllt (Naturkautschuk) [7].

Infolge der unvermeidbaren Fertigungsstreuung gelten diese Werte nur mit einer Toleranzangabe. Der Elastizitätsmodul ist außerdem vom Formfaktor q abhängig. Der Formfaktor ist ein Maß für den Einfluß der Kontakt- bzw. Einspannbedingungen eines Elastomerkörpers auf das Verformungsverhalten. Er wird als das Verhältnis von belasteter zu freier Oberfläche des Prüfkörpers definiert.

$$q = A_{\text{Last}}/A_{\text{frei}} \,. \tag{4.7}$$

Unter belasteter Fläche A_{Last} versteht man *eine* Lasteinleitungsfläche (ohne die Gegenfläche), während sich die freie Oberfläche aus der Summe aller Flächen, die sich frei ausdehnen oder schrumpfen können, berechnet. Beispielsweise ergibt sich der Formfaktor eines axial belasteten Zylinders, vom Durchmesser d mit der Höhe h zu $q = d/4h$. Bild 4.4 zeigt beispielhaft die Abhängigkeit des für eine 20 %ige Druckverformung gültigen E-Moduls vom Formfaktor q für verschiedene Shore-A-Härten eines Elastomers. Zusätzlich gibt Bild 4.5 den Zusammenhang zwischen dem für eine

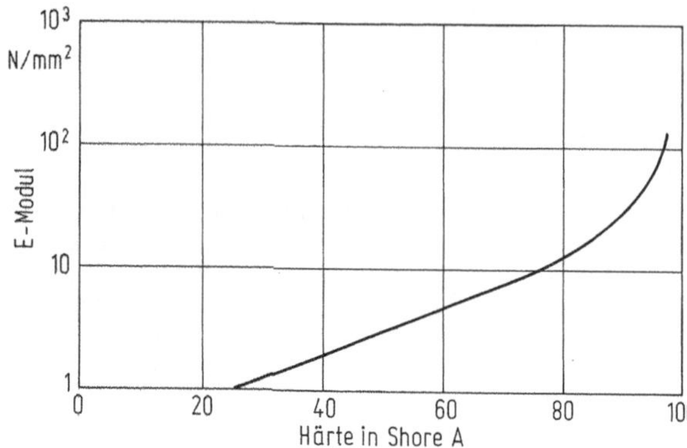

Bild 4.5. Abhängigkeit des E-Moduls bei 10%iger Druckverformung von der Shore-A-Härte eines Elastomers, gültig für einen Formfaktor $q = 0{,}2$

10 %ige Druckverformung gültigen E-Modul und der Shore-A Härte eines Elastomers für einen Formfaktor $q = 0{,}2$ wieder. Es handelt sich immer um nichtlineare Zusammenhänge, deshalb ist eine Extrapolation auf die Verhältnisse bei größeren Verformungen nicht möglich. Man erkennt aus diesen Bildern den großen Einfluß von Härte und Formfaktor. „Den" Elastizitätsmodul, nach dem die Praxis meist fragt, gibt es demnach für Gummiwerkstoffe nicht!

Zwischen den momentanen Werten von Elastizitäts- und Schubmodul besteht angenähert die Beziehung

$$G \approx E/3\,. \tag{4.6}$$

Ergänzende Informationen über den Werkstoff können auch aus anderen genormten Prüfungen gewonnen werden. Zu nennen sind vor allem der Nadel-Ausreißversuch nach DIN 53 506, der Weiterreißversuch mit der Streifenprobe nach DIN 53 507, die Bestimmung der Stoßelastizität nach DIN 53 512, die Bestimmung der Dämpfung aus der Hystereseschleife nach DIN 53 513 sowie die Bestimmung des Abriebs nach DIN 53 516 als Maß für das Verschleißverhalten des Werkstoffs an der Oberfläche.

4.2.3 Verschleißverhalten

Das Verschleißverhalten gummielastischer Werkstoffe an der Oberfläche wird in starkem Maße von den vorherrschenden Betriebs- und Umweltbedingungen wie Werkstoffpaarung, Art des Schmierstoffs, vorhandene Makro- und Mikrogeometrie, Gleitgeschwindigkeit evtl. Schlupf, Belastung, Temperatur usw. bestimmt. Eine Übertragbarkeit von an Proben gewonnenen Aussagen über Verschleißverhalten von Elastomeren, lassen sich deshalb nur auf die Praxis übertragen, wenn Ähnlichkeit der Untersuchungsbedingungen mit den Verhältnissen in der Praxis besteht. Sicherer ist immer, das fertige Produkt unter den wirklichen Bedingungen der Praxis zu prüfen.

Es muß besonders erwähnt werden, daß alle Verformungseigenschaften in starkem Maße von der Temperatur und von der Zeit (z. B. der Verformungsgeschwindigkeit beim Zugversuch, der Frequenz bei der Bestimmung der Dämpfung nach DIN 53 513) beeinflußt werden. Mit fallender Temperatur tritt bei Gummiwerkstoffen bei der „Glastemperatur" die sogenannte Kaltsprödigkeit, mit der Folge eines stark steigenden Elastizitäts- und Schubmoduls und abnehmender Bruchdehnung, auf. Mit wieder ansteigenden Temperaturen verschwindet die Kaltsprödigkeit wieder. Steigende Verformungsgeschwindigkeit bzw. Frequenz bei dynamischen Vorgängen läßt den Übergang zur Kaltsprödigkeit schon eher, bei höheren Temperaturen eintreten. Zur Prüfung des

Kälteverhaltens von Elastomerwerkstoffen dient neben der einfachen Kältebiegeprüfung über einen Dorn vor allem der Torsionsschwingversuch nach DIN 53445. Der Kältesprödigkeitspunkt T_s (DIN 53546) ist diejenige Temperatur, bei der ein Prüfkörper bei schlagartiger Beanspruchung gerade noch nicht bricht.

4.2.4 Viskoelastisches Verhalten

Kennzeichnend für Elastomere ist ihr viskoelastisches Verhalten. So steigt beispielsweise bei konstant druck- oder zugbelasteten Gummikörpern die Dehnung degressiv mit der Zeit weiter an. Diese Erscheinung wird als Kriechen (Retardation) bezeichnet. Nach Entlastung einer Probe wird der ursprüngliche Zustand nicht sofort sondern je nach vorliegenden Bedingungen erst allmählich wieder erreicht. Als Maß für diese typische Erscheinung der Viskoelastizität gilt der Druckverformungsrest nach DIN 53517. Der Druckverformungsrest soll darüber Auskunft geben, wie sich ein Elastomerwerkstoff unter lang andauernder Einspannung (konstante Verformung) oder lang einwirkender Druckkraft (konstante Belastung) verhält.

Er ist ein zeitabhängiger Wert und gibt die Deformation in Prozent der ursprünglichen Verformung an, die zu einem bestimmten Zeitpunkt nach Entspannung oder Entlastung noch zurückgeblieben ist. Der Druckverformungsrest ist von der Temperatur und von der Dauer der Verformung oder Belastung abhängig. Deshalb legt DIN 53517 die näheren Bedingungen des Prüfverfahrens, wie aufzubringende Verformung, abhängig von der Shore-A-Härte, und Zeitdauer der Beanspruchung, abhängig von der Temperatur, fest. Da in den Prüfwert Fließverhalten, Vulkanisationszustand und Wärmebeständigkeit eingehen, ist seine Aussagekraft mehrdeutig. Retardation und Relaxation sind Erscheinungen der Viskoelastizität, die sich auf gleiche Ursachen zurückführen lassen. Sie befolgen unterhalb der für Elastomere geltenden zulässigen Dauereinsatztemperatur ein angenähert logarithmisches Zeitgesetz.

Beim Einsatz von Elastomerprodukten im Maschinenbau steht meist die dynamische Beanspruchung im Vordergrund. Bei sich ständig wiederholenden Belastungszyklen wird der Werkstoff infolge innerer Reibung geschädigt. Dadurch treten zunächst kleine Risse auf, die weiterwachsen und schließlich zum Bruch führen. Genormte Methoden zur Dauerprüfung finden sich in DIN 53522 und 53533. Wegen der starken Abhängigkeit der Prüfergebnisse von der Temperatur, der Formzahl und den wirklichen Einsatzbedingungen ist die Übertragbarkeit von an Probekörpern gewonnenen Ergebnissen auf Einsatzfälle der Praxis sehr eingeschränkt. Es empfiehlt sich deshalb, dynamische Dauerprüfungen möglichst praxisnah an ausgeführten Bauteilen durchzuführen.

Ebenso dienen wegen mangelnder Übertragbarkeit die nach DIN 53504 bestimmten Werte für Zugfestigkeit und Bruchdehnung hauptsächlich zur Identitäts- und Eingangskontrolle der Werkstoffe, aber auch zur Bestimmung der Werkstoffbeständigkeit bei Alterung oder Angriff von aggressiven Medien.

4.2.5 Chemische Beständigkeit

Alle organisch-chemischen Produkte, so auch die Elastomerwerkstoffe, erfahren unter der Einwirkung von Sauerstoff, Ozon, Ölen, Brennstoffen, Fetten, Wasser und anderen Medien einen chemischen Angriff. Diese als Alterung bezeichnete Erscheinung kann wichtige physikalische Eigenschaften wie Härte, Zugfestigkeit und Bruchdehnung ungünstig verändern. Der Werkstoff kann sich verhärten oder erweichen. Ebenso sind auch Volumenänderungen durch Quellen oder Schrumpfen denkbar, je nachdem, ob die Aufnahme zusätzlicher Stoffe oder das Herauslösen extrahierbarer Stoffe überwiegt. Eine Prüfung des Verhaltens von Elastomerwerkstoffen gegenüber Flüssigkeiten, Dämpfen und Gasen kann nach DIN 53 521 mit standardisierten Prüfflüssigkeiten, aber auch mit speziell in der Praxis auftretenden Medien erfolgen. Auch Belichtung und Bestrahlung können zerstörend wirken.

4.2.6 Alterungsvorgänge

Alterungsvorgänge laufen bei Temperaturerhöhung beschleunigt ab, so daß daraus zulässige maximale Einsatztemperaturen für Kurzzeit- und Dauerbelastung abgeleitet werden. Zur Beurteilung des Alterungsverhaltens werden Veränderungen der Härte, der Zugfestigkeit, der Bruchdehnung und des Druckverformungsrestes herangezogen. Durch Lagerung im Wärmeschrank, in Luft oder anderen Atmosphären wird versucht, die natürliche Alterung der Werkstoffe vorwegzunehmen. Dabei sollten die Bedingungen für diese künstliche Alterung (DIN 53 508) so ausgewählt werden, daß sie zwar verschärft, aber den natürlichen Bedingungen weitgehend angepaßt sind. In DIN 53 508 sind verschiedene Verfahren der künstlichen Alterung beschrieben.

4.3 Phänomenologie der Eigenschaften elastischer Wellenkupplungen

4.3.1 Quasistatisches Verhalten

Als erstes Beurteilungskriterium für die Verdrehcharakteristik einer drehnachgiebigen Wellenkupplung wird bei einem langsamen Be- und Entlastungszyklus der Verlauf des Kupplungsmomentes über dem Verdrehwinkel herangezogen.

Beim Aufzeichnen dieser Verläufe zeigt sich bei Belastung der Kupplung ein Kurvenzug, der über dem der Entlastung liegt, so daß sich eine Hystereseschleife bildet. Dieser Effekt wird mit Relaxations- oder Retardationsvorgängen in Verbindung gebracht. Relaxations- oder Retardationsvorgänge müßten aber eine Abhängigkeit dieser Erscheinungen von Belastungszeit und Belastungsgeschwindigkeit bewirken. Zur Auf-

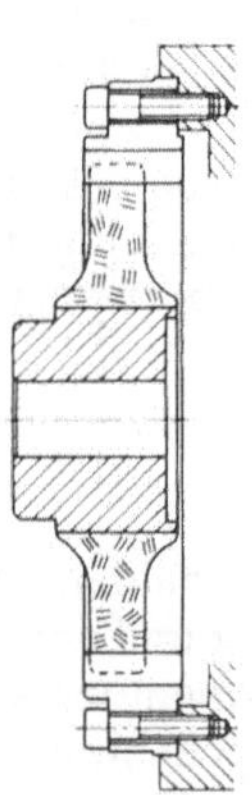

Bild 4.6. Hochelastische Scheibenkupplung ohne Armierung (Bauart Centamax, Kirchey, Haan)

klärung der Vorgänge wurden deshalb die Kennlinien einer hochelastischen Scheibenkupplung nach Bild 4.6 bei verschiedenen Frequenzen von 10^{-4} bis 0,1 Hz aufgenommen. Wie Bild 4.7 zeigt, ändert sich an der Gestalt der Hysteresekurven von kleinen Setzerscheinungen abgesehen, gar nichts.

Die Unabhängigkeit der bei niedrigen Frequenzen aufgenommenen Hystereseschleife von der Belastungsgeschwindigkeit wurde sowohl an Kupplungen als auch an Gummiproben beobachtet. Es liegen hier irreversible Dämpfungsmechanismen vor, die unterhalb einer bestimmten Frequenz nahezu zeitunabhängig sind. Aufgrund der beschriebenen Erscheinungen ist es sinnvoll, die bis ca. 0,1 Hz aufgenommenen Verläufe des Kupplungsmomentes über dem Verdrehwinkel als statisch zu bezeichnen.

Bei der Aufnahme der statischen Hystereseschleife ist neben der Belastungsgeschwindigkeit die Höhe des Maximalmoments als zweiter Parameter aufzuführen. Bild 4.8 zeigt die direkt auf einem X-Y-Schreiber aufgezeichneten Hystereseschleifen einer Scheibenkupplung mit Armierung bei einer Belastungsfrequenz von 0,1 Hz Dabei wurde die Amplitude von 0,5 T_{KN} bis 5,2 T_{KN} pro Zyklus schrittweise erhöht.

Es zeigt sich hier sehr deutlich die Abhängigkeit der Form der statischen Hystereseschleife von der Belastungsamplitude. Betrachtet man die Hystereseschleifenbreite für verschiedene Verdrehwinkelausschläge bei $\varphi = 0°$, so nimmt diese Breite mit zunehmender Amplitude asymptotisch zu, bis bei $T_{K\,max}$ etwa die volle Breite erreicht wird. Hinsichtlich der Umkehrpunkte der Hystereseschleifen ist aus Bild 4.8 eindeutig ersichtlich, daß diese oberhalb der Symmetrielinie der Einhüllenden aller statischen Hystereseschleifen liegen. Die Verbindungslinie aller Umkehr- bzw. Endpunkte wird

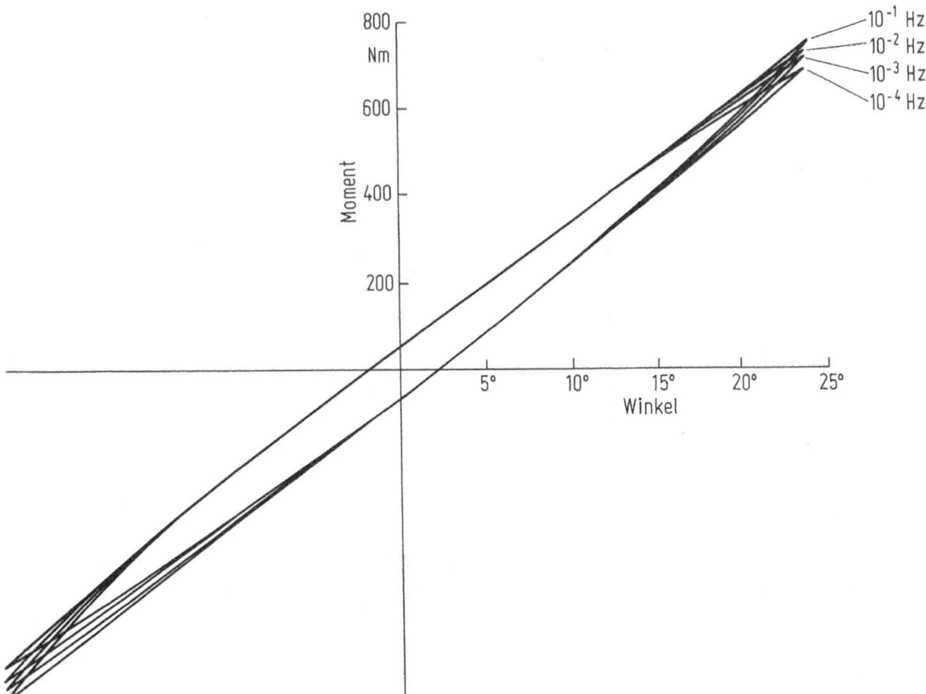

Bild 4.7. Hystereseschleifen einer hochelastischen Scheibenkupplung bei verschiedenen Belastungsfrequenzen

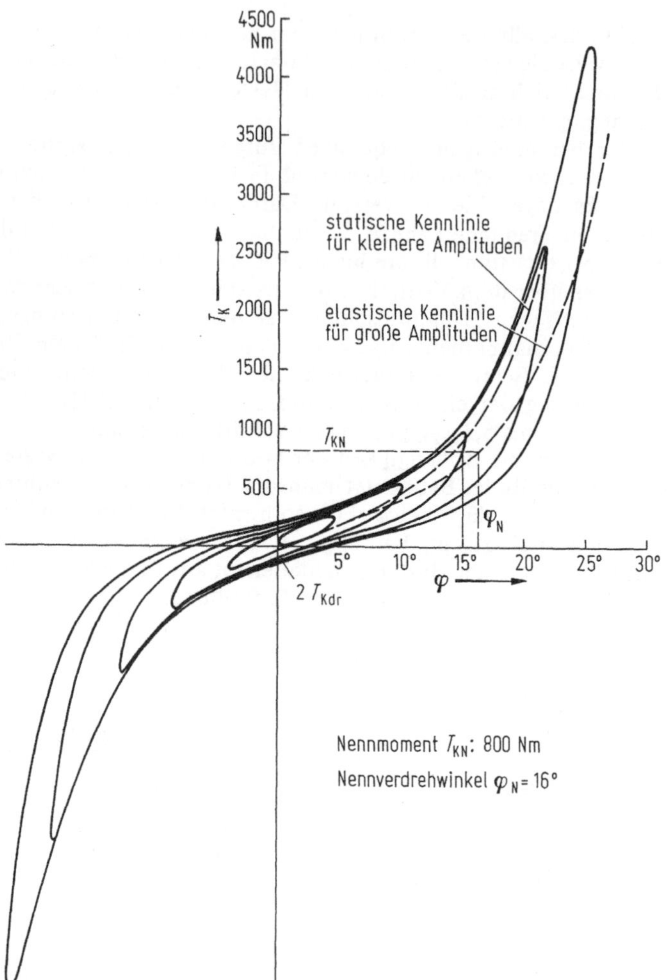

Bild 4.8. Statische Hystereseschleifen einer progressiven Scheibenkupplung mit Armierung bei $f = 0{,}01$ Hz und variierter Amplitude (Elpex, Flender, Bocholt)

als statische Kennlinie definiert. Die Symmetrielinie, die aus der Verbindung der Mittelwerte aus der oberen und unteren Einhüllenden entsteht, wird als elastische Kennlinie definiert.

Die Umkehrpunkte der statischen Hysteresekurve liegen also im ersten Quadranten über und im dritten unter der elastischen Kennlinie. Sieht man nun die statischen Hystereseschleifen als Überlagerung von elastischer Kennlinie und inneren Reibungsmomenten, so erkennt man, daß sich die inneren Reibungsvorgänge nicht linear über dem gesamten Verformungsweg aufbauen. Sie steigen besonders nach Umkehr der Belastungsrichtung an und nehmen dann bis zum nächsten Umkehrpunkt (nur noch degressiv) zu, so daß für eine bestimmte Amplitude betrachtet, in den Umkehrpunkten der Maximalwert der inneren Reibung vorliegt.

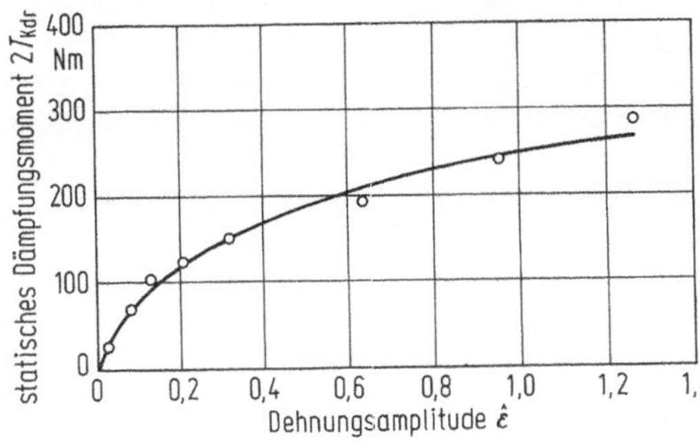

Bild 4.9. Hystereseschleife und Verbindungslinie aller Umkehrpunkte aus Bild 4.8

Bild 4.9 zeigt die Auswirkung dieses Zusammenhangs für die in Bild 4.8 wiedergegebenen statischen Hystereseschleifen. Aufgrund des degressiven Zuwachses des Reibmomentes nach einer Drehrichtungsumkehr nehmen auch die Breiten der Hystereseschleifen bei wechselnder Belastung mit zunehmendem Verdrehwinkel nur degressiv zu. Aus der Größe und Form der statischen Hystereseschleifen werden später die Parameter für den analytischen Reibungsansatz ermittelt.

Zusammenfassend ergibt sich, daß in elastischen Kupplungen bei langsamer Belastung zeitunabhängige Reibungsvorgänge vorliegen, die stark vom Wechselmoment abhängen und als Zusatzmomente mit Coulombschen Charakter aufgefaßt werden können.

4.3.2 Dynamisches Verhalten

Wird die Belastungsfrequenz über 0,1 Hz gesteigert, so stellt man fest, daß die dynamischen Hystereseschleifen gegenüber den statischen Hystereseschleifen eine größere Steilheit aufweisen (Bild 4.10). Die Verbindung der Mittelwerte aus oberem und unterem Schleifenast wird als dynamische Kennlinie einer Kupplung definiert. Während das quasistatische Verhalten einer Kupplung im gesamten Belastungsbereich durch die elastische Kennlinie und den Reibungsanteil beschrieben werden kann, gilt die dynamische Kennlinie immer für eine bestimmte Vorlast, Frequenz, Belastungsampli-

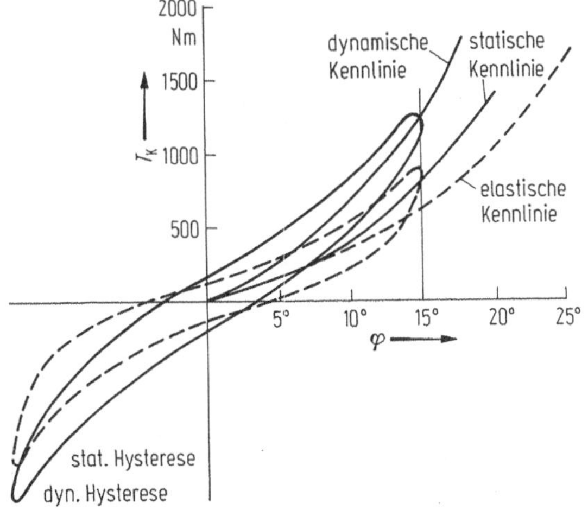

Bild 4.10. Statische und dynamische Hystereseschleife einer Scheibenkupplung mit Armierung bei $f > 1$ Hz

tude und Temperatur. Die dynamische Hystereseschleife entsteht als Überlagerung von elastischer Kennlinie, den Reibungsmomenten und nun zusätzlich auftretenden Dämpfungsmomenten aufgrund des Materialverhaltens der verwendeten Elastomerelemente, was aus Bild 4.10 aus der Zunahme der Breite der Hystereseschleife abgeleitet werden kann.

Aufgrund zahlreicher veröffentlichter Untersuchungen, die durch eigene Versuche ergänzt wurden, läßt sich festhalten, daß im allgemeinen Fall die dynamische Steifigkeit und Dämpfung von der Vorlast, der Belastungsamplitude, der Frequenz und der Temperatur abhängig sind.

Bei der experimentellen Bestimmung der Dämpfung und dynamischen Steifigkeit ausgeführter Kupplungen treten häufig fünf typische nichtlineare Erscheinungen auf:

- die dynamische Steifigkeit ist — bei spielfreier Kupplung und besonders bei kleinen Amplituden — deutlich höher als die statische und elastische,
- mit zunehmender dynamischer Amplitude, aber konstanter Mittellast und Frequenz, fallen Steifigkeit und Dämpfung wieder ab,
- Steifigkeit und verhältnismäßige Dämpfung sind frequenzabhängig,
- bei zunehmender Mittellast kann sich auch die Steifigkeit erhöhen,
- die Dämpfung ist nicht geschwindigkeitsproportional.

Die beschriebenen Erscheinungen sind im wesentlichen auf die viskoelastischen Eigenschaften der verwendeten Werkstoffe zurückzuführen.

Zu den Nichtlinearitäten, die sich allein schon durch die Verwendung von hochpolymeren Elastomeren ergeben und in Form der Amplituden-, Temperatur- und Frequenzabhängigkeit der dynamischen Eigenschaften in Erscheinung treten, addieren sich beim Übergang vom Material- zum Bauteilverhalten noch konstruktionsbedingte Nichtlinearitäten.

Hierzu sind die Reibungsprozesse an den Kontaktflächen zwischen Elastomer- und Umgebungskonstruktion zu zählen, die für eine Kupplung höhere Dämpfungswerte liefert als vom Materialverhalten zu erwarten wäre. Diese Reibungsvorgänge sind von der Flächenpressung, also von der Last abhängig (Bild 4.11). Zum anderen ist die Progressivität und somit die Abhängigkeit der Steifigkeit von der statischen Vorlast bei elastischen Kupplungen in einigen Fällen ein Konstruktionsziel, das durch eine Verformungsbehinderung der Elastomere oder durch eine spezielle Anordnung der Armierung erreicht wird.

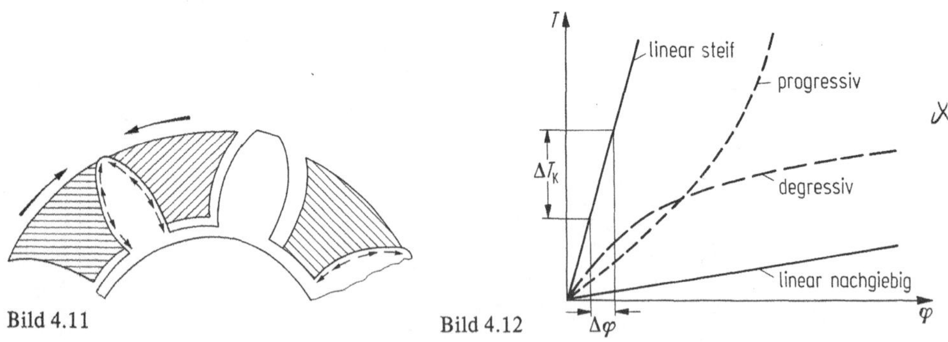

Bild 4.11 Bild 4.12

Bild 4.11. Reibungsvorgänge an der Kontaktfläche Elastomer/Metall am Beispiel einer Klauenkupplung
Bild 4.12. Typische Kennlinien elastischer Kupplungen

4.3.3 Kennwerte

Die dargelegten Phänomene elastischer Ausgleichskupplungen bei quasistatischer und dynamischer Belastung werden in der Praxis durch Kennwerte beschrieben, die nach DIN 740 in Tab. 4.1 definiert sind. Allgemein ist bei der Angabe von Kennwerten zu beachten, daß sie nicht konstant, sondern von Belastung, Temperatur, Drehzahl, Belastungsfrequenz usw. abhängen, wie oben bereits ausgeführt wurde.

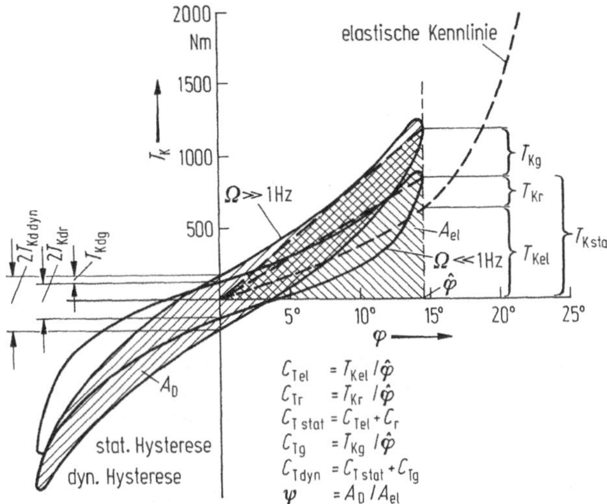

Bild 4.13. Aufnahme statischer und dynamischer Kennlinien für eine elastische Ausgleichskupplung

Wie Bild 4.12 zeigt, werden lineare, progressive und degressive Kupplungskennlinien unterschieden. Lineare Kennlinien entstehen beim Einsatz von Stahlfedern (Ausnahme Bibby-Kupplung nach Bild 3.3) oder auf Schub beanspruchte Elastomere als elastische Elemente. Druckbeanspruchte Elastomerelemente erzeugen progressive Kupplungskennlinien. Bei einer idealen nichtlinearen elastischen Kennlinie ist die örtliche Drehsteifigkeit

$$C_{T\,el}(\varphi) = \frac{\mathrm{d}T_{K\,el}(\varphi)}{\mathrm{d}\varphi} = f(\varphi) \tag{4.9}$$

eine Funktion des Ausschlags.

Bei Überlegungen zur Kupplungsauslegung genügt es jedoch nicht, nur die statische Kennlinie zu betrachten. Zusätzlich müssen Informationen über das dynamische Verhalten der Kupplung vorhanden sein. Wie beschrieben, wird bei drehelastischen Elastomerkupplungen die dynamische Steifigkeit $C_{T\,dyn}$ (Bild 4.10) von der Höhe der Belastung, der Temperatur und der Frequenz beeinflußt. Für die dynamische Steifigkeit folgt:

$$C_{T\,dyn}(\varphi) = \frac{\mathrm{d}T_{K\,dyn}(\varphi)}{\mathrm{d}\varphi} = f(\varphi). \tag{4.10}$$

Wie wir feststellen, sind sowohl die elastische wie dynamische Steifigkeit Funktionen des Verdrehwinkels. Für die Auswertung und Darstellung werden zweckmäßigerweise linearisierte Kennwerte eingeführt, die in Bild 4.13 zusammengestellt sind. In diesem

Tabelle 4.1 Kupplungskennwerte, Zeichen und Einheiten nach DIN 7450 Blatt 2

Nr.	Benennung	Zeichen	Einheit	Definition
1	Nenndrehmoment	T_{KN}	Nm	Drehmoment, das im gesamten zulässigen Drehzahlbereich dauernd übertragen werden kann und außerdem die Baugröße angibt
2	Maximaldrehmoment	$T_{K\,max}$	Nm	Drehmoment, das kurzzeitig $\geqq 10^5$ mal als schwellender Drehmomentstoß im gleichen Drehsinn übertragen werden kann bzw. $\geqq 5 \cdot 10^4$ mal als wechselnder Drehmomentstoß. Dabei darf bei Kupplungen mit Elastomeren die Erhöhung der Kupplungstemperatur 10 °C nicht überschreiten
3	Prüfdrehmoment	T_{KP}	Nm	$T_{KP} > T_{K\,max}$ dient zum Nachweis der statischen Festigkeit der Kupplung und muß ohne Beschädigung der Kupplung erreicht werden können
4	Dauerwechseldrehmoment	T_{KW}	Nm	Amplitude der dauernd zulässigen, periodischen Drehmomentschwankung bei einer Frequenz von 10 Hz und einer Grundlast bis zum Wert von T_{KN}
5	Max. zul. Dämpfungsleistung	P_{KW}	kW	Die zulässige Dämpfungsleistung bezieht sich auf Umgebungstemperaturen zwischen 10 und 30 °C
6	Maximaldrehzahl	n_{max}	1/min	Maximal zulässige Drehzahl
7	Massenträgheitsmoment	$J_{1,2}$	kgm²	Massenträgheitsmoment der Kupplungsseiten (Seitenbezeichnung entsprechend den Angaben des Herstellers)
8	Max. Axialversatz  ΔK_a	ΔK_a	mm	Zulässiger axialer Versatz der Kupplungshälften
9	Max. Radialversatz 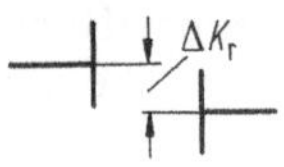 ΔK_r	ΔK_r	mm	Zulässiger radialer Versatz der Kupplungshälften bei Bezugsdrehzahl $n_B = 600$ 1/min
10	Max. Winkelversatz  ΔK_w	ΔK_w	rad	Zulässiger winkliger Versatz der Kupplungshälften bei Bezugsdrehzahl $n_B = 600$ 1/min

Tabelle 4.1 (Fortsetzung)

Nr.	Benennung	Zeichen	Einheit	Definition
11	Drehfedersteife			1. Ableitung des Kupplungsdrehmoments nach dem Verdrehwinkel
	statisch	C_T	Nm/rad	$C_T = \frac{dT_K}{d\varphi}$ * φ ist der Verdrehwinkel zwischen den beiden Kupplungshälften
	dynamisch	$C_{T\,dyn}$	Nm/rad	* $C_{T\,dyn}$ ist in der Regel größer als C_T und abhängig von der Kupplungsbeanspruchung
12	Axialfedersteife			1. Ableitung der axialen Rückstellkraft nach dem axialen Versatz
	statisch	C_a	N/mm	$C_a = \frac{dF_a}{dK_a}$ *
	dynamisch	$C_{a\,dyn}$	N/mm	* $C_{a\,dyn}$ ist in der Regel größer als C_a
13	Radialfedersteife			1. Ableitung der radialen Rückstellkraft nach dem Radialversatz
	statisch	C_r	N/mm	$C_r = \frac{dF_r}{dK_r}$ *
	dynamisch	$C_{r\,dyn}$	N/mm	* $C_{r\,dyn}$ ist in der Regel größer als C_r
14	Winkelfedersteife			1. Ableitung des winkligen Rückstelldrehmomentes nach dem Winkelversatz
	statisch	C_w	Nm/rad	$C_w = \frac{dT_w}{dK_w}$ *
	dynamisch	$C_{w\,dyn}$	Nm/rad	* $C_{w\,dyn}$ ist in der Regel größer als C_w
15	Verhältnismäßige Dämpfung	ψ	–	Dämpfungskennwert $\psi = A_D/A_{el} = 2\pi d\Omega/C_{T\,dyn}$ mit A_D Dämpfungsarbeit während eines Schwingungszyklus A_{el} elastische Formänderungsenergie d Beiwert der geschwindigkeitsproportionalen Dämpfung Ω Kreisfrequenz der harmonischen Kupplungsbeanspruchung $C_{T\,dyn}$ konstante, dynamische Drehfedersteifigkeit
16	Geschwindigkeitsproportionale Dämpfung	d	Nm s/rad	

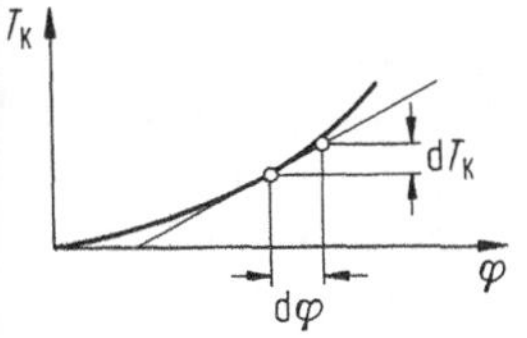

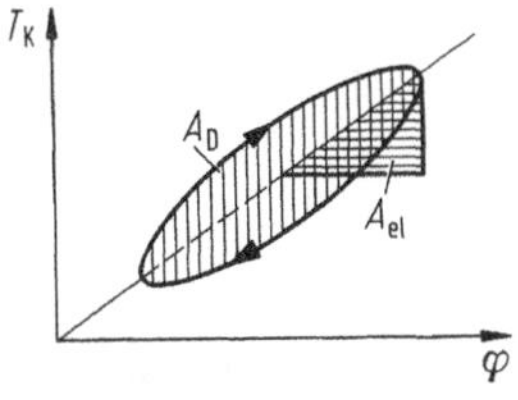

Bild bezeichnen C_T die linearisierte Verdrehsteifigkeit der Kupplung, T_K und φ Drehmomente und Verdrehwinkel. Der Index „el" bezieht sich auf die elastischen, reibungsfreien und reversiblen Vorgänge innerhalb der Kupplung. Die zugehörigen Arbeitspunkte (Momente und Verdrehwinkel) liegen ausschließlich auf der elastischen Kennlinie, und es existiert keine Hysterese. Bei extrem langsamen Verdrehungen der Kupplungen überlagern sich den elastischen Vorgängen noch zeitunabhängige Reibungsvorgänge, die mit „r" indiziert sind und eine zusätzliche Steifigkeit C_{Tr} besitzen. Die Breite der Hystereseschleife ist mit $2T_{Kdr}$ bezeichnet.

Bei der quasistatischen Belastung (Index „stat") zeigt die Kupplung die statische Steifigkeit, die sich als Summe aus der elastischen und dieser reibungsbedingten Steifigkeit ergibt. Dieser statischen Steifigkeit überlagern sich bei höherfrequenten dynamischen Beanspruchungen (Index „dyn") noch zeitabhängige Momente T_{Kg}. Diese induzieren die zusätzliche Steifigkeit C_{Tg} und verbreitern die Hystereseschleife um $2T_{Kdg}$.

Die sich dann einstellende und nach außenhin wirksame Gesamtsteifigkeit $C_{T\,dyn}$ ist die Summe aus der elastischen, der zeitunabhängigen und der zeitabhängigen Steifigkeit, die Breite der Hysteresekurve $2T_{Kd\,dyn}$ — als Maß für die Dämpfung — setzt sich zusammen aus der zeitunabhängigen und der zeitabhängigen Breite. Diese Darstellung umfaßt nicht nur genormte Begriffe, sondern die bereits beschriebenen Effekte bei quasistatischer und dynamischer Belastung wie reibungs- und materialbedingte Einflüsse auf Steifigkeit und Dämpfung. Die gewählten Definitionen gelten immer für den durch die Belastungsamplitude vorgegebenen Verformungsbereich unabhängig, ob eine Vorlast existiert oder nicht.

Die Bilder 4.14 und 4.15 geben einen Überblick über die Variationsfähigkeit der Steifigkeit einer elastischen Kupplung allein für definierte Arbeitspunkte bestimmter Frequenz und Amplitude des Verdrehwinkels. Diese Kennfelder einer Scheibenkupplung zeigen deutlich, welchen entscheidenden Einfluß die Nichtlinearitäten der Kupplung — Amplituden- und Frequenzabhängigkeit — auf die dynamische Steifigkeit nehmen. Für kleine Amplituden liegt in diesem Beispiel die Steifigkeit über dem etwa dreifachen Wert der Steifigkeit bei hohen Amplituden.

Bild 4.14 zeigt den Einfluß der Vorlast auf die Steifigkeit bei den Frequenzen von

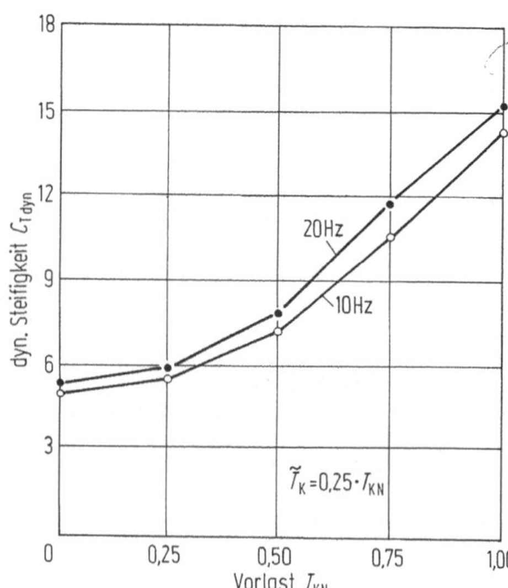

Bild 4.14. Abhängigkeit der dynamischen Steifigkeit von der Vorlast bei einer armierten Naturkautschuk-Scheibenkupplung der Härte 65° Shore A

10 und 20 Hz und der dynamischen Amplitude als Parameter. Hier wird offensichtlich, daß der Einfluß der Nichtlinearitäten im gesamten Belastungsbereich die dominierende Rolle spielt und ein dynamisches Ersatzmodell für elastische Kupplungen diese Nichtlinearitäten unter allen Umständen berücksichtigen muß. Ferner wird klar, daß die Angaben von punktuellen Steifigkeiten für eine Kupplung nur einen sehr beschränkten Gültigkeitsbereich besitzen können und für transiente, d. h. zeitabhängige

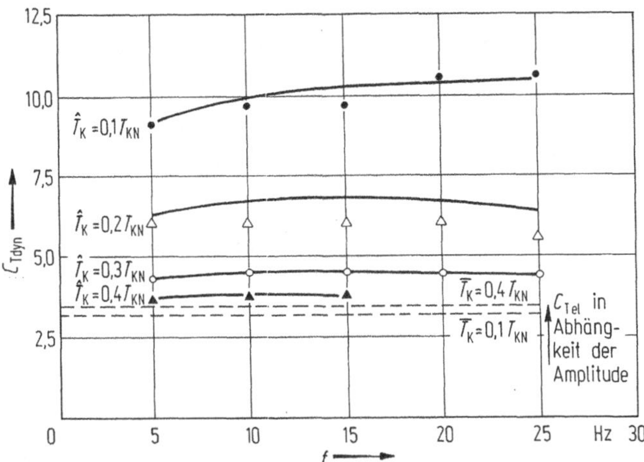

Bild 4.15. Dynamische Steifigkeit einer armierten Naturkautschuk-Scheibenkupplung der Härte 65° Shore A

Vorgänge wie z. B. Anfahren, in denen das gesamte Kennfeld nach Bild 4.14 durchfahren wird, unbrauchbar sind.

Neben den dargestellten Einflußgrößen kommt der Umgebungstemperatur eine erhebliche Bedeutung zu, die allerdings, da sie mit der Kupplungsbelastung gekoppelt ist, am schwierigsten erfaßbar ist.

Beispielsweise wurde in [8] die dynamische Drehfedersteife $C_{T\,dyn}$ in Abhängigkeit von Größe und Frequenz des Wechselmomentes sowie von der Temperatur des Elastomers für eine Scheibenkupplung (Periflex, Stromag) untersucht. Dabei zeigt sich, daß bei Umgebungstemperatur die dynamische Steifigkeit abhängig vom Wechselmoment bis zu einem Maximum ansteigt, um dann wieder auf einen Wert, etwa in Größe der statischen Drehfedersteife, abzufallen. Im Maximum erreicht $C_{T\,dyn}$ bei 20 bis 30 °C und 10 Hz etwa den 1,3- bis 1,4fachen Wert der statischen Drehfedersteife.

Mit steigender Temperatur im Bereich von 20 nach 50 °C zeigt sich zunächst ein starker Abfall der dynamischen Drehfedersteife. Nimmt die Temperatur weiter zu, wird die Abnahme der Drehfedersteife geringer. Ab 50 °C sinkt die dynamische Drehfedersteife unter den Wert der statischen Drehfedersteife bei 20 °C. Für die Praxis gilt daher: Treten in einem Betriebsfall höhere Temperaturen als 50 °C auf, so kann man, ohne einen großen Fehler zu begehen, mit dem Wert der statischen Drehfedersteife bei 20 °C rechnen.

Die Dämpfung der Kupplungen beruht größtenteils auf der Materialdämpfung der verwendeten Elastomere und der Kontaktflächenreibung. Zu ihrer Quantifizierung hat sich der Begriff der „verhältnismäßigen Dämpfung ψ" im Kupplungsbau durchgesetzt (Bild 4.13). Die bei einem Lastzyklus in Wärme umgewandelte Arbeit wird als Dämpfungsarbeit A_D bezeichnet. Bezogen auf die elastische Formänderungsarbeit A_{el} wird sie nach DIN 740 als verhältnismäßige Dämpfung für lineare Drehfederkennlinie und geschwindigkeitsproportionale Dämpfung durch den Quotienten (Tab. 4.1)

$$\psi = A_D / A_{el} \tag{4.11}$$

angegeben.

Diese verhältnismäßige Dämpfung weist für eine Kupplung gewisse Schwankungen und frequenz-, vorlast- und amplitudenabhängige Tendenzen auf. Sie ändert sich jedoch im Vergleich zu der Steifigkeit in nur relativ engen Grenzen. Für die Kupplung, deren Steifigkeitsfeld in Bild 4.14 und 4.15 wiedergegeben ist, stellt sich ein Dämpfungsverhalten nach Bild 4.16 ein. Entscheidend zur Klärung des Dämpfungsverhaltens von Kupplungen ist die Eigenschaft, daß ψ nicht im entferntesten linear mit der Belastungsfrequenz ansteigt (wie es bei geschwindigkeitsproportionaler Dämpfung zu erwarten ist) sondern ein leichtes Maximum bei Frequenzen um etwa 10 Hz ausweist und bei höheren Belastungsgeschwindigkeiten wieder abfällt. Es kann also bei elastischen Kupplungen nicht von irgendeiner Form der geschwindigkeitsproportionalen Dämpfung ausgegangen werden, da dann die ψ-Werte monoton mit der Frequenz steigen müßten.

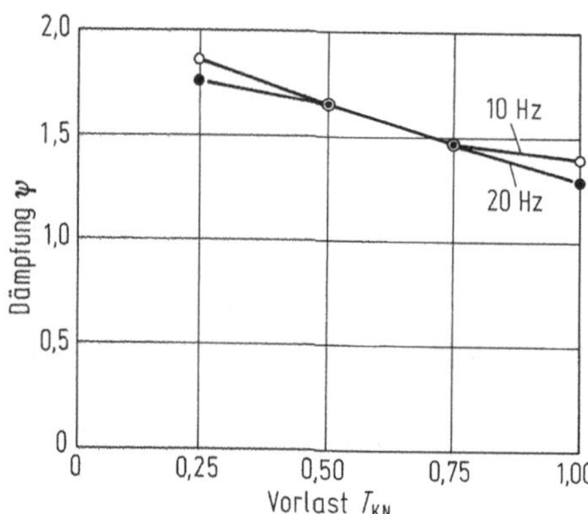

Bild 4.16. Verhältnismäßige Dämpfung der Scheibenkupplung

Anstelle von ψ wird auch der Resonanzfaktor V_R angegeben. Zwischen V_R und ψ besteht die Beziehung [9–20].

$$V_R = 2\pi / \psi . \tag{4.12}$$

An dieser Stelle muß erneut darauf hingewiesen werden, daß diese Definition nur bei linearen Kennlinien gültig ist.

Die Bestimmung der von der Kupplung übertragbaren Drehmomente kann über die Aufnahme der statischen Drehfederkennlinie im Versuch mit sehr geringer Verdrehgeschwindigkeit erfolgen. Dabei wird die Beanspruchung meist bis zum Bruch gesteigert, um so gleichzeitig das Prüfdrehmoment T_{KP} zu bestimmen. T_{KP} dient in einigen Fällen als Ausgangspunkt für die Festlegung des Nenndrehmoments der Kupplung T_{KN}. Nach den Vorschriften des Germanischen Lloyd soll z. B. das Prüfdrehmoment dem Achtfachen des Nenndrehmoments entsprechen.

Das Dauerwechselmoment T_{KW} (Definition in Tab. 4.1) wird in starkem Maße durch die von der Kupplung abgeführte Wärme bestimmt und kann nur experimentell für jede Kupplungsbauart und -größe bestimmt werden. Leider liegen im Schrifttum nur spärliche experimentelle Ergebnisse zum Dauerwechselmoment vor.

Zur Bestimmung des Nenndrehmoments T_{KN} (Definition in Tab. 4.1) hat sich bislang noch keine einheitliche Vorgehensweise durchgesetzt. Vielfach wird T_{KN} in der Praxis vom Maximaldrehmoment $T_{K\,max}$ (Definition in Tab. 4.1) abhängig gemacht. In [21] wurde dazu die Beziehung $T_{K\,max} = 3T_{KN}$ vorgeschlagen.

Informationen über die zulässigen Kupplungsversätze ΔK_a, ΔK_r, ΔK_w können meistens den Unterlagen der Hersteller entnommen werden. Während axiale Wellenverlagerungen im allgemeinen nur statische Kräfte in der Kupplung erzeugen, ergeben radiale und winklige Verlagerungen Wechselbelastungen.

Mit den Axial-, Radial- und Winkelsteifigkeiten C_a, C_r, C_w lassen sich bei linearer Abhängigkeit die Druckwirkungen, die bei nicht fluchtenden Wellen auftreten, berechnen.

Mit den im Betrieb auftretenden Verlagerungen ΔW_a (axial), ΔW_r (radial), ΔW_w (winklig) ergeben sich die auftretende Axial- und Radialkraft

$$F_a = C_a \Delta W_a \quad ; \quad F_r = C_r \Delta W_r \tag{4.13}$$

sowie das Biegemoment bei winkliger Verlagerung

$$M_w = C_w \Delta W_w \,. \tag{4.14}$$

Die Rückwirkungen sollten möglichst gering sein und im Betrieb eine definierte Größe haben. Radiale und winklige Wellenverlagerungen verursachen in der Kupplung dynamische Beanspruchungen.

5 Kupplungsauslegung nach DIN 740

Eine elastische Ausgleichskupplung muß so bemessen sein, daß zu jedem Zeitpunkt des Betriebes die auftretenden Belastungen und Temperaturen die zulässigen Werte nicht überschreiten. Für die Kupplungsauslegung müssen die vom Anlagenverhalten abhängigen, zeitabhängigen Beanspruchungsgrößen der Kupplung bekannt sein. Nach DIN 740 kann eine Kupplungsdimensionierung auf drei Wegen erfolgen:

- überschlägige Berechnung auf der Basis eines linearen Zweimassenschwingers,
- überschlägige Berechnung mit herstellerspezifischen Erfahrungswerten (die Berechnungsvorgänge und Faktoren sind dann Herstellerkatalogen zu entnehmen),
- höhere Berechnungsverfahren.

Das erste Verfahren wird unter der häufig zutreffenden Voraussetzung benutzt, daß die Kupplung praktisch das einzige drehelastische Glied ist und sich die Anlage drehschwingungsmäßig mehr oder weniger genau auf ein lineares Zweimassensystem redu-

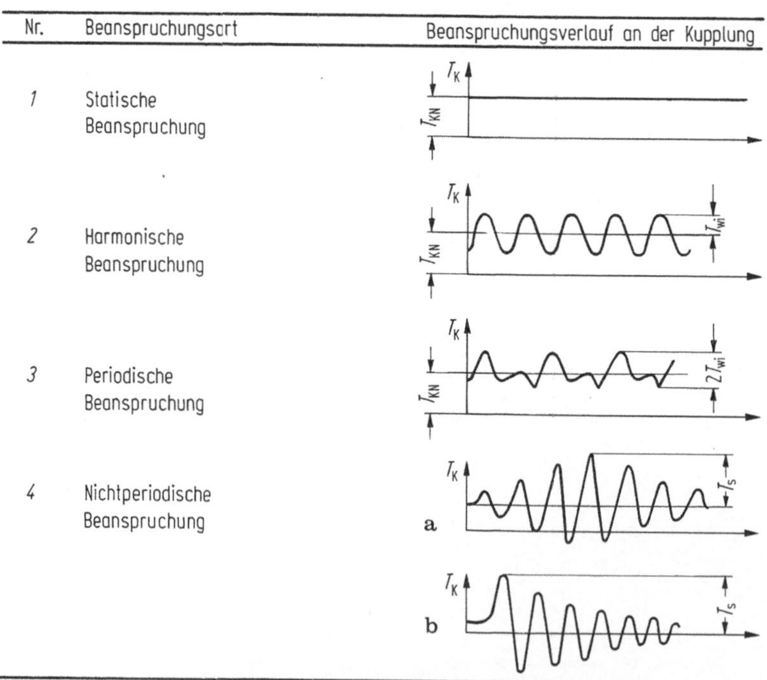

Bild 5.1. Zusammenstellung möglicher Beanspruchungsverläufe an der Kupplung

Tabelle 5.1 Kupplungskennwerte und Beanspruchungsgrößen

Nr.	Benennung	Zeichen	Einheit	Definition
1	Nenndrehmoment der Antriebsseite	T_{AN}	Nm	Nenndrehmoment der Antriebsmaschine, errechnet aus Nennleistung und Nenndrehzahl
2	Nenndrehmoment der Lastseite	T_{LN}	Nm	Größtwert des aus Leistung und Drehzahl errechneten Lastdrehmoments
3	Spitzendrehmoment der Antriebsseite	T_{AS}	Nm	Spitzenwert der nichtperiodischen Drehmomentstöße auf der Antriebsseite der z.B. bei Anfahren und bei Drehzahländerungen auftreten kann
4	Spitzendrehmoment der Lastseite	T_{LS}	Nm	Spitzenwert der nichtperiodischen Drehmomentstöße auf der Lastseite, der z.B. bei Laständerungen und bei Blockierungen auftreten kann
5	Stoßzeit	t_0	s	Dauer eines Rechteckstoßes
6	Massenträgheitsmoment der Antriebsseite	J_A	kgm^2	Summe der auf der Antriebsseite vorhandenen Massenträgheitsmomente bezogen auf die Kupplungsdrehzahl.
7	Massenträgheitsmoment der Lastseite	J_L	kgm^2	Summe der auf der Lastseite vorhandenen Massenträgheitsmomente bezogen auf die Kupplungsdrehzahl.
8	Massenfaktor	m	–	Verhältnis der Massenträgheitsmomente Antriebsseite zu Abtriebsseite $m = J_A/J_L$
9	Eigenfrequenz	f_e	s^{-1}	Eigenfrequenz eines linearen Zwei-Massen-Drehschwingers $f_e = \frac{1}{2\pi}\sqrt{\frac{C_{T\,dyn}}{J_A} + \frac{C_{T\,dyn}}{J_L}}$
10	Stoßfaktor	$S_{A/L}$	–	Faktor $S_{A/L}$ variiert zwischen 0 und 2. Für den Rechteckstoß gilt: $S_{A/L} = (1 - \cos(2\pi f_e t_0))$. Reale Stöße sind keine Rechteckstöße. $S_{A/L}$ kann für die Praxis in der Nähe von 2 liegen
11	Erregendes Drehmoment auf der Antriebsseite	T_{Ai}	Nm	Amplitude der auf die Antriebsseite einwirkenden äußeren Drehmomentanregung i-ter Ordnung
12	Erregendes Drehmoment auf der Lastseite	T_{Li}	Nm	Amplitude der auf die Lastseite einwirkenden äußeren Drehmomentanregung i-ter Ordnung

Tabelle 5.1 (Fortsetzung)

Nr.	Benennung	Zeichen	Einheit	Definition
13	Drehmomentvergrößerungsfaktor	$V_{(\mathrm{fi})}$	–	Faktor V gibt die Vergrößerung des erregender Drehmoments an $V_{(\mathrm{fi})} = \sqrt{\dfrac{1+\dfrac{\psi^2}{4\pi^2}}{\left(1-\dfrac{f_i^2}{f_e^2}\right)^2+\dfrac{\psi^2}{4\pi^2}}}$
14	Drehmomentvergrößerungsfaktor in Resonanz	V_R	–	Faktor gem. 13 bei $f_i = f_e$ $V_R = \sqrt{\dfrac{1+\dfrac{\psi^2}{4\pi^2}}{\dfrac{\psi^2}{4\pi^2}}} \approx \dfrac{2\pi}{\psi}$

zieren läßt. Mit den Bezeichnungen nach Tab. 5.1 und 5.2 lassen sich dann die Kupplungsbeanspruchungsgrößen mit den in Tab. 5.3 aufgeführten Formeln berechnen. Die in Tab. 5.3 aufgeführten Beanspruchungsarten (1 bis 5) sind in Bild 5.1 zusammengestellt.

Wird eine Kupplung durch ein *konstantes Nennmoment* T_N belastet (Pos. 1 in Bild 5.1), so ist die Bedingung

$$T_{KN} \geqq T_N S_\vartheta \tag{5.1}$$

zu erfüllen. Darin ist S_ϑ ein Temperaturfaktor, für den in Tab. 5.4 Angaben gemacht sind.

Wird eine Kupplung durch *Drehmomentstöße* (Pos. 4. Bild 5.1) belastet, so muß das zulässige Maximaldrehmoment der Kupplung $T_{K\,max}$ bei jeder Betriebstemperatur mindestens so groß sein wie die im Betrieb auftretenden Drehmomentenstöße T_s unter Berücksichtigung der Stoßhäufigkeit (erfaßt durch den Anlauffaktor S_z nach Tab. 5.4) und des Temperaturfaktors S_ϑ

$$T_{K\,max} \geqq T_s S_z S_\vartheta \tag{5.2}$$

Diese überschlägige Dimensionierung auf der Basis des Maximaldrehmomentes $T_{K\,max}$ gilt für verdrehspielfreie Kupplungen.

Wird die Kupplung durch ein *periodisches Wechseldrehmoment* T_s mit wenigen Lastspitzen belastet (z. B. beim Durchfahren einer Resonanz), so kann das Wechseldrehmoment in Resonanz (Pos. 4a, Bild 5.1) mit dem Maximaldrehmoment nach (5.2) verglichen werden. Wird die Kupplung dagegen durch ein *Dauerwechseldrehmoment* T_{wi} (Pos. 2 in Bild 5.1) belastet, so gilt unter Berücksichtigung von Temperatur- und Frequenzfaktoren (S_ϑ, S_f) nach Tab. 5.4.

$$T_{KW} \geqq T_{Wi} S_\vartheta S_f \tag{5.3}$$

Anstelle des Dauerwechseldrehmomentes nach (5.3) kann auch die Dämpfungsleistung der Kupplung mit der maximal zulässigen Kupplungsdämpfungsleistung verglichen werden. In diesem Fall gilt

$$P_{KW} \geqq P_{Wi} S_\vartheta \tag{5.4}$$

Tabelle 5.2 Kupplungsbeanspruchungsgrößen, Zeichen und Einheiten

Nr.	Benennung	Zeichen	Einheit	Definition
1	Anlagennenndrehmoment	T_N	Nm	Stationäres Nenndrehmoment an der Kupplung
2	Spitzendrehmoment	T_S	Nm	Spitzendrehmoment an der Kupplung
3	Dynamisches Drehmoment	T_{Wi}	Nm	Amplitude der i-ten Harmonischen des Drehmomentes, das an der Kupplung wirkt
4	Dämpfungsleistung	P_{Wi}	kW	Dämpfungsleistung infolge der i-ten Harmonischen des Drehmomentes, das an der Kupplung im stationären Betriebszustand wirkt
5	Drehzahl	n_N	1/min	Kupplungsdrehzahl
6	Ordnungszahl	i	–	Vielfaches der Frequenz der Grundperiode des anregenden Drehmoments
7	Beanspruchungsfrequenz	f_i	Hz	Frequenz der i-ten Harmonischen des Drehmoments, das an der Kupplung wirkt $f_i = \frac{in}{60}$
8	Anlaufzahl	Z	1/h	Anzahl der Anläufe je Stunde. Bei Anläufen und Bremsungen oder bei Reversieren ist Z zu verdoppeln
9	Temperatur	ϑ	°C	Höchste Umgebungstemperatur beim Betrieb der Kupplung
10	Axiale Wellenverlagerung	ΔW_a	mm	Axiale Verlagerung der Wellen
11	Radiale Wellenverlagerung	ΔW_r	mm	Radiale Verlagerung der Wellen
12	Winklige Wellenverlagerung	ΔW_w	rad	Winklige (kardanische) Verlagerung der Wellen

Bei einer Wellenverlagerung entstehen mit den Kupplungssteifigkeiten C_a, C_T, C_w Rückstellkräfte und Momente nach (4.9) und (4.10), die die benachbarten Bauteile (Wellen, Lager) belasten. Während axiale Verlagerungen nur statische Kräfte in der Kupplung erzeugen, ergeben radiale und winklige Verlagerungen Wechselbelastungen, die u. a. vom Frequenzfaktor abhängig sind und gegebenenfalls die übrigen Wechselbelastungen überlagern.

Es sind folgende Bedingungen einzuhalten:

$$\begin{aligned} \Delta K_a &\geqq \Delta W_a S_\vartheta \\ \Delta K_r &\geqq \Delta W_t S_\vartheta S_f, \\ \Delta K_w &\geqq \Delta W_w S_\vartheta S_f. \end{aligned} \qquad (5.5)$$

Tabelle 5.3 Formeln zur überschlägigen Berechnung der Kupplungsbeanspruchungsgrößen

Zu berechnender Wert	Formel Nr.	Formel	Beanspruchungsart nach Bild: 5.1
T_N	1	$T_N = T_{AN}$ bzw. $T_N = T_{LN}$	1
T_S	2	$T_S = T_{AS}\frac{1}{m+1}S_A$ bzw. $T_S = T_{LS}\frac{m}{m+1}S_L$	4b
T_S	3	$T_S = T_{Ai}\frac{1}{m+1}V_R$ * bzw. $T_S = T_{Li}\frac{m}{m+1}V_R$ *	4a
T_{Wi}	4	$T_{Wi} = T_{Ai}\frac{1}{m+1}V$ ** bzw. $T_{Wi} = T_{Li}\frac{m}{m+1}V$ **	2 und 3
P_{Wi}	5	$P_{Wi} = \frac{1}{2}\,\frac{\psi}{\sqrt{4\pi^2+\psi^2}}\,\frac{T_{Wi}^2\,i\cdot n_N\cdot\pi}{C_{T\,dyn}\cdot 30}$ **	

* Da mit voller Resonanzüberhöhung gerechnet wird, wird das Beschleunigungsdrehmoment vernachlässigt

** Diese Formeln berücksichtigen nur die Beanspruchung durch eine Ordnung.

Tabelle 5.4 Angaben über Bemessungsfaktoren für elastische Kupplungen

<table>
<tr><th>Benennung</th><th>Zeichen</th><th>Definition</th></tr>
<tr><td>Frequenzfaktor</td><td>S_f</td><td>Faktor, der die Frequenzabhängigkeit des Dauerwechseldrehmomentes berücksichtigt. Wenn T_{KW} durch Dämpfungswärme begrenzt ist gilt:
<table>
<tr><td>f in Hz</td><td>$\leqq 10$</td><td>>10</td></tr>
<tr><td>S_f</td><td>1</td><td>$\sqrt{f/10}$</td></tr>
</table></td></tr>
<tr><td>Anlauffaktor</td><td>S_Z</td><td>Faktor, der die zusätzliche Belastung durch die Anfahrhäufigkeit Z wie folgt berücksichtigt:
<table>
<tr><td>Z 1/h</td><td>$\leqq 120$</td><td>$120 < Z \leqq 240$</td><td>>240</td></tr>
<tr><td>S_Z</td><td>1,0</td><td>1,3</td><td>Rückfrage beim Hersteller</td></tr>
</table></td></tr>
<tr><td>Temperaturfaktor</td><td>S_ϑ</td><td>Faktor, der das Absinken der Festigkeit von gummielastischen Werkstoffen bei Wärmeeinfluß berücksichtigt. Die Temperatur ϑ bezieht sich auf die unmittelbare Umgebung der Kupplung. Bei Einwirkung von Strahlungswärme ist dies besonders zu berücksichtigen
<table>
<tr><td></td><td colspan="3">S_ϑ
für Werkstoffmischung</td></tr>
<tr><td>ϑ
°C</td><td>Naturgummi (NR)</td><td>Polyurethan Elastomere (PUR)</td><td>Acrylnitril-Butadien-Kautschuk (NBR) (Perbunan N)</td></tr>
<tr><td>$-20 < \vartheta < +30$</td><td>1,0</td><td>1,0</td><td>1,0</td></tr>
<tr><td>$+30 < \vartheta < +40$</td><td>1,1</td><td>1,2</td><td>1,0</td></tr>
<tr><td>$+40 < \vartheta < +60$</td><td>1,4</td><td>1,5</td><td>1,0</td></tr>
<tr><td>$+60 < \vartheta < +80$</td><td>1,6</td><td>nicht zulässig</td><td>1,2</td></tr>
</table>
Die Faktoren S_Z und S_ϑ gelten als Orientierungswerte. Sofern vom Kupplungshersteller keine anderen Werte angegeben sind, können die obigen Werte als Richtwerte benutzt werden</td></tr>
<tr><td>Drehzahlfaktor</td><td>S_n</td><td>Faktor, der die erhöhte Walkarbeit durch Kupplungsauslenkung berücksichtigt</td></tr>
<tr><td>Resonanzfaktor</td><td>V_R</td><td>Näherungsformel für den Resonanzfaktor
$V_R = \frac{2\pi}{\psi}$
V_R ist nur beim linearen Zwei-Massen-Schwinger anwendbar (s. auch Tab. 5.1., Pkt. 14)</td></tr>
</table>

6 Berechnung der Kupplungsnaben von Ausgleichskupplungen

Die dargestellten Überlegungen zur Kupplungsauslegung beziehen sich zunächst nur auf Beanspruchung und Lebensdauer der elastischen Elemente einer Ausgleichskupplung. Daneben muß aber auch an den Festigkeitsnachweis der Kupplungsnaben der Kupplung gedacht werden. Zur Führung dieses Nachweises gelten die üblichen Festigkeitsregeln zur Berechnung und Bemessung von Maschinenelementen. Vielfach handelt es sich jedoch um kompliziert geformte Bauteile, die zu ihrer Berechnung höherwertige Methoden (z. B. Finite-Elemente-Methode) erfordern. Um die Anwendung der Finite-Elemente-Methode zu zeigen, sind in den Bildern 6.1 bis 6.5 die Werkstattzeichnung einer Klauenkupplungshälfte (Rotex, Kupplungstechnik, Rheine), die Finite-Elemente-Struktur, sowie die Ergebnisse der Berechnung, der durch eine auf den Klauen gleichmäßig verteilten Einheitspressung ($p = 1\ \mathrm{N/mm^2}$) beanspruchten Klauenkupplung, in Form von auf der Bauteiloberfläche dargestellten Isolinien der Vergleichsspannungen, gezeigt. Die Ergebnisse sind dazu geeignet, Spannungskonzentrationen z. B. an den Querschnittsübergängen der Klauen in den Kupplungsflansch, sowie im Bereich der Paßfedernut aufzuzeigen. Durch konstruktive Änderungen lassen sich Spannungsspitzen auf das zulässige Maß abbauen und bei bekanntem Belastungskollektiv Lebensdaueraussagen machen.

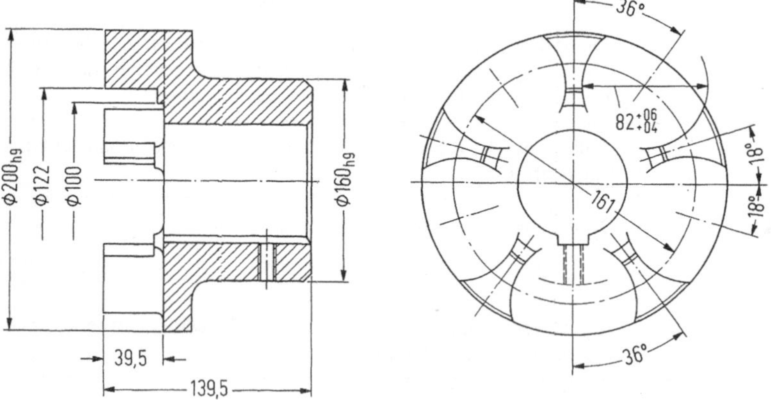

Bild 6.1. Werkstattzeichnung einer Klauenkupplung (Rotex 90, Kupplungstechnik, Rheine)

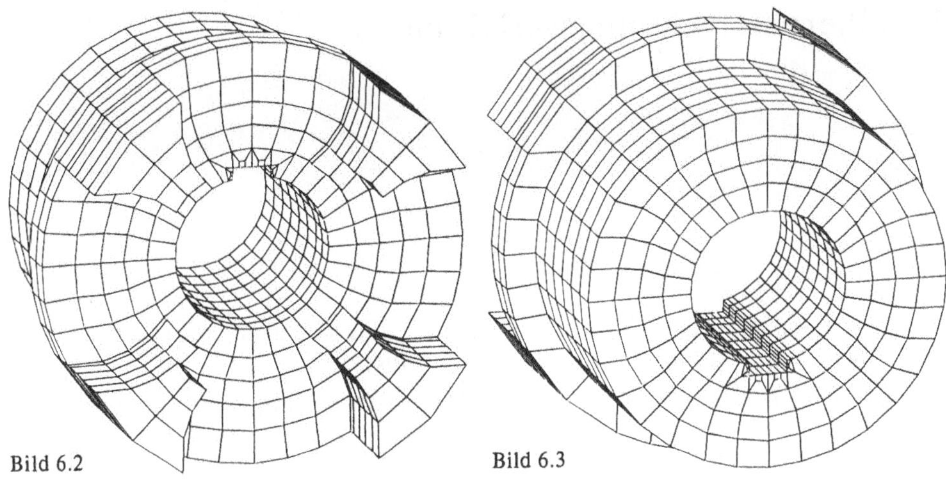

Bild 6.2. Finite-Elemente-Struktur einer Klauenkupplung (Rotex 90, Kupplungstechnik, Rheine) Ansicht A
Bild 6.3. Finite Elemente Struktur einer Klauenkupplung (Rotex 90, Kupplungstechnik, Rheine) Ansicht B

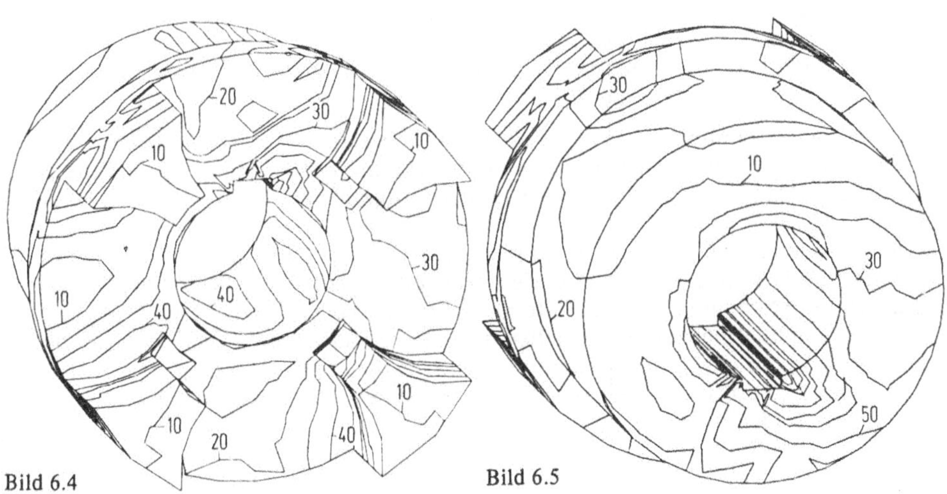

Bild 6.4. Vergleichsspannungen (GEH) σ_v auf der Oberfläche des Kupplungsteils bei Belastung der Klauen durch gleichmäßig verteilte Einheitspressung 1 N/mm² auf den Klauen; Ansicht A
Bild 6.5. Vergleichsspannungen (GEH) σ_v auf der Oberfläche des Kupplungsteils bei Belastung der Klauen durch gleichmäßig verteilte Einheitspressung 1 N/mm² auf den Klauen; Ansicht B

7 Höhere Berechnungsverfahren

Höhere Berechnungsverfahren zur Kupplungsauslegung sind dann anzuwenden, wenn eine oder mehrere der folgenden Bedingungen vorliegen:

- Die Anlage läßt sich nicht auf ein Zwei-Massen-Drehschwingungssystem reduzieren.
- Die Kupplungsdrehfederkennlinien lassen sich nicht linearisieren.
- Das viskoelastische Verhalten der Elastomerelemente ist zu berücksichtigen.
- Die Drehmoment-Zeit-Verläufe z. B. bei Stoßerregung können nicht durch einen Rechteckstoß ersetzt werden.
- In der Anlage ist Spiel vorhanden.
- Drehmomentüberhöhungen für bestimmte Resonanzdurchlaufgeschwindigkeiten sind zu bestimmen.
- Ermittlung der durch die Kupplungsdämpfung in Wärme umgesetzten Arbeit bei nichtharmonischem Beanspruchungsverlauf.
- Berechnungsnachweise für transiente, d. h. zeitabhängige Betriebszustände (z. B. Anfahren) werden gefordert.

Die höheren Berechnungsverfahren dienen vor allem dazu, das viskoelastische Verhalten der Kupplung wirklichkeitsnah zu erfassen und die zeitabhängigen Belastungsgrößen, die die Kupplung im Betrieb beanspruchen, durch Simulation genau zu berechnen.

Sind die im Betrieb einer Kupplung auftretenden Beanspruchungszeitverläufe berechenbar und ist das Dauer- und Zeitfestigkeitsverhalten der Kupplung bekannt, kann auf die Anwendung der Beiwerte nach Tab. 5.4 verzichtet werden.

Bei der Simulation des dynamischen Verhaltens von Antriebssystemen und Anlagen werden die im allgemeinen nichtlinearen Schwingungsdifferentialgleichungen numerisch integriert. Dabei lassen sich alle Besonderheiten von Schwingern mit mehreren Freiheitsgraden wie

- Nichtlinearitäten (Kupplungsdrehfedersteifigkeit),
- Spiele (Kupplungs- und Getriebeverdrehspiele),
- Übersetzungen (ein- und mehrstufige Getriebe),
- zeitlich veränderliche Anregungen (Kurzschluß oder Anlassen elektrischer Maschinen),
- veränderliche Parameter (Kolbenmaschinen, Getriebe),
- Drehmomentverzweigungen (Differentialgetriebe),
- Rückkopplungen (Rückwirkungen zur Antriebsmaschine, Regelungsvorgänge)

berücksichtigen. Für die Durchführung derartiger Berechnungen stehen heute eine Reihe komfortabler Programme zur Verfügung [94] bis [99].

7.1 Stoffgesetze zur Erfassung des Steifigkeits- und Dämpfungsverhaltens von Elastomerkörpern

7.1.1 Lineares viskoelastisches Verhalten

Bei Elastomeren enthält die Deformation elastische, viskoelastische (reversible) und plastische (irreversible) Vorgänge. Wird auf einen Elastomerkörper momentan die Spannung σ_0 aufgebracht, so zeigt sich als Antwort eine mit der Zeit einsteigende Verformung, die als Kriechen (Retardation) bezeichnet wird und in Bild 7.1 durch die Kurve ABC dargestellt ist. Bei einer Entlastung des Probekörpers zur Zeit $t = t_0$ geht der elastische Deformationsanteil sofort zurück, der viskoelastische Anteil bildet sich ebenfalls vollständig, aber zeitlich verzögert zurück (Kurve BD in Bild 7.1), während der rein viskose (plastische) Verformungsanteil erhalten bleibt.

Der Grund für dieses Verhalten ist im molekularen Aufbau der Werkstoffe zu suchen. Bei Verformung der ursprünglich amorphen Elastomerstruktur werden die Molekülketten gegeneinander verschoben, und es erfolgt eine Orientierung zu einer teilkristallinen Struktur. Dabei müssen intermolekulare Kräfte überwunden werden.

Die statistische Schwankung der Molekularbewegung begünstigt die Verschiebung der Ketten zu einer bestimmten Zeit nur in einzelnen Bereichen, d.h. es wird eine gewisse Zeitspanne benötigt, bis sich der Gleichgewichtszustand zwischen Spannungen und Dehnungen einstellt [22–24].

Zur Berechnung von Systemen mit Elastomerelementen muß das komplizierte Materialverhalten dieser Elemente möglichst genau erfaßt werden. Dazu wurde bisher oft der Weg beschritten, Steifigkeiten und Dämpfungen für verschiedene Belastungszustände punktweise zu ermitteln. Diese Vorgehensweise hat den Nachteil eines großen versuchstechnischen Aufwandes, so daß zahlreiche rheologische Modelle mit dem Ziel entwickelt wurden, das im Experiment beobachtete Verhalten nachzubilden.

Die Auswertung experimenteller Untersuchungen wird insbesondere durch folgende Einflüsse erschwert:

- Bei Elastomerkörpern sind sowohl Formgebung als auch Vernetzung technologisch bedingten Schwankungen unterworfen, die sich auf die Eigenschaften der Erzeugnisse auswirken.
- Die für die Herstellung der Elastomererzeugnisse verwendeten Mischungen sind komplizierte Vielkomponentensysteme bei denen die Mischungsverhältnisse Tole-

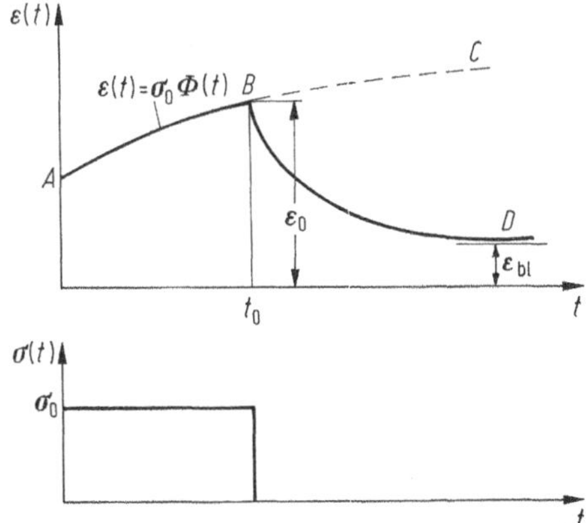

Bild 7.1. Viskoelastisches Verhalten eines Elastomerkörpers

ranzen ausgesetzt sind. Außerdem sind die zum Einsatz kommenden Rohstoffe als technische Stoffe gewissen Eigenschaftsschwankungen unterworfen, so daß die Elastomerwerkstoffe bei gleicher Rezeptur oft erhebliche Chargenschwankungen aufweisen.

— Das Deformationsverhalten der Elastomere ist auch von der mechanischen Vorbehandlung abhängig. Daneben unterliegen Elastomere einem chemischen Alterungsprozeß, der auch eine Änderung der mechanischen Eigenschaften bewirkt.
— Das Deformationsverhalten ist geometrie- und einspannabhängig
— Geometrie, Beanspruchungszustand, Belastungsfrequenz, Umgebungsbedingungen und die gegebenen Möglichkeiten der Wärmeabfuhr wirken sich auf die Eigenerwärmung aus und beeinflussen sehr stark das Retardations- und Relaxationsverhalten bei schwingender Langzeitbeanspruchung.

Jede Theorie der Viskoelastizität stellt sich die Aufgabe, den Zusammenhang zwischen Spannung σ und Dehnung ε bei einem Elastomerkörper, der eine Funktion von Temperatur ϑ und Zeit t ist, zu erfassen. Ganz allgemein besteht der Zusammenhang

$$f(\sigma, \varepsilon, t, \vartheta) = 0. \tag{7.1}$$

Wie Bild 7.1 zeigt, treten bei Belastung einer Elastomerprobe Vorgänge des Kriechens und der Erholung auf. Wird $\Phi(t)$ als Retardationsfunktion [25] eingeführt, so läßt sich der Kriechvorgang (Kurve AB in Bild 7.1) durch die Beziehung

$$\varepsilon(t) = \sigma_0 \Phi(t) \tag{7.2}$$

beschreiben. Entsprechend gilt mit $\Psi(t)$ als Relaxationsfunktion für den Relaxationsvorgang als nachlassende Spannung nach einem Deformationssprung

$$\sigma(t) = \varepsilon_0 \Psi(t). \tag{7.3}$$

Retardations- und Relaxationsfunktion charakterisieren die viskoelastischen Eigenschaften eines Elastomerkörpers.

Treten statt eines einmaligen Spannungs- oder Deformationssprungs weitere Spannungs- und Deformationsänderungen zu den Zeiten τ_i auf (t ist die laufende Zeitkoor-

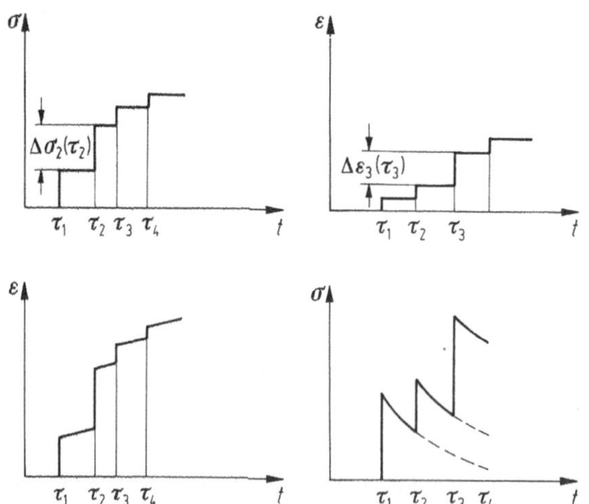

Bild 7.2. Dehnungsantowrt ε bzw. Spannungsantwort σ auf zu verschiedenen Zeitpunkten auftretenden Spannungs- bzw. Dehnungssprüngen

dinate und τ_i steht für bestimmte Zeitpunkte), so ergeben sich nach der linearen Theorie der Viskoelastizität dem Superpositionsprinzip entsprechend

$$\varepsilon(t) = \sum_{i=1}^{n} \Delta\sigma_i(\tau_i)\Phi(t-\tau_i), \tag{7.4}$$

und

$$\sigma(t) = \sum_{i=1}^{n} \Delta\varepsilon_i(\tau_i)\Psi(t-\tau_i). \tag{7.5}$$

Die Theorie der linearen Viskoelastizität setzt die Gültigkeit des Boltzmannschen Superpositionsprinzips voraus. Es lautet: Bewirkt die Spannung $\sigma_1(t)$ die Dehnung $\varepsilon_1(t)$ und die Spannung $\sigma_2(t)$ die Dehnung $\varepsilon_2(t)$, so folgt die Gesamtdehnung als Antwort auf die Gesamtspannung $\sigma(t) = \sigma_1(t) + \sigma_2(t)$ aus der Summe der Einzeldehnungen $\varepsilon(t) = \varepsilon_1(t) + \varepsilon_2(t)$.

Bild 7.2 zeigt das Auftreten einzelner Spannungs- oder Dehnungssprünge nach dieser Theorie mit ihren Auswirkungen auf den zeitlichen Dehnungs- oder Spannungsverlauf. Beim Übergang auf infinitesimale Sprünge gehen die Summen in die Integrale

$$\varepsilon(t) = \int_0^t \frac{d\sigma(\tau)}{d\tau}\Phi(t-\tau)\,d\tau, \tag{7.6}$$

$$\sigma(t) = \int_0^t \frac{d\varepsilon(\tau)}{d\tau}\Psi(t-\tau)\,d\tau \tag{7.7}$$

über. Sind Φ oder Ψ für ein Elastomer bekannt, so können aus den Beziehungen (7.6) und (7.7) die Dehnungs- bzw. Spannungsantworten aus einer Spannungs- bzw. Dehnungserregung berechnet werden.

Zur Nachbildung des Verhaltens von Elastomerkörpern werden rheologische Modelle benutzt. Bild 7.3 gibt eine Übersicht über die verwendeten Basismodelle. Sie entstehen durch unterschiedliche Anordnung (Parallel- oder Reihenschaltung) von Feder-, Dämpfer- und Coulomb-Reibungselementen und sind in der Lage, unter gewissen Einschränkungen, wie z. B. Einachsigkeit des Spannungszustandes und Vernachlässigung der Amplitudeneinflüsse, das Relaxations- und Retardationsverhalten von meist nur einer Gruppe viskoelastischer Stoffe näherungsweise zu beschreiben. Als Bewertungskriterium für die Güte eines Modells werden das Retardations-, das Relaxationsverhalten, die Breite der Hystereseschleife bei wegerregten dynamischen Versuchen ($\hat{\varepsilon}$ Spitzenwert der Auslenkung) sowie der Verlauf der dynamischen Steifigkeit abhängig von der Erregerfrequenz im Vergleich zu Meßwerten herangezogen. Bei elliptischer Hystereseschleife ist ihre Breite direkt proportional der verhältnismäßigen Dämpfung.

Zum Beispiel entsteht das Kelvin-Voigt-Modell durch Parallelschaltung (Bild 7.3) einer linearen Feder mit einem geschwindigkeitsproportionalen Dämpfer. Die Parallelschaltung sorgt für gleiche Verformung von Feder und Dämpfer, während sich die Spannungen ungleich aufteilen. Mit E als dem Elastizitätsmodul der linearen Feder und η als dem Viskositätskoeffizienten aus dem Newtonschen Reibungsgesetz ergibt sich die in Bild 7.3 für das Kelvin-Voigt-Modell angegebene Differentialgleichung. Sie zeigt uns, daß die Spannung bei einem Deformationssprung ε_0 konstant bleibt. In bezug auf Spannungsrelaxation ist das Kelvin-Voigt-Modell demnach ungeeignet. Es ist ebenso ungeeignet hinsichtlich der Breite der Hystereseellipse, die eine lineare Abhän-

	Modell	Differentialgleichungen Integralgleichungen (Materialgleichungen)	Breite der Hysteresekurve bei dynamischen Versuchen (wegerregt) ε = const		dynamische Steifigkeit	
rheologische Modelle	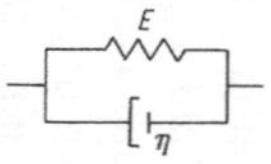 2p-solid Kelvin	$\sigma = E\varepsilon + \eta\varepsilon$	$2\sigma_d = 2\eta\,\Omega\,\hat{\varepsilon}$	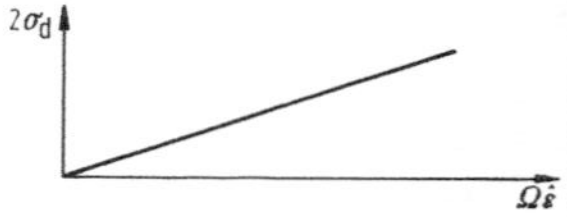	$C = E = \text{const}$	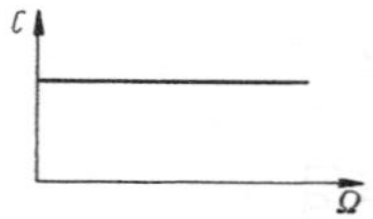
	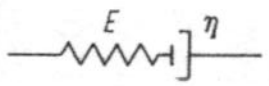 2p-fluid Maxwell	$\sigma + \frac{\eta}{E}\dot{\sigma} = \eta\dot{\varepsilon}$ $\sigma = E\varepsilon - \frac{E^2}{\eta}\int_{-\infty}^{t}\exp\left[-\frac{E}{\eta}(t-\tau)\right]\varepsilon(\tau)\,d\tau$	$2\sigma_d = \frac{2\hat{\varepsilon}\,\Omega\,E^2\eta}{E^2+\Omega^2\eta^2}$	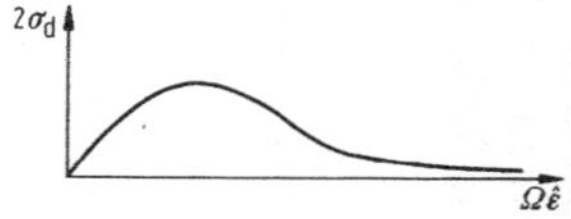	$C = \frac{E\,\Omega^2\eta^2}{E^2+\Omega^2\eta^2}$	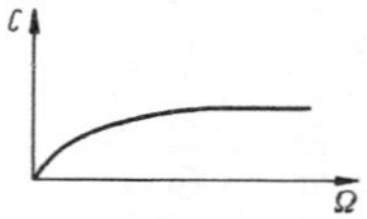
	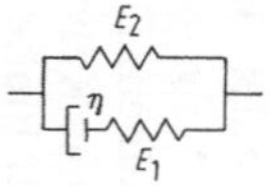 3p-solid Zerner	$\dot{\sigma} + \frac{E_1}{\eta}\sigma = (E_1+E_2)\,\dot{\varepsilon} + \frac{E_1E_2}{\eta}\varepsilon$ $\sigma = (E_1+E_2)\,\varepsilon - \frac{E_1^2}{\eta}\int_{-\infty}^{t}\exp\left[-\frac{E_1}{\eta}(t-\tau)\right]\varepsilon(\tau)\,d\tau$	$2\sigma_d = \frac{2\hat{\varepsilon}\,\Omega\,E_1^2\eta}{E_1^2+\eta^2\Omega^2}$	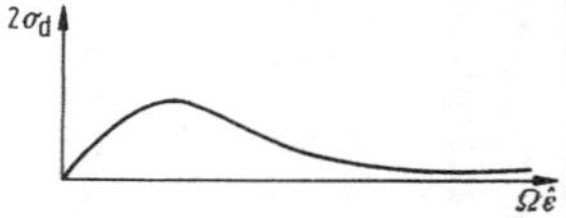	$C = (E_1+E_2) - \frac{E_1^3}{E_1^2+\Omega^2\eta^2}$	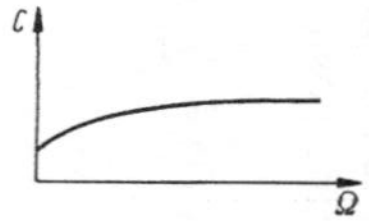
	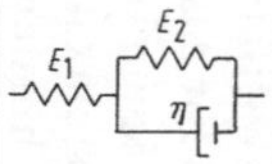 3p-solid Standard	$\dot{\sigma} + \frac{E_1+E_2}{\eta}\sigma = \frac{E_1+E_2}{\eta}\varepsilon + E_1\,\dot{\varepsilon}$ $\sigma = E_1\,\varepsilon - \frac{E_1^2}{\eta}\int_{-\infty}^{t}\exp\left[-\frac{E_1+E_2}{\eta}(t-\tau)\right]\varepsilon(\tau)\,d\tau$	$2\sigma_d = \frac{2\hat{\varepsilon}\,\Omega\,E_1^2\eta}{(E_1+E_2)^2+\eta^2\Omega^2}$	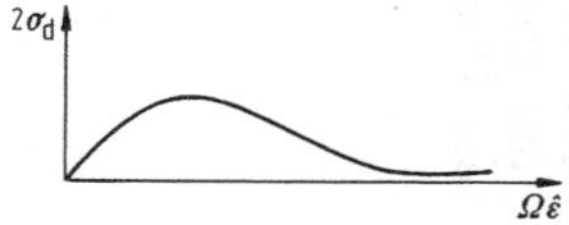	$C = E_1 - \frac{E_1^2\,(E_1+E_2)}{(E_1+E_2)^2+\Omega^2\eta^2}$	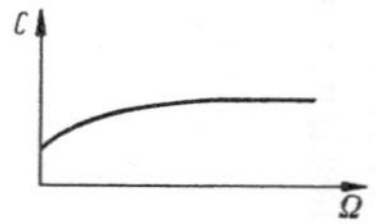
	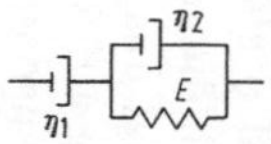 3p-fluid	$\sigma + \frac{\eta_1+\eta_2}{E}\dot{\sigma} = \eta_1\,\dot{\varepsilon} + \frac{\eta_1\eta_2}{E}\varepsilon$ $\sigma = \frac{\eta_1\eta_2}{\eta_1+\eta_2}\dot{\varepsilon} + \frac{E\eta_1^2}{(\eta_1+\eta_2)}\varepsilon - \frac{E^2\eta_1^2}{(\eta_1+\eta_2)^3}\int_{-\infty}^{t}\exp\left[-\frac{E}{\eta_1\eta_2}(t-\tau)\right]\varepsilon(\tau)\,d\tau$	$2\sigma_d = 2\Omega\,\hat{\varepsilon}\left[\frac{\eta_1\eta_2}{\eta_1+\eta_2} + \frac{E^2\eta_1^2}{(\eta_1+\eta_2)\,E^2+(\eta_1+\eta_2)^3\Omega^2}\right]$	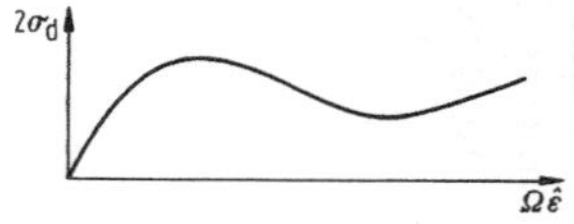	$C = \frac{E\eta_1^2}{(\eta_1+\eta_2)^2} - \frac{E^3\eta_1^2}{(\eta_1+\eta_2)^2[E^2+\Omega^2(\eta_1+\eta_2^2)]}$	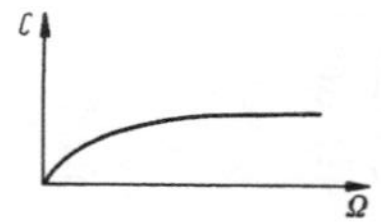

a

b	Modell	Differentialgleichungen Integralgleichungen (Materialgleichungen)	Breite der Hysteresekurve bei dynamischen Versuchen (wegerregt) ε = const	dynamische Steifigkeit
Coulombsche Modelle	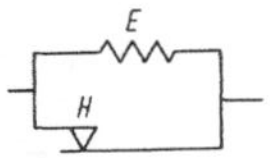 Iwan (E, H)	$\sigma = E\varepsilon + H \operatorname{sgn}\dot{\varepsilon}$	$2\sigma_d = 2H$	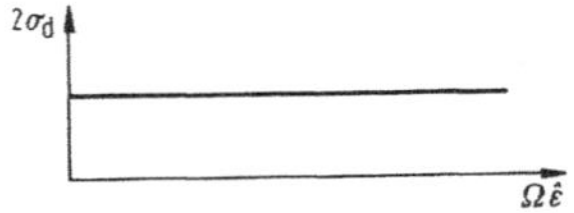 $C = E = \text{const}$ 
	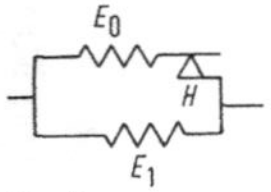 Masing (E_0, H, E_1)	$\sigma = E_1\varepsilon + F_0$ $F_0 = \frac{1}{2}E_1\dot{\varepsilon}\{1-\operatorname{sgn}(F_0^2-H^2)-\operatorname{sgn}(\dot{\varepsilon}F_0)$ $[1+\operatorname{sgn}(F_0^2-H^2)]\}$	$2\sigma_d = 2H$	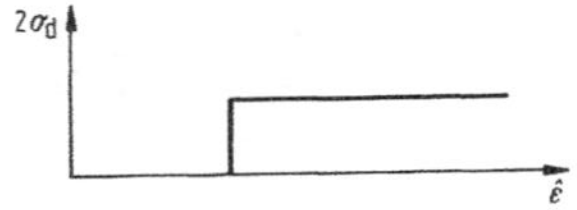 $C = E_0 + E_1$ bzw. $C = E_1$ 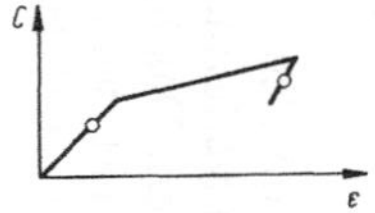
mathematische Modelle	normierte Dämpfung	$\sigma = E\varepsilon + \eta\dot{\varepsilon}/\Omega$	$2\sigma_d = 2\eta\hat{\varepsilon}$	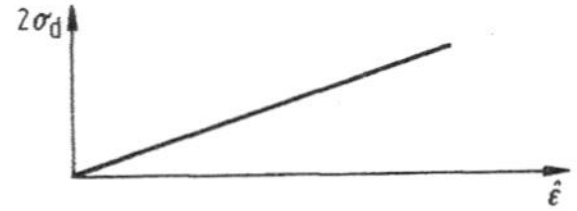 $C = E = \text{const}$ 
	statische Hysterese-schleifen	noch nicht allgemein gelöst	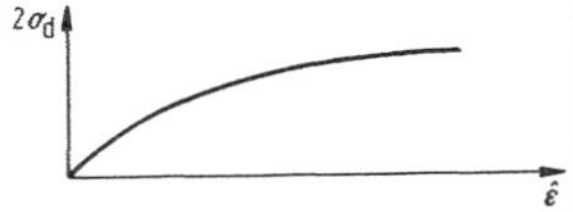	$C = C(\varepsilon)$ 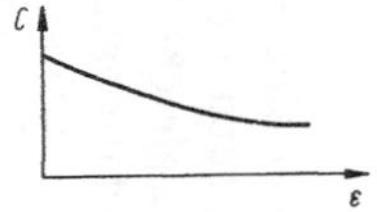
	Gedächtnisfunktion vom Integraltyp	$m = m_1\varepsilon(1-m_1)\varepsilon^n$ $\frac{\sigma}{E} = m + 2\int_{s=0}^{t}[\varepsilon(t-s)-\varepsilon(t)]\{\gamma(s)-2[\gamma(s)-$ $-\delta(s)]\varepsilon(t)\}ds$	$\frac{2\sigma_d}{E} = 4\hat{\varepsilon}\left[\frac{\gamma_0\Omega}{\varrho^2+\Omega^2}(1-2\varepsilon_0)+\right.$ $\left.+2\varepsilon_0\frac{\delta_0\Omega}{\sigma^2+\Omega^2}\right]$	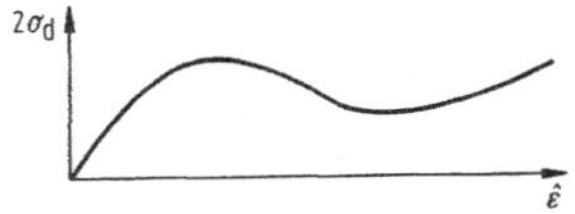 $C = C_{stat} + 2\frac{\gamma_0\Omega^2}{(\varrho^2+\Omega^2)\varrho}\cdot E$ 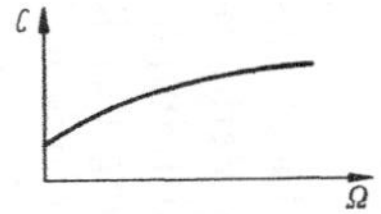
	Gedächtnisfunktion vom Differentialtyp	$\frac{\sigma}{E} = \varepsilon - \left(\frac{3}{2}-\beta\right)\varepsilon^2 + [\gamma - 2(\gamma-\delta)\varepsilon]\dot{\varepsilon}$	$\frac{2\sigma_d}{E} = 2\hat{\varepsilon}\Omega[\gamma - 2(\gamma-\delta)\varepsilon_0]$	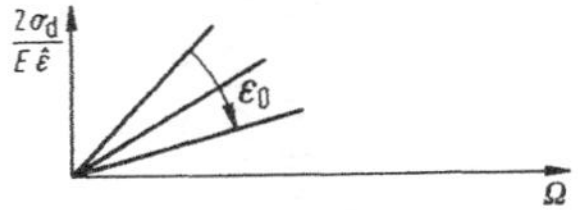 $C = C_{stat}$ 

Bild 7.3a u. b. Übersicht der dynamischen Eigenschaften a) rheologischer, b) mathematischer Modelle

gigkeit von der Frequenz zeigt, was allenfalls für sehr kleine Winkelgeschwindigkeiten zutrifft.

Das Maxwell-Modell ist durch eine Serienschaltung von Feder und Dämpfer gekennzeichnet. Die Verformung setzt sich aus den Einzelverformungen zusammen, während Feder und Dämpfer die gleiche Spannung erfahren. Das Maxwell-Modell ist für die Beschreibung des Retardationsverhaltens ungeeignet, weil die Dehnung bei einem Spannungssprung σ_0 immer weiter ansteigt. Jedoch besitzt das Maxwell-Modell im Gegensatz zum Kelvin-Voigt-Modell ideales Relaxationsverhalten. Mit

$$\Psi(t) = E\,\mathrm{e}^{-Et/\eta} \tag{7.8}$$

als Relaxationsfunktion folgt die zeitabhängige Spannung aus

$$\sigma(t) = \varepsilon_0 E\,\mathrm{e}^{-Et/\eta}. \tag{7.9}$$

Hinsichtlich der Breite der Hystereseschleife, abhängig von der Frequenz, liefert das Maxwell-Modell in der Tendenz richtige Ergebnisse. Für größere $\Omega\,\hat{\varepsilon}$ (Bild 7.3) fällt die Breite jedoch zu rasch ab, was mit den Beobachtungen in der Praxis nicht übereinstimmt. Wie zu erwarten, reicht auch das einfache Maxwellsche Grundmodell nicht aus, um das Verhalten realer Elastomerwerkstoffe abzubilden.

Durch Serien- bzw. Parallelschaltung der einfachen Grundmodelle läßt sich allerdings eine Erweiterung der Anwendung erreichen. Retardationsvorgänge können dabei am besten durch eine Serienschaltung von Kelvin-Voigt-Modellen nach Bild 7.4a und Relaxationsvorgänge durch eine Parallelschaltung von Maxwell-Modellen (Bild 7.4b) erfaßt werden.

Die Retardationsfunktion für n seriell geschalteter Kelvin-Voigt-Modelle folgt aus der Summe der Retardationsfunktionen für das Einzelmodell zu

$$\Phi(t) = \sum_{i=1}^{n} \frac{1}{E_i}\left(1 - \mathrm{e}^{-E_i t/\eta_i}\right). \tag{7.10}$$

Ebenso folgt die Relaxationsfunktion für n parallel geschaltete Maxwell-Modelle aus der Summe der Relaxationsfunktionen für das Einzelmodell

$$\Psi(t) = \sum_{i=1}^{n} E_i\,\mathrm{e}^{-E_i t/\eta_i}. \tag{7.11}$$

Im Versuch gemessene Retardations- oder Relaxationsfunktionen lassen sich bei einer ausreichend großen Anzahl von Stützstellen nach Bestimmung der unbekannten Stoff-

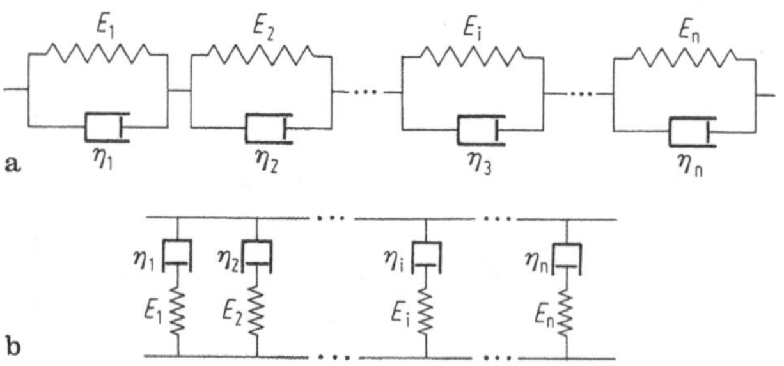

Bild 7.4a u. b. Schaltung von Grundmodellen zur Beschreibung viskoelastischen Verhaltens. a) Reihenschaltung von Kelvin-Voigt-Modellen. b) Parallelschaltung von Maxwell-Modellen

werte E_i und η_i durch die Beziehungen (7.10) und (7.11) wiedergeben. Bei der Untersuchung realer Elastomerkörper beschränkt man sich in vielen Fällen nur auf die Erfassung ihres Relaxationsverhaltens. So ist es beispielsweise Japs [26] gelungen, für die auf Schub beanspruchte Wulstkupplung allein unter Ansatz des Relaxationsverhaltens mit dem Modell nach Bild 7.4b, das Elastomerverhalten in dieser Kupplung näherungsweise wiederzugeben. Dabei kam ihm allerdings zustatten, daß die Kennlinie der Wulstkupplung nahezu linear ist. Es zeigt sich allerdings, daß es mit dem benutzten vielparametrigen viskoelastischen Modell nach Bild 7.4 nicht möglich ist, die in der Praxis beobachtete Abhängigkeit der dynamischen Kennwerte von Erregeramplitude und Vorspannung zu erfassen.

Diese vom rein viskoelastischen Verhalten abweichenden Einflüsse lassen sich erst über die Einführung zusätzlicher geschwindigkeitsunabhängiger Coulombscher Reibungsanteile erfassen. Es zeigt sich bei Versuchen (Kap. 4), daß sich offenbar Coulombsche Kräfte bis zu einem gewissen Winkelausschlag stetig aufbauen, danach konstant bleiben und sich den viskoelastischen Kräften überlagern.

Als Ursache dieser Coulombschen Reibung können Kräfte an den Grenzflächen zwischen dem rein viskoelastischen Material und Fasern der Gewebeeinlagen oder Füllstoffpartikeln vermutet werden. Ebenso wird auch ein Aufbrechen von Vernetzungen zwischen dem Elastomer und den Füllstoffpartikeln oder Fasern für die Erscheinungen verantwortlich gemacht. Nach dem Lösen von Bindungen können so kleine mit Festkörperreibung verbundene Relativbewegungen auftreten.

Im Modell läßt sich dieser Vorgang durch das Masing-Modell nach Bild 7.3 nachbilden, so daß die Wulstkupplung schließlich durch ein Modell nach Bild 7.5, das aus einer Parallelschaltung von Maxwell- und Masing-Modellen entsteht, genauer erfaßt werden konnte [26].

Für die untersuchte Wulstkupplung ergibt sich so die in der Praxis beobachtete Abhängigkeit der dynamischen Steifigkeit von Erregeramplitude und Vorspannung, wie sie auch von Beitz [27] und Klingenberg [28] beobachtet wurde, während die Abhängigkeit von der Erregerfrequenz gering ist.

Das angedeutete Verfahren ist nicht ohne weiteres auf Kupplungen mit progressiver Kennlinie anwendbar; außerdem ist die Bestimmung einer beträchtlichen Anzahl (z.B. bis 60) von unbekannten Stoffkonstanten erforderlich, so daß sich diese Methode zur analytischen Beschreibung des viskoelastischen Elastomerverhaltens in der Praxis noch nicht eingeführt hat. Der Vorteil der Methode der rheologischen Modelle liegt jedoch in einer gewissen Anschaulichkeit. Ein Nachteil ist, daß sie grundsätzlich nur bei linearen Systemen von Nutzen ist. Man kann zwar formal rheologische Modelle mit nichtlinearen Federn und Dämpfern konstruieren, erhält aber Differentialgleichungen, die nicht lösbar sind. Zudem ist in allen rheologischen Modellen keine Möglichkeit vorhanden, den immer wieder beobachteten Einfluß der statischen Vorlast und der dynamischen Amplitude auf die Dämpfung oder die Steifigkeit zu berücksichtigen.

Eine grundlegend andere Möglichkeit zur mathematischen Beschreibung des Ela-

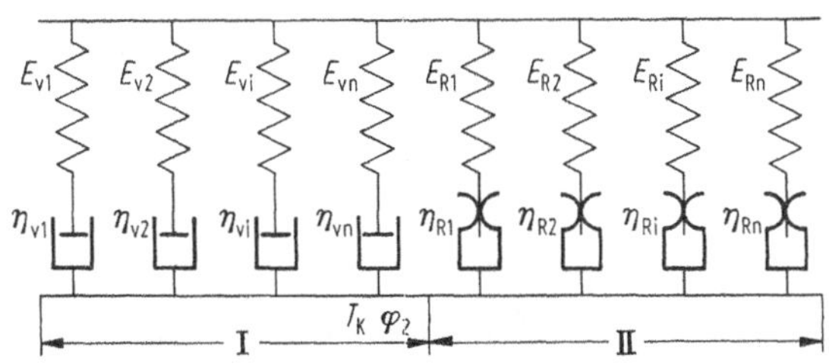

Bild 7.5. Vollständiges Beschreibungsmodell gummielastischer Wulstkupplungen; I viskoelastischer, II Coulombscher Anteil

stomerverhaltens ist durch Anwendung einer mit Hilfe des Prinzips des schwindenden Gedächtnisses (Fading Memory) gewonnenen asymptotischen Darstellung der allgemeinen Materialgleichungen gegeben [29]. Grundlage für diesen Ansatz ist wiederum homogenes, isotropes und inkompressibles Material, das nicht allzu großen oder schnellen Deformationen ausgesetzt ist.

Der momentane Spannungszustand wird in diesem Ansatz durch die gesamte Deformationsgeschichte bestimmt. Dabei wird aber das Prinzip des schwindenden Gedächtnisses eingeführt, welches besagt, daß der momentane Spannungszustand von den Deformationsereignissen um so weniger abhängig ist, je weiter diese zeitlich zurückliegen. Die Entwicklung der Deformationsgeschichte in einer Taylor-Reihe bewirkt schließlich die Art des Approximationstyps. So entsteht bei Berücksichtigung des ersten Reihengliedes der Differentialtyp und unter Beachtung der ersten beiden Glieder der Integraltyp.

Die Approximation vom Differentialtyp ergibt sich als wenig geeignet zur Beschreibung des Elastomerverhaltens. Dafür sind die gleichen Gründe wie beim Kelvin-Voigt-Modell verantwortlich. Damit bleibt noch die Approximation vom Integraltyp, die sich je nach Ansatz der Erinnerungsfunktion präzisieren läßt. Aus praktischen Gründen wird aber auch hier die Anzahl der zu bestimmenden Konstanten begrenzt werden müssen.

Von Haupt [29] wurde als Approximation zweiter Ordnung des Integraltyps bei einachsiger Beanspruchung für den durch die Deformationsgeschichte bestimmten Spannungszustand die Beziehung

$$\frac{\sigma}{E} = \underbrace{\varepsilon - \left(\frac{3}{2} - \beta\right)\varepsilon^2}_{\text{elastischer Anteil}} + \underbrace{2 \int_{s=0}^{\infty} [\varepsilon(t-s) - \varepsilon(t)]\{\gamma(s) - 2[\gamma(s) - \delta(s)]\varepsilon(t)\}\mathrm{d}s}_{\text{Gedächtnisanteil}} \tag{7.12}$$

angegeben. Darin ist $\gamma(s)$ die Gedächtnisfunktion, β und δ kennzeichnen Effekte 2. Ordnung. Für γ und δ werden folgende Ansätze verwendet:

$$\left.\begin{aligned} \gamma(s) &= -\gamma_0 \, \mathrm{e}^{-\varrho s} \\ \delta(s) &= -\delta_0 \, \mathrm{e}^{-\lambda s} \end{aligned}\right\} \quad \gamma_0, \delta_0, \varrho, \lambda > 0, \tag{7.13}$$

oder verallgemeinert

$$\begin{aligned} \gamma(s) &= -\sum_{i=1}^{n} \gamma_{0i} \, \mathrm{e}^{-\varrho_i s}, \\ \delta(s) &= -\sum_{i=1}^{n} \delta_{0i} \, \mathrm{e}^{-\lambda_i s}. \end{aligned} \tag{7.14}$$

Dabei beschreibt t den tatsächlichen Zeitablauf, während s die in die Vergangenheit zurücklaufende Zeitkoordinate ist (Bild 7.6).

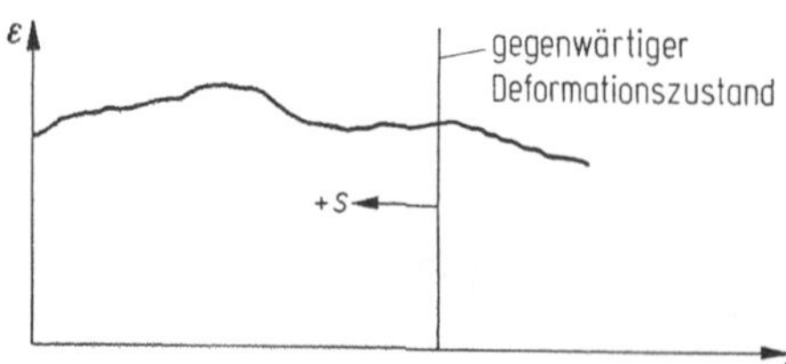

Bild 7.6. Definition der Zeitkoordinaten t und s

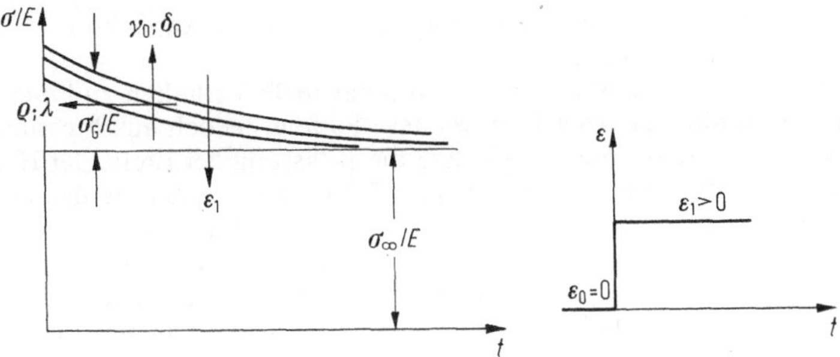

Bild 7.7. Relaxationskurven nach dem Gedächtnisansatz Gl. (7.15)

Das Relaxationsverhalten dieses Ansatzes kann bei einem Deformationssprung $\varepsilon_1 - \varepsilon_0$ aus der Integration des Gedächtnisanteils nach (7.12) gefunden werden. Für die einfachen Erinnerungsfunktionen nach (7.13) gilt

$$\frac{\sigma_g}{E} = 2(\varepsilon_1 - \varepsilon_0)\left[\frac{\gamma_0}{\varrho}e^{-\varrho t}(1 - 2\varepsilon_1) + 2\varepsilon_1\frac{\delta_0}{\lambda}e^{-\lambda t}\right]. \tag{7.15}$$

Entsprechend (7.15) zeigt Bild 7.7 qualitative Relaxationskurven.

Wird statt des Deformationssprungs ein dynamisches Dehnungssignal mit einer bestimmten Vordehnung

$$\varepsilon(t) = \varepsilon_0 + \hat{\varepsilon}\sin\Omega t \tag{7.16}$$

aufgebracht, so folgt die Breite der Hystereseschleife mit dem Ansatz der einfachen Gedächtnisfunktionen (Gl. (7.13)) aus

$$\frac{2\sigma_{dg}}{E\hat{\varepsilon}} = 4\left[\frac{\gamma_0\Omega}{\varrho^2 + \Omega^2}(1 - 2\varepsilon_0) + 2\varepsilon_0\frac{\delta_0\Omega}{\lambda^2 + \Omega^2}\right]. \tag{7.17}$$

Die Auswertung dieser relativ einfachen Beziehung für verschiedene Parametervariationen Ω/ϱ, λ/ϱ, δ_0/γ_0 zeigt, daß die Form der Hysteresefläche zum Teil beträchtliche Abweichungen von der Ellipse aufweist. Die Auftragung der Breite der Hysteresefläche in Abhängigkeit von der gleichen Parametervariation zeigt, daß je nach Auswahl der

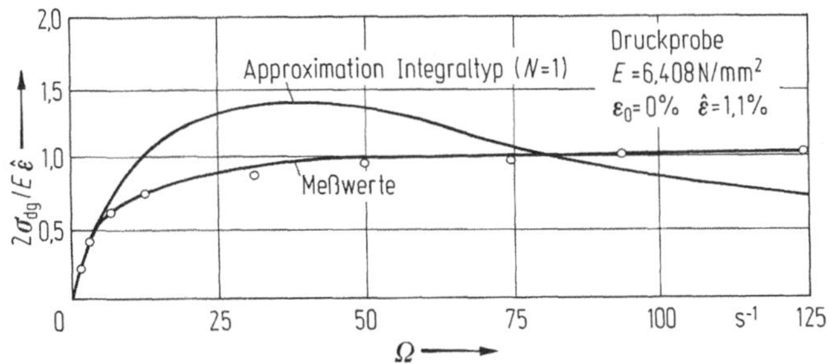

Bild 7.8. Vergleich der gemessenen Breite der Hystereseschleife eines auf Druck beanspruchten Elastomerkörpers und der Theorie aus dem Gedächtnisansatz nach Gl. (7.17)

Parameterkombination eine weite Variationsmöglichkeit zwecks Anpassung an das reale Verhalten der Elastomere gegeben ist.

Inwieweit (7.15) und (7.17) schon ausreichen, um das reale Verhalten zu beschreiben, kann nur durch Versuche nachgewiesen werden. Es folgt jedoch aus Messungen an auf Druck beanspruchten Elastomerproben, daß die Erfassung der Breite der Hystereseschleifen durch das einfache Modell nach (7.15) noch unbefriedigend ist (Bild 7.8). Der Übergang auf den Summenansatz der Gedächtnisfunktionen nach (7.14) liefert jedoch eine schrittweise Verbesserung der Übereinstimmung mit Experimenten sowohl für die Form der Hystereseschleife als auch für ihre Breite. Das zeigt Bild 7.9 im Vergleich von Messung und Theorie für einen Ansatz der Gedächtnisfunktion nach (7.14) mit je zwei Gliedern ($n = 2$). Eine weitere Verbesserung kann mit je drei Gliedern ($n = 3$) erreicht werden (Bild 7.10).

Allerdings steigt mit den vielgliedrigen Summenansätzen nach (7.14) die Anzahl der zu bestimmenden Konstanten weiter an. Grundsätzlich scheint aber mit der Integralapproximation nach (7.12) ein gangbarer Weg zur Nachbildung des Elastomerverhaltens gefunden zu sein.

Um den Einfluß der Belastungsamplitude zu untersuchen, wurden Stahlgummiproben verschiedener Härten auf Zug, Druck und Schub statisch und dynamisch belastet, und ihr Relaxationsverhalten ausgewertet (Versuchsaufbau nach Bild 7.11).

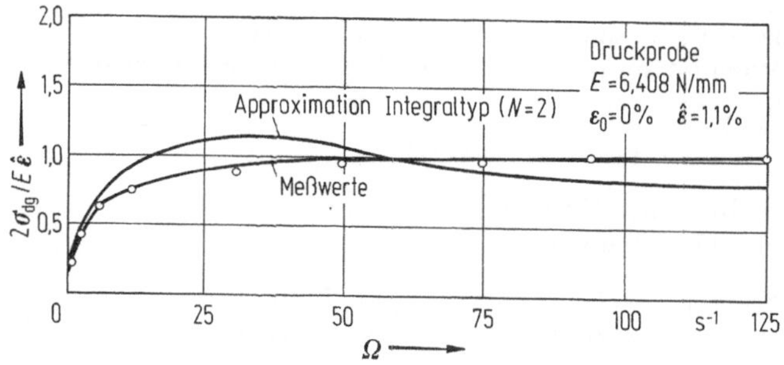

Bild 7.9. Vergleich der gemessenen Breite der Hystereseschleife eines auf Druck beanspruchten Elastomerkörpers und der Theorie aus dem Gedächtnisansatz nach Gl. (7.14) mit je zwei Gliedern ($N = 2$)

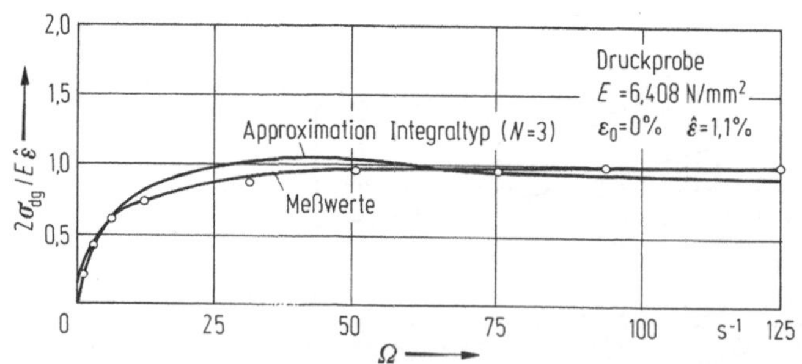

Bild 7.10. Vergleich der gemessenen Breite der Hystereseschleife eines auf Druck beanspruchten Elastomerkörpers und der Theorie aus dem Gedächtnisansatz nach Gl. (7.14) mit je drei Gliedern ($N = 3$)

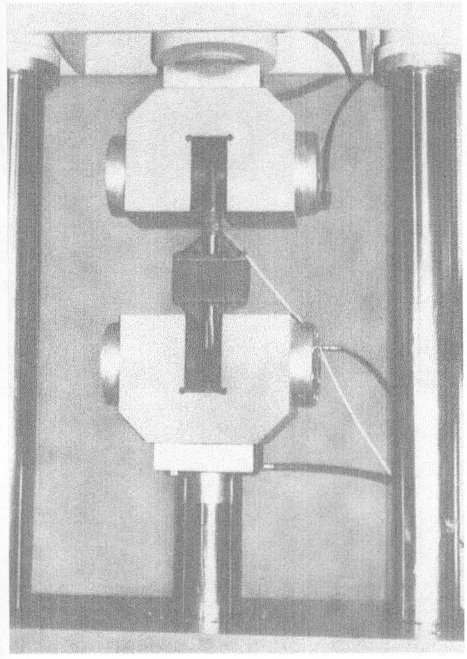

Bild 7.11. Versuchsaufbau zur Untersuchung von Stahlgummiproben

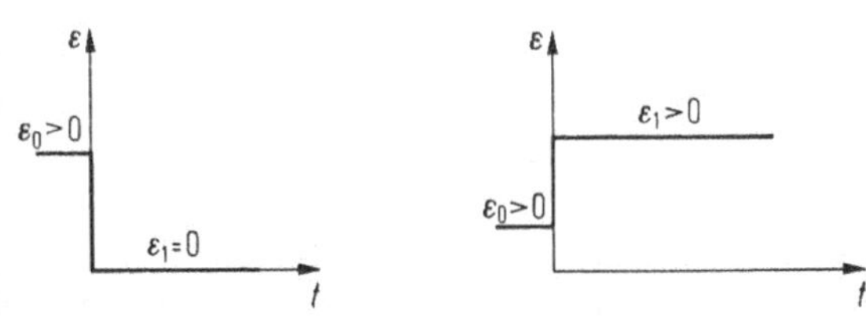

Bild 7.12. Dehnungssprünge zur Untersuchung des Relaxationsverhaltens von Stahlgummiproben

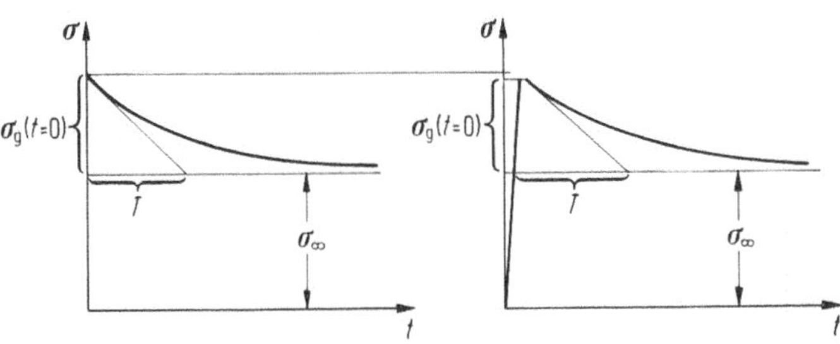

Bild 7.13. Relaxationszeit T und Gedächtnisanteil σ_G bei einem idealen und realen Dehnungssprung

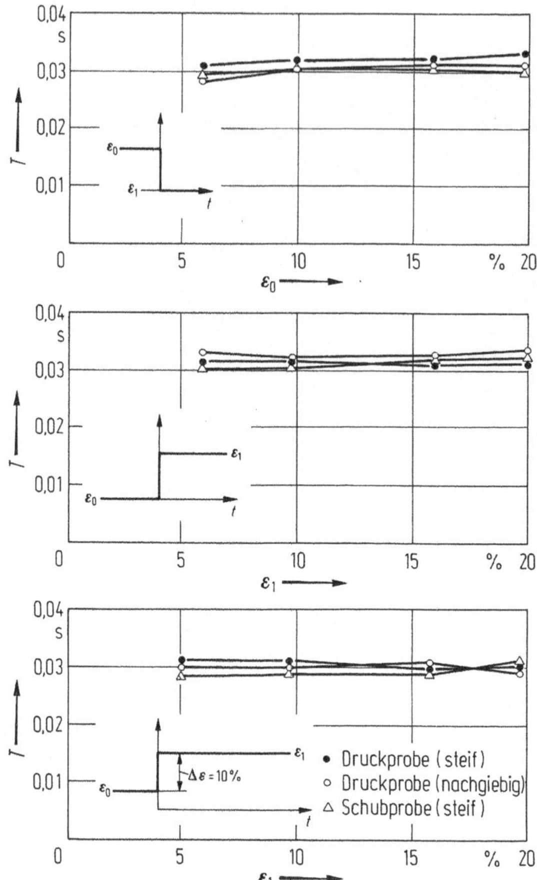

Bild 7.14. Relaxationszeiten T für Stahlgummiproben

Die Relaxationsversuche wurden im Hinblick auf eine einfache Auswertung mit Dehnungssprüngen nach Bild 7.12 durchgeführt und die Relaxationszeiten T sowie die Gedächtnisanteile $\sigma_g(t = 0)$ entsprechend Bild 7.13 für auf Druck beanspruchte steife und nachgiebige Elastomerproben, sowie für schubbeanspruchte Proben großer Shore-Härte gemessen. Aus diesen Versuchen ergeben sich etwa konstante, von der Größe der Dehnungssprünge unabhängige Relaxationszeiten. Der Streubereich der Meßwerte nach Bild 7.14 liegt bei weniger als 4 %.

Die Auftragungen der gemessenen Gedächtnisanteile $\sigma_g(t = 0)$ in Bild 7.15a und 7.15b zeigen einen leicht unterlinearen Anstieg. Wird die Sprungdifferenz konstant gehalten und ε_0 variiert, so bleibt er nahezu konstant (Bild 7.15c). Dieses Verhalten zeigt sich nahezu unabhängig von der Härte des Werkstoffs. Zur mathematischen Erfassung der Nichtlinearität (Bild 7.15a und b) bietet sich die Einführung eines amplitudenabhängigen Degressivfaktors für den Gedächtnisanteil nach (7.12) an.

Allerdings sind, aufgrund der Tatsache, daß ein exakter Rechtecksprung in den Experimenten nicht verwirklicht werden kann, die Ergebnisse fehlerbehaftet und mit einem gewissen Vorbehalt zu betrachten. Dagegen lassen sich dynamische sinusförmige Belastungen der Stahl-Elastomerproben bei variierter Amplitude $\hat{\varepsilon}$ bis Frequen-

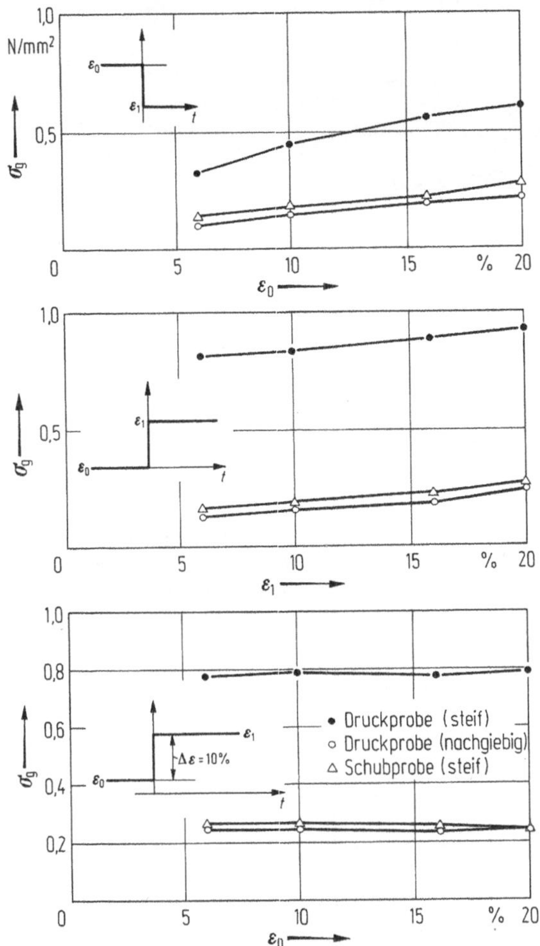

Bild 7.15. Gedächtnisanteil der Stahlgummiproben

zen von 25 Hz exakt im Experiment mit der Versuchseinrichtung nach Bild 7.11 nachbilden.

Für diese dynamischen Versuche ist als charakteristische Größe die bezogene Breite der Hystereseschleife $2\sigma_{dg}/E\hat{\varepsilon}$ dargestellt und ausgewertet. Aus Bild 7.16 erkennt man ihre Abnahme mit zunehmender Amplitude $\hat{\varepsilon}$ sowohl für druck- als auch für schubbeanspruchte Proben. Die Abhängigkeit von der Vorspannung ε_0 ist von sekundärer Bedeutung. Dagegen liegt eine Abhängigkeit von der Frequenz — wie die Bilder 7.17 und 7.18 zeigen — nicht oder kaum vor.

Der Anstieg im unteren Frequenzbereich ist mit der linearen Theorie der Viskoelastizität erklärbar. Das beobachtete nichtlineare Verhalten des Elastomerkörper muß deshalb allein auf den Einfluß der Belastungsamplitude $\hat{\varepsilon}$ zurückgeführt werden. Wäre eine irreversible Energieumwandlung in Wärme für das nichtlineare Verhalten verantwortlich, so müßte eine deutliche Frequenzabhängigkeit beobachtet werden.

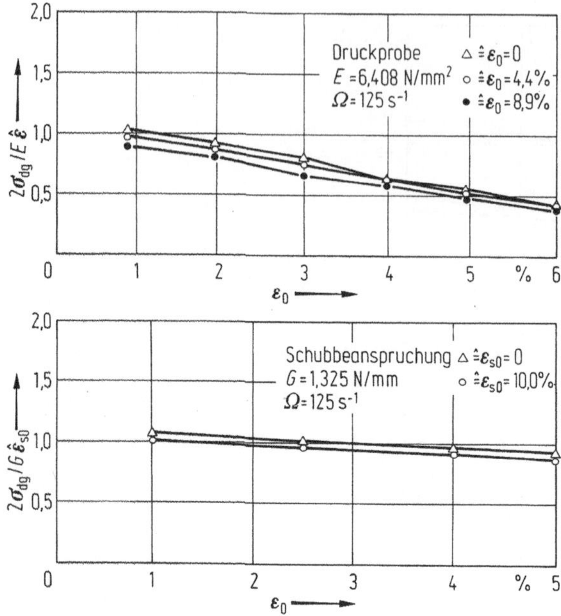

Bild 7.16. Abnahme der bezogenen Breite der Hystereseschleife mit zunehmender Amplitude

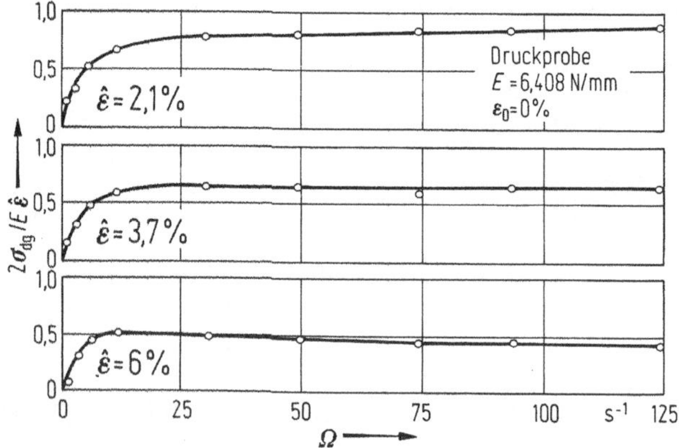

Bild 7.17. Bezogene Breite der Hystereseschleife für Druckbeanspruchung aufgetragen über die Frequenz mit der Amplitude als Parameter

7.1.2 Nichtlineares viskoelastisches Verhalten

Die Auswertung der im vorigen Abschnitt beschriebenen Versuche zeigt, daß viskoelastische Systeme (z. B. Gummi-Metall-Verbindungen), die relativ große Deformationen ausführen, ein nichtlineares Verhalten haben können. Bei der mathematischen Beschreibung unter Verwendung des Konzepts der Gedächtnisfunktionen ist daher zu berücksichtigen, daß die Spannung im allgemeinen nichtlinear von der Deformationsgeschichte als auch von der gegenwärtigen Deformation abhängt.

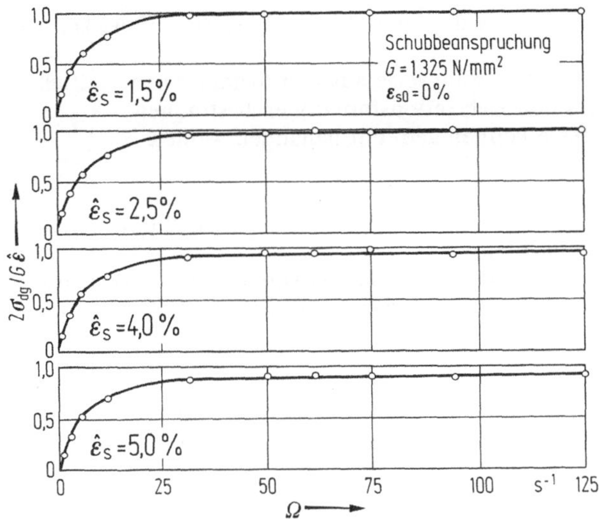

Bild 7.18. Bezogene Breite der Hystereseschleife für Schubbeanspruchung aufgetragen über der Frequenz mit der Amplitude als Parameter

Es erscheint daher gerechtfertigt, die beobachtete Nichtlinearität im Verhalten der Elastomerelemente durch einen Degressiv-Faktor zu erfassen, der das Gedächtnisintegral nach (7.12) in Abhängigkeit von der Amplitude reduziert. Der Gedächtnisanteil ergibt sich damit zu

$$\underbrace{e^{-K|\hat{\varepsilon}|}}_{\substack{\text{Degressiv-}\\ \text{faktor}}} \cdot \underbrace{2 \int_{s=0}^{\infty} [\varepsilon(t-s) - \varepsilon(t)]\{\gamma(s) - 2[\gamma(s) - \delta(s)]\varepsilon(t)\} \mathrm{d}s}_{\text{Gedächtnisanteil}} \tag{7.18}$$

mit K als Degressivexponent.

Grundsätzlich gelten diese Überlegungen nur für einachsige Beanspruchungszustände. Da sich aber das viskoelastische Werkstoffverhalten für verschiedene Beanspruchungsarten und ihren Überlagerungen prinzipiell nicht von einachsiger Beanspruchung unterscheidet, ist der Ansatz ebenso in der Lage, das viskoelastische Verhalten realer Kupplungen zu beschreiben, wenn die zur Bestimmung der Stoffwerte erforderlichen Experimente an der zu untersuchenden Kupplung ausgeführt werden. Dabei werden automatisch alle vorhandenen Einflüsse wie Formziffer, Einspanngrad sowie Art und Grad der Beanspruchung der Elastomerelemente erfaßt.

Nach der Aufführung der Vor- und Nachteile der anwendbaren rheologischen, Coulombschen und mathematischen Modelle besitzt das mathematische Modell der Gedächtnisfunktionen in Integraldarstellung die besten Voraussetzungen zur Beschreibung des realen Materialverhaltens. Vorteile des Modells mit Gedächtnisfunktionen im Integraltyp:

- Jede Form der elastischen Kennlinie ist beschreibbar,
- Beschreibung der Dämpfung ist nicht geschwindigkeitsproportional,
- die dynamische Steifigkeit ist frequenzabhängig und strebt einem asymptotischen Wert zu,

— die Einflüsse der statischen Vorlast auf die Steifigkeit und die Dämpfung können berücksichtigt werden,
— die Gedächtnisfunktionen lassen sich wahlweise aus den dynamischen Steifigkeiten, den Dämpfungen oder aus den Relaxationsfunktionen bestimmen,
— dynamische und statische Effekte können getrennt behandelt werden.

Nachteile:

— Quasistatische Effekte können auch mit Gedächtnisfunktionen nicht beschrieben werden und sind separat zu betrachten,
— Amplitudeneinflüsse auf die Steifigkeit und Dämpfung können zwar in geschlossener Form dargestellt werden, das Integral ist dann jedoch analytisch nicht mehr lösbar.

7.2 Anwendung des Modells mit Gedächtnisfunktionen in integraler Darstellung auf reale Kupplungen

7.2.1 Normierung

Um bei den folgenden Betrachtungen von der Baugröße und den Nennmomenten der geprüften Kupplungen unabhängig zu werden, werden die Gleichungen in einer normierten Schreibweise verwendet. Dabei wird das Kupplungsmoment T_K auf das Nennmoment T_{KN} (DIN 740) bezogen:

$$m_K = T_K/T_{KN} \tag{7.19}$$

m_K normiertes Kupplungsmoment,
T_K [Nm] dimensionsbehaftetes Kupplungsmoment,
T_{KN} [Nm] Nennmoment.

Der Verdrehwinkel φ der Kupplung wird bezogen auf den statischen Verdrehwinkel φ_N beim Aufbringen des Nennmoments T_{KN}:

$$\varepsilon = \varphi/\varphi_N . \tag{7.20}$$

7.2.2 Numerische Beschreibung der elastischen Kennlinie

Die mathematische Darstellung der elastischen Kennlinie erfolgt in geeignetster Weise in einer exponentiellen Darstellung, die es ermöglicht, progressives, lineares und auch degressives Verhalten wiederzugeben (Bild 7.19). In der normierten Schreibweise wird für die elastische Kennlinie einer Kupplung ohne Spiel gesetzt

$$m_{K\,el} = m_{K1}\,\varepsilon + (1 - m_{K1})\,|\varepsilon|^n \operatorname{sgn} \varepsilon . \tag{7.21}$$

m_{k1} ist ein Maß für die Steigung der statischen Kennlinie im Ursprung und ergibt sich als Ordinatenabschnitt der im Punkt (0; 0) an die elastische Kennlinie gelegten Tangente für $\varepsilon = 1$ (Bild 7.19). Die sgn-Funktion definiert die statische Kennlinie auch im dritten Quadranten. Der Exponent n beschreibt die Progressivität der Kennlinie und ergibt sich nach Auflösen von (7.21) zu

$$n = \log \frac{m_{K\,el} - m_{K1}\,\varepsilon}{1 - m_{K1}} / \log|\varepsilon| . \tag{7.22}$$

Die Steifigkeit einer Kupplung ist

$$C_T = \mathrm{d}T/\mathrm{d}\varphi \quad \text{in} \quad \mathrm{Nm/rad}; \tag{7.23}$$

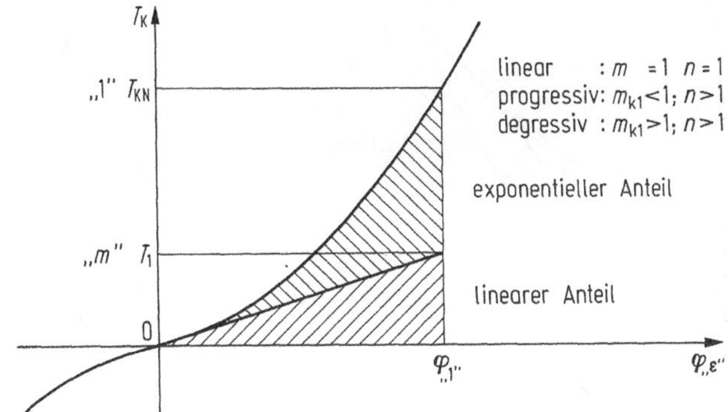

Bild 7.19. Darstellung der elastischen Kupplungskennlinie

in dimensionsloser Schreibweise

$$c_T = \frac{dm}{d\varepsilon} = \frac{d(T_K/T_{KN})}{d(\varphi/\varphi_N)} = \frac{dT_K}{d\varphi}\frac{\varphi_N}{T_{KN}} = c_T\frac{\varphi_N}{T_{KN}}. \tag{7.24}$$

Für die elastische Kennlinie folgt nun:

$$c_{T\,el} = dm_{K\,el}/d\varepsilon = m_{K1} + n\,(1 - m_{K1})\,|\varepsilon|^{n-1}. \tag{7.25}$$

7.2.3 Analytische Beschreibung des Coulombschen Reibungsanteils

Reibungsanteil für lineare elastische Kennlinie

Die Analyse der Versuchsergebnisse (Bilder 4.8 und 4.9) zeigt, daß sich das Reibmoment nach einer Belastungsrichtungsumkehr degressiv aufbaut. Für das Reibmoment in normierter Darstellung m_{Kr} wird ein Ansatz gewählt, der dem degressiven Verlauf Rechnung trägt:

$$m_{Kr} = (m_{Kr\,max} - m_{Kru})\,\frac{\tanh(\alpha[\varepsilon - \varepsilon_u])}{\tanh(\alpha[\varepsilon_{max} - \varepsilon_u])} + m_{Kru}. \tag{7.26}$$

Die Bedeutung dieses Ansatzes wird an einer Kupplung mit linear elastischer Kennlinie gezeigt. Wird die Kupplung bis zu ihrem Maximal-Moment quasistatisch beansprucht, so verdreht sie sich bis ε_{max}. Bis zu diesem Endpunkt E_1 hat sich das Reibmoment $m_{Kr\,max}$ degressiv aufgebaut (Bild 7.20).

Der Endpunkt E_1 ist durch die Koordinaten ε_{max} und $m_{K\,el}(\varepsilon_{max}) + m_{Kr\,max}$ gegeben. Analog ergibt sich für eine Belastung in negativer Richtung der Endpunkt E_2. Die Endpunkte E_1 und E_2 sind mit den zugehörigen Hystereseästen (oberer von E_2 nach E_1, unterer von E_1 nach E_2) miteinander verbunden. Da sich die Reibmomente für diese Hystereseäste über den größten denkbaren Winkelbereich (von $-\varepsilon_{max}$ bis $+\varepsilon_{max}$) aufbauen, sind sie zugleich die größten Reibmomente und die zugehörigen Hystereseäste sind die Einhüllenden für alle innerhalb liegenden kleineren Hystereseschleifen.

Zwischen diesen beiden einhüllenden Hystereseschleifen liegen dann alle durch die inneren Reibungskräfte gegebenen quasistatischen Zustände, sofern nur ε in den Grenzen von $\pm\varepsilon_{max}$ bleibt. Hat sich nun im Betrieb einer Kupplung der Reibungszustand U, gegeben durch ε_u und m_{Kru} eingestellt und erfolgt dann eine Verdrehung in

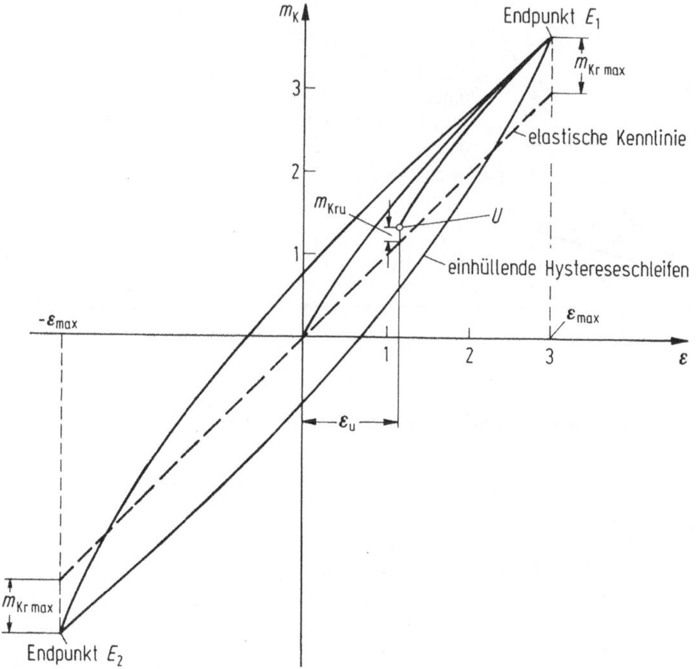

Bild 7.20. Additiv zur elastischen Kennlinie überlagert sich ein zeitunabhängiges Reibmoment m_{Kr}

positiver Richtung (in Richtung $+\varepsilon_{max}$), so ergibt sich von U ausgehend eine Hystereseschleife, die sich der Einhüllenden annähert und im Endpunkt E_1 mit ihr zusammentrifft (Bild 7.20).

Um von U nach E_1 zu gelangen, muß dem Reibmoment m_{Kru} ein über dem Verdrehweg $(\varepsilon_{max} - \varepsilon_u)$ um $(m_{Kr\,max} - m_{Kru})$ anwachsendes Reibmoment addiert werden. Die kontinuierliche, aber degressive Zunahme des Reibmoments wird durch eine tanh-Funktion beschrieben, in der der Faktor α ein Maß für den Grad der Konvergenz des entstehenden Hystereseastes mit der Einhüllenden ist.

Aufgrund dieser Reibungsvorgänge stellen sich zusätzliche Steifigkeiten c_{Tr} und Reibmomente m_{Kr} ein. Bei rein wechselnden quasistatischen Belastungen ist die Steifigkeitserhöhung

$$c_{Tr} = m_{Kru}/\varepsilon_u \tag{7.27}$$

mit

$$m_{Kru} = m_{Kr\,max} \frac{\tanh(2\alpha\varepsilon_u)}{2\tanh(\alpha[\varepsilon_{max} + \varepsilon_u]) - \tanh(2\alpha\varepsilon_u)} . \tag{7.28}$$

Die Breite der statischen Hystereseschleife $2m_{Kdr}$ folgt aus den Bildern 4.13 und 7.20 mit $\varepsilon = 0$.

$$2m_{Kdr} = 2m_{Kr}(\varepsilon = 0) = 2\left[(m_{Kr\,max} - m_{Kru}) \frac{\tanh(\alpha\varepsilon_u)}{\tanh(\alpha[\varepsilon_{max} + \varepsilon_u])} + m_{Kru}\right] . \tag{7.29}$$

Coulombscher Reibungsanteil für eine progressive Kennlinie

Eine Analyse der bereits in Bild 4.3 gezeigten quasistatischen Hystereseschleifen zeigt, daß die Breite der Hystereseschleife zwischen dem Be- und Entlastungsast in horizontaler Richtung gemessen einem degressiven Verlauf folgt. Das Reibmoment m_{Kr} wird hingegen parallel zur Momentenachse gemessen und hat für $-\varepsilon_{\max}$ und $+\varepsilon_{\max}$ ein Maximum und für $\varepsilon = 0$ ein Minimum (Bild 7.21). Die Umrechnung der Breite der Hystereseschleife in horizontaler Richtung in die Breite in Momenten-Richtung erfolgt durch Einführen der Steifigkeit $c_{\mathrm{T\,el}}(\varepsilon)$.

Das Reibmoment m_{Kr} wird somit

$$m_{\mathrm{Kr}} = c_{\mathrm{T\,el}}(\varepsilon)\left(\left(\frac{m_{\mathrm{Kr\,max}}}{c_{\mathrm{T\,el\,max}}} - \frac{m_{\mathrm{Kru}}}{c_{\mathrm{T\,el\,u}}}\right)\frac{\tanh(\alpha[\varepsilon - \varepsilon_{\mathrm{u}}])}{\tanh(\alpha[\varepsilon_{\max} - \varepsilon_{\mathrm{u}}])} + \frac{m_{\mathrm{Kru}}}{c_{\mathrm{T\,el\,u}}}\right). \tag{7.30}$$

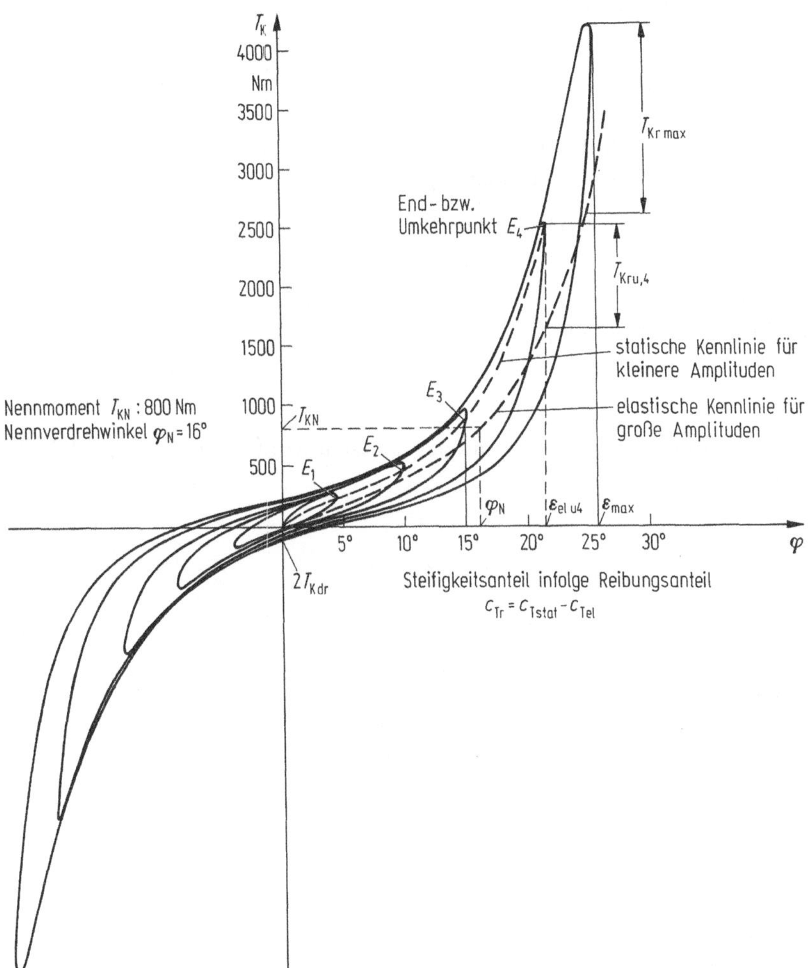

Bild 7.21. Statische und elastische Kennlinien einer armierten Scheibenkupplung $T_{\mathrm{KN}} = 800$ Nm der Härte 65° Shore A

7.2.4 Gedächtnisanteil

Additiv zur statischen Steifigkeit und statischen Dämpfung spielen bei transienten Vorgängen noch viskoelastische, frequenz- und amplitudenabhängige Effekte eine entscheidende Rolle.

Diese Einflüsse werden mit dem mathematischen Modell mit Gedächtnisfunktionen in integraler Darstellung beschrieben. Die sich aus den Gedächtnisfunktionen ergebenden Momente werden mit m_{Kg} bezeichnet und es gilt zunächst in einfacher Form

$$m_{\mathrm{Kg}} = 2\int_{s=0}^{\infty} [\varepsilon(t-s) - \varepsilon(t)]\,\{\gamma(s) - 2[\gamma(s) - \delta(s)]\varepsilon(t)\}\,\mathrm{d}s\,\mathrm{e}^{-K\hat{\varepsilon}}. \tag{7.31}$$

Der Term $\varepsilon(t)$ beschreibt die relative Verdrehung der Kupplung zur Zeit t, der Term $\varepsilon(t-s)$ die relative Verdrehung zur Zeit $(t-s)$.

Der Klammerausdruck im Integral beschreibt die Differenz zwischen dem derzeitigen Verformungszustand $(\varepsilon(t))$ und den vergangenen Verformungszuständen, die auch als Verformungsgeschichte bezeichnet werden können.

Die Funktionen $\gamma(s)$ und $\delta(s)$ bewerten diese Differenz in Abhängigkeit von s und $\varepsilon(t)$, wobei für große s, also für weit zurückliegende Ereignisse, die Bewertungsfaktoren $\gamma(s)$ und $\delta(s)$ gegen Null konvergieren (Fading Memory). Als einfachste Ansätze für $\gamma(s)$ und $\delta(s)$ können e-Funktionen der Form

$$\begin{aligned} \gamma(s) &= -\gamma_0\,\mathrm{e}^{-\varrho s}; \qquad \gamma_0, \varrho > 0, \\ \delta(s) &= -\delta_0\,\mathrm{e}^{-\lambda s}; \qquad \delta_0, \lambda > 0 \end{aligned} \tag{7.32}$$

gewählt werden.

Belastet man eine Kupplung, die dem Materialgesetz nach (7.31) gehorcht, mit einer sinusförmigen Belastung der Form

$$\varepsilon = \varepsilon_0 + \hat{\varepsilon}\sin\Omega t, \tag{7.33}$$

so stellen sich Hysteresekurven aufgrund des Gedächtnisintegrals wie in Bild 7.22 dargestellt, ein.

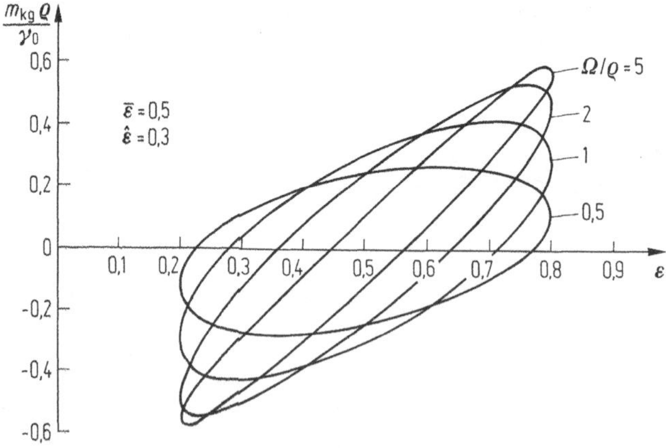

Bild 7.22. Hysteresekurven aus dem Gedächtnisintegral nach Gl. (7.18) berechnet

Der zeitliche Momentenverlauf $m_{Kg}(t)$ als Folge der Verformung $\varepsilon(t)$ ergibt durch Einsetzen von (7.33) in (7.31) und anschließender Integration:

$$\begin{aligned} m_{Kg} = \Bigg[& 2\hat{\varepsilon}\sin(\Omega t)\left\{\frac{\gamma_0}{\varrho}[1-2\varepsilon(t)] + 2\varepsilon(t)\frac{\delta_0}{\lambda}\right\} \\ & -2\hat{\varepsilon}\sin(\Omega t)\left\{\frac{\gamma_0\varrho}{\varrho^2+\Omega^2}[1-2\varepsilon(t)] + 2\varepsilon(t)\frac{\delta_0\lambda}{\lambda^2+\Omega^2}\right\} \\ & -2\hat{\varepsilon}\cos(\Omega t)\left\{\frac{\gamma_0\Omega}{\varrho^2+\Omega^2}[1-2\varepsilon(t)] + 2\varepsilon(t)\frac{\delta_0\Omega}{\lambda^2+\Omega^2}\right\}\Bigg] e^{-K\hat{\varepsilon}}. \end{aligned} \tag{7.34}$$

Wie bereits in Abschn. 7.2 erwähnt und wie aus Bild 7.22 ersichtlich, ist dem Gedächtnisanteil m_{Kg} sowohl eine Steifigkeit c_{Tg} als auch eine Dämpfung, die in Form der Breite der Hystereseschleife $2m_{Kdg}$ gemessen wird, zuzuschreiben. Die Breite der Hystereseschleife ergibt sich zu

$$2m_{Kdg} = m_{Kg}(\Omega t = 0) - m_{Kg}(\Omega t = \pi) \tag{7.35}$$

Nach Einsetzen in (7.34) folgt dann

$$2m_{Kdg} = \left(4\gamma_0\,\hat{\varepsilon}\frac{\Omega}{\varrho^2+\Omega^2}(1-2\varepsilon_0) + 8\delta_0\frac{\Omega}{\lambda^2+\Omega^2}\varepsilon_0\cdot\hat{\varepsilon}\right)e^{-K\hat{\varepsilon}}. \tag{7.36}$$

Die Steifigkeit c_{Tg} des Gedächtnisanteils m_g errechnet sich aus

$$c_{Tg} = \frac{m_{Kg}\left(\Omega t = \frac{\pi}{2}\right) - m_{kg}\left(\Omega t = \frac{3}{2}\pi\right)}{2\hat{\varepsilon}} \tag{7.37}$$

in expliziter Form zu

$$c_{Tg} = \left\{2\gamma_0\frac{\Omega}{\varrho^2+\Omega^2}\,\frac{\Omega}{\varrho}[1-2\varepsilon_0] + 4\delta_0\frac{\Omega}{\lambda^2+\Omega^2}\,\frac{\Omega}{\lambda}\varepsilon_0\right\}e^{-K\hat{\varepsilon}}. \tag{7.38}$$

Eine Darstellung von c_{Tg} und $2m_{Kdg}$ als Funktion von γ_0 und ϱ zeigen die Bilder 7.23 und 7.24.

7.2.5. Der vollständige Ansatz

Die Systemantwort $m_K(t)$ einer Kupplung auf eine aufgezwungene Verformung $\varepsilon(t)$ läßt sich als Summe des elastischen Anteils $m_{K\,el}$, des zeitunabhängigen Reibungsanteils m_{Kr} und des Gedächtnisanteils m_{Kg} auffassen.

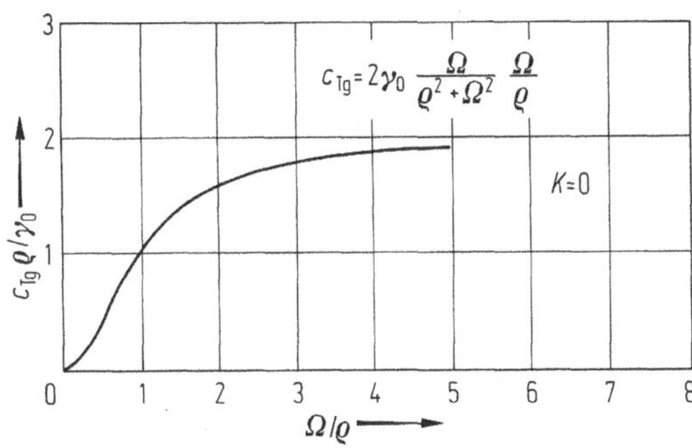

Bild 7.23. Die mit der Frequenz monoton steigende Steifigkeitsüberhöhung strebt asymptotisch einem Grenzwert zu (K Degressivkomponent)

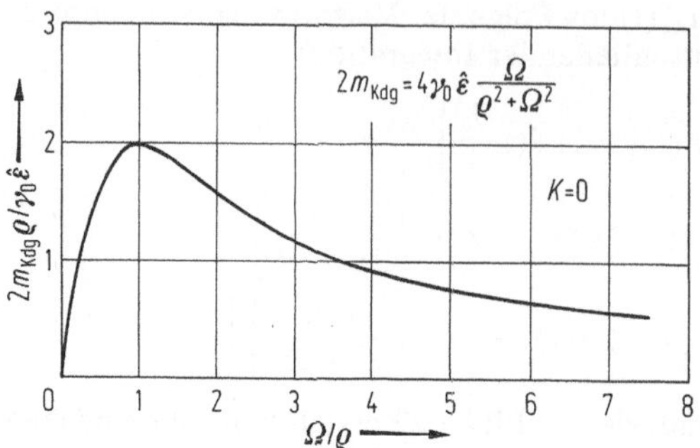

Bild 7.24. Die Breite der Hystereseschleife hat für $\Omega = \varrho$ ein ausgeprägtes Maximum und fällt danach asymptotisch auf Null (K Degressivkomponent)

$$m_K(t) = \underbrace{\underset{\text{elastischer Anteil}}{m_{K\,el}} + \underset{\text{Reibungsanteil}}{m_{Kr}}}_{\text{statischer Anteil}} + \underset{\text{Gedächtnisanteil}}{m_{Kg}} \tag{7.39}$$

$$m_K(t) = m_{K1}\,\varepsilon + (1 - m_{K1})\,|\varepsilon|^n \operatorname{sign}\varepsilon + m_{Kr}$$
$$+ e^{-K\hat{\varepsilon}}\,2\int_{s=0}^{\infty} [\varepsilon(t-s) - \varepsilon(t)]\,\{\gamma(s) - 2\varepsilon(t)\,[\gamma(s) - 2\delta(s)]\}\,ds \tag{7.40}$$

mit den Gedächtnisfunktionen nach (7.25).

7.3 Umrechnung der Parameter der Gedächtnisfunktion in die verhältnismäßige Dämpfung

Mit (7.34) wird die verhältnismäßige Dämpfung ψ bei sinusförmiger Erregung $\varepsilon(t) = \varepsilon_0 + \hat{\varepsilon}\sin\Omega t$ aus dem Quotienten aus elastischer Arbeit und Dissipationsarbeit berechnet. Hierzu muß das Integral für das normierte Moment über eine Belastungsperiode gelöst werden. Der Flächeninhalt einer Hystereseschleife bei Parameterdarstellung läßt sich bestimmen, wenn die Kurve beschrieben ist als

$$x = x(t), \qquad y = y(t). \tag{7.41}$$

Dann gilt für ein differentiell kleines Element

$$dA = y\,dx \quad \text{mit} \quad dx = x(t)\,dt$$

und

$$dA = \dot{x}y(t)\,dt.$$

Daraus folgt

$$A = \int y(t)\,\dot{x}(t)\,dt.$$

Für die dimensionslose Dämpfungsarbeit je Periode gilt:

$$a_D = A_D/T_{KN}\varphi_N. \tag{7.42}$$

In diesem speziellen Fall folgt dann mit $x(t) \mathrel{\widehat{=}} \varepsilon(t)$ und $y(t) \mathrel{\widehat{=}} m_K(t)$:

$$\begin{aligned} a_\mathrm{D} &= \int_0^{2\pi} m_\mathrm{K}\,\hat{\varepsilon}\cos(\Omega t)\,\mathrm{d}\Omega t\cdot \mathrm{e}^{-K\hat{\varepsilon}} \\ &= \int_0^{2\pi}\left\{2\hat{\varepsilon}^2\sin(\Omega t)\cos(\Omega t)\left\{\frac{\gamma_0}{\varrho}[1-2\varepsilon(t)]+2\varepsilon(t)\frac{\delta_0}{\lambda}\right\}\right. \\ &\quad\times 2\hat{\varepsilon}^2\sin(\Omega t)\cos(\Omega t)\left\{\frac{\gamma_0\varrho}{\varrho^2+\Omega^2}[1-2\varepsilon(t)]+2\varepsilon(t)\frac{\delta_0\lambda}{\lambda^2+\Omega^2}\right\} \\ &\quad\left.+\,2\hat{\varepsilon}^2\cos^2(\Omega t)\left\{\frac{\gamma_0\Omega}{\varrho^2+\Omega^2}[1-2\hat{\varepsilon}(t)]+2\hat{\varepsilon}(t)\frac{\delta_0\Omega}{\lambda^2+\Omega^2}\right\}\right\}\mathrm{e}^{-K\hat{\varepsilon}}\mathrm{d}\Omega t. \end{aligned} \tag{7.43}$$

Da

$$\int_0^{2\pi}\sin(mx)\cos(mx)\,\mathrm{d}x = 0 \tag{7.44}$$

ist und

$$\int_0^{2\pi}\cos^2(x)\,\mathrm{d}x = \left[\frac{1}{2}x+\frac{1}{4}\sin(2x)\right]_0^{2\pi} = \pi, \tag{7.45}$$

folgt für die dimensionslose Dämpfungsarbeit und den häufigen Fall $\gamma_0 = \delta_0$ und $\varrho = \lambda$ und somit verschwindender Einfluß der Vorlast

$$a_\mathrm{D} = 2\hat{\varepsilon}\frac{\pi\gamma_0\Omega}{\varrho^2+\Omega^2}\mathrm{e}^{-K\hat{\varepsilon}}. \tag{7.46}$$

Die gesamte gespeicherte Arbeit ergibt sich ferner zu

$$a_\mathrm{el} = \frac{1}{2}\hat{\varepsilon}\,\hat{m}_\mathrm{K}. \tag{7.47}$$

Mit $\hat{m}_\mathrm{K} = \hat{\varepsilon}(c_{\mathrm{T\,stat}} + c_{\mathrm{Tg}})$ folgt dann

$$a_\mathrm{el} = \frac{1}{2}\hat{\varepsilon}^2(c_{\mathrm{T\,stat}} + c_{\mathrm{Tg}}). \tag{7.48}$$

Die verhältnismäßige Dämpfung ψ errechnet sich dann zu

$$\psi = \frac{4\pi\gamma_0\Omega}{(\varrho^2+\Omega^2)(c_{\mathrm{T\,stat}}+c_{\mathrm{Tg}})}\mathrm{e}^{-K\hat{\varepsilon}}. \tag{7.49}$$

Für den häufigen Fall

$$\gamma_0 = \delta_0 \quad \text{und} \quad \varrho = \lambda$$

gilt für c_{Tg} nach (7.38)

$$c_{\mathrm{Tg}} = 2\left(\frac{\gamma_0}{\varrho}-\frac{\gamma_0\varrho}{\varrho^2+\Omega^2}\right)\mathrm{e}^{-K\hat{\varepsilon}} = 2\frac{\gamma_0\Omega^2}{(\varrho^2+\Omega^2)\varrho}\mathrm{e}^{-K\hat{\varepsilon}}. \tag{7.50}$$

Somit ergibt sich

$$\psi = \frac{4\pi\gamma_0\Omega\mathrm{e}^{-K\hat{\varepsilon}}}{(\varrho^2+\Omega^2)\left(c_{\mathrm{T\,stat}}+2\dfrac{\gamma_0\Omega^2\mathrm{e}^{-K\hat{\varepsilon}}}{(\varrho^2+\Omega^2)\varrho}\right)} \tag{7.51}$$

mit

$$\psi = \frac{2\pi\mathrm{d}\Omega}{c_{\mathrm{T\,dyn}}}.$$

Zur Bestimmung der bekannten Abklingkurve benötigt man den geschwindigkeitsproportionalen Dämpfungskoeffizienten d. Für das normierte Dämpfungsmoment m_{Kd} gilt bei Unterstellung geschwindigkeitsproportionaler Dämpfung

$$\frac{2T_{Kd}}{T_{KN}} = \frac{2d\hat{\dot{\varphi}}}{T_{KN}} = 2d\Omega\hat{\varepsilon}\frac{\varphi N}{T_{KN}}. \tag{7.52}$$

Setzt man die vorne hergeleitete Beziehung für die Hystereseschleife ein, so ergibt sich

$$d = \frac{2\gamma_0 T_{KN}}{(\varrho^2 + \Omega^2)\,\varphi_N} e^{-K\hat{\varepsilon}}. \tag{7.53}$$

Damit ist der Zusammenhang zwischen den bisher gebräuchlichen Kennwerten und den Parametern der Gedächtnisfunktion hergestellt.

7.4 Experimentelle Bestimmung der Parameter zur Darstellung des Verhaltens realer Kupplungen

Zur Darstellung des viskoelastischen Verhaltens einer Ausgleichskupplung mit Elastomerelementen wird von dem aus den Termen

- elastischer Anteil, der die elastische Kennlinie wiedergibt,
- Reibungsanteil, der bei quasistatischer Belastung die Hystereseschleifen beschreibt,
- Gedächtnisanteil, der frequenzabhängige Einflüsse auf die Steifigkeit und Dämpfung berücksichtigt,

bestehenden Ansatz ausgegangen.

Der elastische und der Reibungsanteil werden dabei aus den quasistatischen Hystereseschleifen ermittelt, während die Koeffizienten des Gedächtnisanteiles aus den Steifigkeitserhöhungen der dynamischen Steifigkeiten gegenüber den statischen Steifigkeiten bestimmt werden. Die Bestimmung der Kennwerte wird am Beispiel einer armierten Scheibenkupplung $T_{KN} = 800$ Nm (Elpex, Flender) der Härte 65° Shore A durchgeführt (Bild 7.21).

7.4.1 Elastische Kennlinie

Aus den statischen Hysteresekurven wird zunächst die elastische Kennlinie als Mittelwert aus oberem und unterem Kurvenzug für sehr große Amplituden bestimmt. Sie ist in Bild 7.21 gestrichelt eingetragen. Die elastische Kennlinie liegt im ersten Quadranten immer unter und im dritten Quadranten immer über den Umkehrpunkten der statischen Kennlinie. Mit dem Nennmoment T_{KN} von 800 Nm (Herstellerangabe) wird aus der elastischen Kennlinie der Verdrehwinkel $\varphi_N = 16°$ beim Nennmoment unmittelbar abgelesen.

Der lineare Anteil m_{K1} der elastischen Kennlinie ergibt sich aus der Tangente in ihrem Ursprung. In dem angegebenen Beispiel schneidet diese Tangente die φ_N-Grenze bei $T_{K1} = 575$ Nm. Als normierter linearer Anteil m_{K1} ergibt sich daraus

$$m_{K1} = \frac{T_{K1}}{T_{KN}} = \frac{575}{800} = 0{,}7188. \tag{7.54}$$

Zur Bestimmung des Exponenten n werden mehrere Stützpunkte der elastischen Kennlinie für Dehnungen $\varepsilon \neq 100\,\%$ ($\varepsilon_N = 100\,\%$) herangezogen. Im dargestellten Beispiel erfolgt die Auswertung für Verdrehwinkel $\varphi = 10°$, $20°$ und $25°$ (der 15°-Wert wird eliminiert, da er in der Nähe vom Nennverdrehwinkel zu großen Ungenauigkeiten führen würde). Der Mittelwert von n ist

$$n = \frac{\sum n\varepsilon}{\sum \varepsilon} = \frac{16{,}12}{3{,}438} = 4{,}7\,. \tag{7.55}$$

Mit $T_{KN} = 800\,\mathrm{Nm}$, $\varphi_N = 16°$, $m_{K1} = 0{,}718\,8$ und $n = 4{,}7$ ist die elastische Kennlinie eindeutig beschrieben.

7.4.2 Bestimmung des Reibungsanteils

Nach (7.30) ist das Reibmoment m_{Kr} abhängig von

$$m_{Kr} = m_{Kr}(m_{Kr\,max},\ m_{Kru},\ \varepsilon,\ \varepsilon_u,\ \varepsilon_{max},\ \alpha,\ c_{T\,el})\,, \tag{7.56}$$

wobei außer $m_{Kr\,max}$, ε_{max} und α alle anderen Werte bekannt sind. ε_{max} ist der größte Verdrehwinkel, bei dem ein statisches Reibmoment ohne Zerstörung der Kupplung noch erfaßt werden kann. In diesem Fall ergibt sich ε_{max} zu 1,563 aus $\varphi_{max} = 25°$. Das zugehörige Reibmoment — der Abstand des oberen Hystereseastes zur elastischen Kennlinie — ist $T_{Kr\,max}$ und nimmt, wie aus Bild 7.21 ersichtlich, den Wert 1 310 Nm an, $m_{Kr\,max}$ wird dann 1,638.

Um den Koeffizienten α bestimmen zu können, werden die Reibmomente m_{Kru} in den Umkehrpunkten herangezogen. Dazu werden in den i Umkehrpunkten E_i (hier: $i = 1 \ldots 4$ im positiven Momentenbereich) die Terme

$$\frac{m_{Kru,i}}{c_{T\,el\,u,i}}\ \frac{c_{T\,el\,u\,max}}{n_{Kr\,max}} \tag{7.57}$$

gebildet aus (7.30).

Darin bedeuten $c_{T\,el\,u}$ die dimensionslosen Steifigkeiten der elastischen Kennlinie für $\varepsilon_{u,i}$ und $c_{T\,el\,u\,max}$ die dimensionslose Steifigkeit für ε_{max}. Mit $\varepsilon_{max} = 1{,}562\,5$ ergibt sich $c_{T\,el\,u\,max}$ zu 7,56 aus (7.25).

Für den Umkehrpunkt 4 mit $\varphi_4 = 22{,}1°$ und somit $\varepsilon_{el\,u,4} = 1{,}383$ folgt $c_{T\,el\,u,4} = 5{,}1$. Das Reibmoment $T_{Kru,4}$ im Umkehrpunkt 4 beträgt nach Bild 7.21 902,4 Nm, normiert also: $m_{Kru,4} = 1{,}128$.

Für den Umkehrpunkt 4 errechnet sich der Term

$$\frac{m_{Kru,4}}{c_{T\,el,4}}\ \frac{c_{T\,el\,u\,max}}{m_{r\,max}} = 1{,}02\,.$$

Tabelle 7.1. Kupplungskennwerte zur Berechnung des Reibungsanteils

Nr.	T_{Kru} Nm	m_{Kru}	ε_u	$c_{T\,el\,u}$	$\frac{m_{Kru}\ c_{T\,el\,max}}{m_{Kr\,max}\ c_{T\,el\,u}}$
1	80	0,1	0,17	0,72	0,64
2	150	0,183	0,625	0,95	0,89
3	300	0,375	0,957	1,84	0,94
4	902,4	1,128	1,383	5,1	1,02

Für die Umkehrpunkte 1 bis 4 des positiven Momentenbereichs ist die Auswertung analog dem obigen Rechengang in Tab. 7.1 festgehalten.

Die Auflösung der Gl. (7.30) nach a ist analytisch nicht möglich, so daß die Ermittlung von α mit Hilfe der Diagramme 7.25 bis 7.30 erfolgen muß. In diesen Diagrammen ist für gestufte ε_{max}-Werte der Term $m_{Kru} c_{T\,el\,u\,max}/c_{T\,el\,u} m_{Kr\,max}$ als Funktion von ε_u mit α als Parameter aufgetragen. Aus Bild 7.26 für $\varepsilon_{max} = 1{,}5$ folgt für $\alpha = 3$.

Die Streuung der Punkte in diesem Diagramm ist verhältnismäßig groß. Sie beruht unter anderem darauf, daß alle Fehler bei der Festlegung der elastischen Kennlinie hier voll zum Tragen kommen. Die Reproduktion der gemessenen statischen Hysteresekurven mit der mathematischen Nachbildung durch die elastische Kennlinie, der der Reibungsanteil überlagert wird, zeigt Bild 7.31. Die Übereinstimmung mit den Meßwerten ist gut (Bild 7.21).

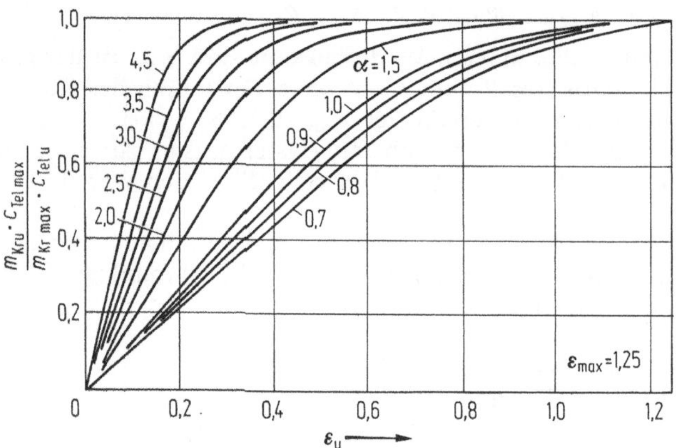

Bild 7.25. Hilfsdiagramm zur Bestimmung von α für $\varepsilon_{max} = 1{,}25$

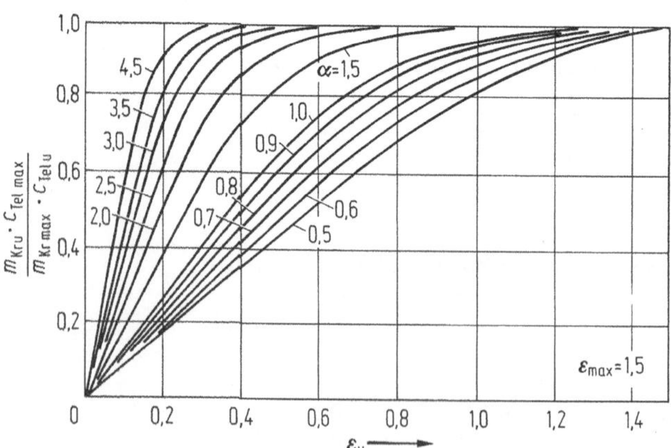

Bild 7.26. Hilfsdiagramm zur Bestimmung von α für $\varepsilon_{max} = 1{,}5$

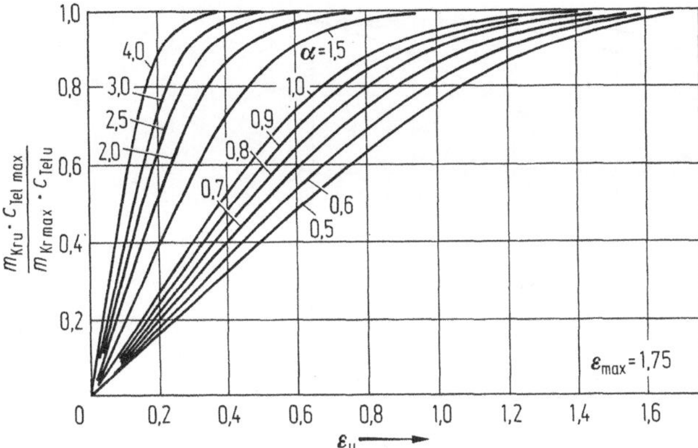

Bild 7.27. Hilfsdiagramm zur Bestimmung von α für $\varepsilon_{max} = 1{,}75$

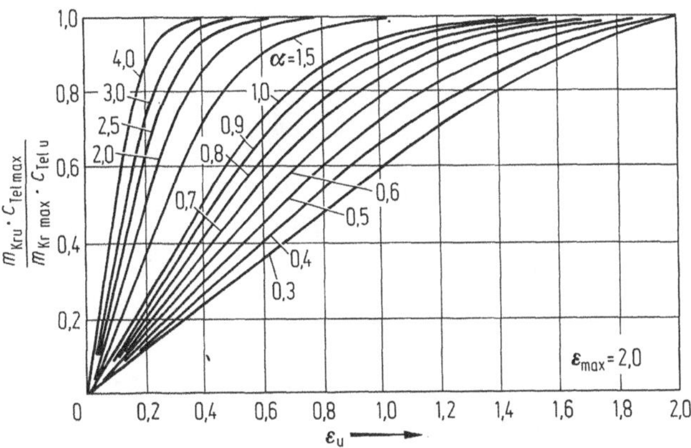

Bild 7.28. Hilfsdiagramm zur Bestimmung von α für $\varepsilon_{max} = 2{,}0$

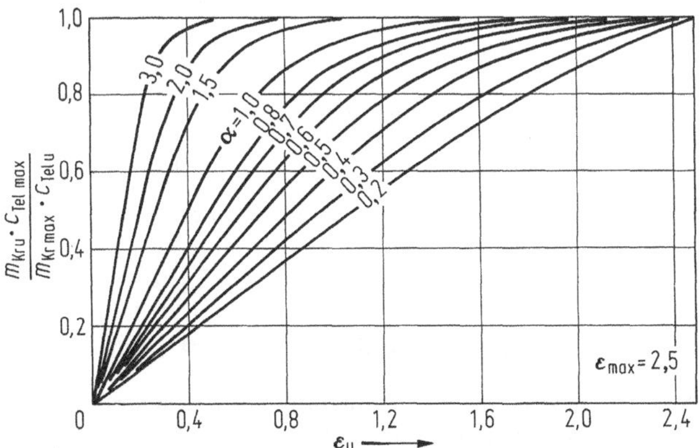

Bild 7.29. Hilfsdiagramm zur Bestimmung von α für $\varepsilon_{max} = 2{,}5$

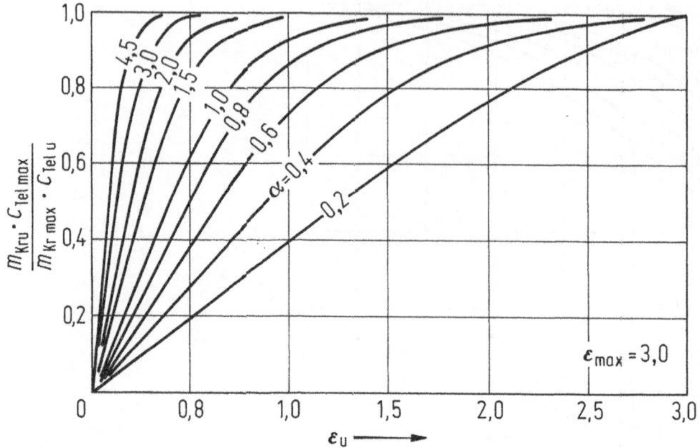

Bild 7.30. Hilfsdiagramm zur Berechnung von α für $\varepsilon_{max} = 3$

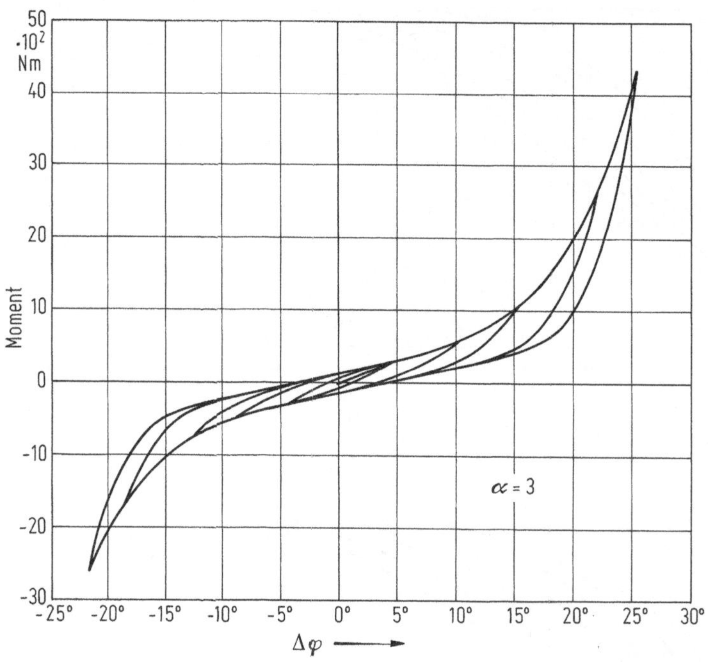

Bild 7.31. Mit dem Gedächtnisansatz berechnete statische Kennlinie für die Kupplung nach Bild 7.21

7.4.3 Bestimmung der Koeffizienten der Gedächtnisfunktionen

Wie sich die Momente bei einer vorgegebenen Verformung additiv aus den drei Anteilen, dem elastischen, dem quasistatischen Reibungsanteil und dem Gedächtnisanteil zusammensetzen (Gl. (7.39)), so bestehen Steifigkeit und Breite der Hystereseschleife ebenfalls aus diesen drei Anteilen mit

$$c_{T\,dyn} = c_{T\,el} + c_{Tr} + c_{Tg} \tag{7.58}$$

$$c_{T\,stat} = c_{T\,el} + c_{Tr} \tag{7.59}$$

und

mit

$$2m_{Kddyn} = 2\cancelto{0}{m}_{Kd\,el} + 2m_{Kdr} + 2m_{Kdg} \tag{7.60}$$

$$2m_{Kd\,stat} = 2m_{Kdr}\,. \tag{7.61}$$

Zur Bestimmung der Parameter der Gedächtnisfunktionen werden die Unterschiede zwischen den quasistatischen und den dynamischen Eigenschaften ausgewertet, die durch den Gedächtnisanteil beschrieben werden.

abelle 7.2 Meßwerte zur Bestimmung der Koeffizienten der Gedächtnisfunktionen (ohne Vorlast = 0)

upplung: Scheibenkupplung 63° Shore — Kennwerte der Kupplung $K = 7{,}0$

ennmoment $T_{KN} = 800$ Nm — $\varrho = 9{,}2\ \mathrm{s}^{-1}$

ennwinkel $\varphi_N = 16°$ — $\gamma_0 = 19{,}4\ \mathrm{s}^{-1}$

ennsteifigkeit $C_{TN} = 2{,}9$ kNm/rad

ordehnung $\varepsilon_0 = 0$

r.	Frequenz f	Dyn. Amplitude $\hat{m}_K = \frac{T_K}{T_{KN}}$	Gem. dyn. Steifigkeit $C_{T\,dyn}$	Gem. stat. Steifigkeit $C_{T\,stat}$	Gem. Dehnung $\hat{\varepsilon}$	Gem. dyn. Steifigkeitserhöhung $C_{Tg} = C_{T\,dyn} - C_{T\,stat}$	Dyn. Breite der Hysterese $2m_{Kd\,dyn} = \frac{2T_{Kd\,dyn}}{T_{KN}}$	Stat. Breite der Hysterese $2m_{Kd\,stat}$
	Hz		kNm/rad	kNm/rad		kNm/rad		
1	5	0,1	11,6	3,4	0,028	8,2	0,065	0,0313
2	10	0,1	12,5	3,4	0,024	9,1	0,054	0,0268
3	15	0,1	12,85	3,4	0,023	9,45	0,044	0,0258
4	20	0,1	12,9	3,4	0,022	9,5	0,042	0,0246
5	25	0,1	13,9	3,4	0,021	10,5	0,04	0,0235
6	5	0,2	8,28	2,58	0,075	5,7	0,162	0,084
7	10	0,2	8,68	2,58	0,074	6,12	0,116	0,083
8	15	0,2	9,23	2,58	0,078	6,65	0,1	0,0874
9	20	0,2	9,28	2,58	0,077	6,7	0,11	0,0862
0	25	0,2	9,38	2,58	0,077	6,8	0,098	0,0862
1	5	0,3	5,6	2,4	0,164	3,2	0,19	0,134
2	10	0,3	5,92	2,4	0,161	3,52	0,156	0,133
3	15	0,3	5,88	2,4	0,16	3,48	0,134	0,132
4	20	0,3	6,0	2,4	0,152	3,6	0,128	0,128
5	25	0,3	7,3			3,9		
6	5	0,4	4,5	2,4	0,251	2,1	0,232	0,182
7	10	0,4	4,56	2,4	0,243	2,16	0,211	0,170
8	15	0,4	4,6	2,4	0,205	2,2	0,198	0,156
9	20	0,4						
0	25	0,4						
1	5	0,5	4,48	2,43	0,308	2,05	0,274	0,187
2	10	0,5	4,35	2,43	0,314	1,92	0,27	0,189
3	15	0,5						
4	20	0,5						

Prinzipiell ist es möglich, neben der Zunahme der Breite der Hystereseschleife und der Zunahme der Steifigkeit auch die Relaxationsfunktionen der Kupplung als Berechnungsgrundlage für die Gedächtnisfunktionen zu verwenden. Bei der Bestimmung der Relaxationsfunktion, aus der unmittelbar die Gedächtnisfunktion gewonnen werden kann, ergeben sich jedoch physikalisch bedingte Schwierigkeiten. Das Massenträgheitsmoment der Kupplung läßt es nicht zu, einen Deformationssprung in Form einer Verdrehung der Kupplung um einen vorgegebenen Winkel innerhalb einer hinreichend kurzen Zeit versuchstechnisch zu verwirklichen.

Man ist also gezwungen, die Gedächtnisfunktionen indirekt, über Steifigkeitserhöhung oder Dämpfungszunahme, zu bestimmen. Bei der Auswertung von Versuchskupplungen zeigt sich, daß die Bestimmung der Kennwerte über die Steifigkeit geringere Fehler erbringt und auch Fehlmessungen unmittelbar erkannt werden können. Im folgenden wird daher das Verfahren zur Bestimmung der Kennwerte aus den dynamischen Steifigkeiten angegeben.

Wie (7.38) zeigt, geht in die Steifigkeitserhöhung c_{Tg} die Vorlast (gegeben durch ε_0) ein. Die Parameter γ_0 und ϱ beschreiben das dynamische Verhalten bei $\varepsilon_0 = 0$ und die Wertepaare δ_0 und λ das dynamische Verhalten bei $\varepsilon_0 = 0{,}5$ (dann ist $1 - 2\varepsilon_0 = 0$). Werden die dynamischen Versuche bei Vorlasten von $\varepsilon_0 = 0$ und 0,5 gefahren, so wird die Auswertung erheblich erleichtert, da sich die Zahl der Unbekannten von 4 auf 2 reduziert.

Für $\varepsilon_0 = 0$, also für reine Wechsellast und $\varepsilon_0 = 0{,}5$ bei reiner Schwellast, vereinfacht sich (7.38) zu

$$c_{Tg} = 2\gamma_0 \frac{\Omega}{\varrho^2 + \Omega^2} \frac{\Omega}{\varrho} e^{-K\hat{\varepsilon}} \quad \text{bzw.} \quad c_{Tg} = \delta_0 \frac{\Omega}{\lambda^2 + \Omega^2} \frac{\Omega}{\lambda} e^{-K\hat{\varepsilon}}. \tag{7.62}$$

Bestimmung von K

Der Degressivfaktor K wird mit zwei Versuchen aus den Steifigkeitsanteilen $c_{Tg,i}$ und $c_{Tg,j}$ für unterschiedliche Verformungsamplituden $\hat{\varepsilon}_i$ und $\hat{\varepsilon}_j$ bei festgehaltener Frequenz $\Omega_i = \Omega_j$ aus (7.62) ermittelt zu

$$\frac{C_{Tg,i}}{C_{Tg,j}} = \frac{e^{-K\hat{\varepsilon}_i}}{e^{-K\hat{\varepsilon}_j}}; \qquad K = \frac{\ln(C_{Tg,i}/C_{Tg,j})}{\hat{\varepsilon}_j - \hat{\varepsilon}_i}. \tag{7.63}$$

Mit den Versuchen $i = 1$ und $j = 11$ aus Tab. 7.2 und mit (7.58) und (7.59) können die Steifigkeitsanteile $C_{Tg,i}$ und $C_{Tg,j}$ bestimmt werden. Dazu muß von den gemessenen Steifigkeiten die statischen Steifigkeiten, die aus den quasistatischen Hysteresekurven mit den entsprechenden $\hat{\varepsilon}$-Werten aus Bild 7.21 entnommen werden können, subtrahiert werden:

$$C_{T\,stat,1} = 3{,}4\ \text{kNm/rad}, \qquad C_{T\,stat,11} = 2{,}4\ \text{kNm/rad}$$
$$C_{Tg,1} = C_{T1} - C_{T\,stat,1} = 8{,}2\ \text{kNm/rad}, \qquad C_{Tg,11} = C_{T11} - C_{T\,stat,11} = 3{,}2\ \text{kNm/rad}.$$

Die Auswertung erfolgt mit normierten Größen, so daß $C_{Tg,1}$ und $C_{Tg,11}$ umgewandelt werden müssen in

$$c_{Tg} = C_{Tg} \frac{\varphi_N}{T_{KN}}. \tag{7.64}$$

Mit $\varphi_N = 16° \mathrel{\hat{=}} 0{,}28$ rad ergibt sich

$$c_{Tg,1} = 2{,}86 \quad \text{und} \quad c_{Tg,11} = 1{,}117.$$

Da $\Omega_1 = \Omega_{11}$, gilt

$$\frac{c_{Tg,1}}{c_{Tg,11}} = \frac{e^{-K\hat{\varepsilon}_1}}{e^{-K\hat{\varepsilon}_{11}}}. \tag{7.65}$$

Somit läßt sich K errechnen zu

$$K = \ln\left(\frac{c_{Tg,1}}{c_{Tg,11}}\right)/(\varepsilon_{11} - \varepsilon_1) = \ln\left(\frac{2,86}{1,117}\right)/(0,164 - 0,028) = 6,913\,.$$

Der unter Berücksichtigung aller Punkte gemittelte K-Wert beträgt $K = 7,0$.

Bestimmung von ϱ

Werden die Gedächtnisanteile zweier Steifigkeiten $c_{Tg,i}$ und $c_{Tg,j}$ bei unterschiedlicher Frequenz Ω_i und Ω_j ins Verhältnis gesetzt, so folgt aus (7.66):

$$\begin{aligned}\frac{c_{Tg,i}}{c_{Tg,i}} &= \frac{\Omega_i}{\varrho^2 + \Omega_i^2}\,\frac{\Omega_i}{\varrho}\,e^{-K\hat{\varepsilon}_i}\,\frac{\varrho^2 + \Omega_j^2}{\Omega_j}\,\frac{\varrho}{\Omega_j}\,e^{-K\hat{\varepsilon}_j}\\ &= \left(\frac{\Omega_i}{\Omega_j}\right)^2\frac{\varrho^2 + \Omega_i^2}{\varrho^2 + \Omega_j^2}\,e^{K(\hat{\varepsilon}_j - \hat{\varepsilon}_i)}\end{aligned} \tag{7.67}$$

$$\varrho = \left|\frac{\Omega_i^2\left(e^{K(\hat{\varepsilon}_i - \hat{\varepsilon}_j)} - \dfrac{c_{Tg,j}}{c_{Tg,i}}\right)}{\dfrac{c_{Tg,j}}{c_{Tg,i}}\left(\dfrac{\Omega_i}{\Omega_j}\right)^2 - e^{K(\hat{\varepsilon}_i - \hat{\varepsilon}_j)}}\right|^{1/2} \tag{7.68}$$

Mit den Versuchen $i = 6$ und $j = 7$ aus Tab. 7.2 werden die Gedächtnisanteile ermittelt:

$$\begin{aligned}C_{Tg,6} &= C_{T,6} - C_{T\,stat}(\hat{\varepsilon}_6) = 8,28 - 2,58 = 5,7\ \text{kNm/rad},\\ C_{Tg,7} &= C_{T,7} - C_{T\,stat}(\hat{\varepsilon}_7) = 8,68 - 2,58 = 6,10\ \text{kNm/rad}.\end{aligned}$$

in normierter Schreibweise

$$\begin{aligned}c_{Tg,6} &= 1,99,\\ c_{Tg,7} &= 2,136.\end{aligned}$$

Weiter ist

$$\varrho = \left|\frac{(2\pi\cdot 5)^2\left(e^{7(0,075 - 0,074)} - \dfrac{2,136}{1,99}\right)}{\dfrac{2,136}{1,99}\left(\dfrac{2\pi\cdot 5}{2\pi\cdot 10}\right)^2 - e^{7(0,075 - 0,074)}}\right|^{1/2} = 9,4\ \text{s}^{-1},$$

und die Mittelwertbildung aller ϱ-Werte liefert $\varrho = 9,2\ \text{s}^{-1}$.

Bestimmung von γ_0

Zum Schluß wird γ_0 aus der umgestellten Gl. (7.62) aus der Beziehung

$$\gamma_0 = \frac{c_{Tg,i}(\varrho^2 + \Omega_i^2)\,\varrho}{2\Omega_i^2}\,e^{K\hat{\varepsilon}_i} \tag{7.69}$$

bestimmt. Als Beispiel soll hier Punkt $i = 5$ aus Tab. 7.2 mit $c_{Tg,5} = 3,665$ und $\hat{\varepsilon}_5 = 0,021$ dienen. Die Prüffrequenz war 25 Hz, somit ist

$$\gamma_0 = \frac{3,665\,(9,2^2 + [2\pi\cdot 25]^2)\cdot 9,2}{2\,[2\pi\cdot 25]^2}\,e^{7\cdot 0,021}.$$

Für weitere Berechnungen wird für γ_0 ebenfalls das arithmetische Mittel aller berechenbaren γ_0-Werte aus der Vordehnung $\varepsilon_0 = 0$ herangezogen, was $\gamma_0 = 19,4\ \text{s}^{-1}$ ergibt.

Tabelle 7.3 Meßwerte zur Bestimmung der Koeffizienten der Gedächtnisfunktionen (mit Vorlast $\varepsilon_0 = 0{,}5$)
Kupplung: Scheibenkupplung 63° Shore
Nennmoment $T_{KN} = 800$ Nm
Nennwinkel $\varphi_N = 16°$
Nennsteifigkeit $C_{TN} = 2{,}9$ kNm/rad
Vordehnung $\varepsilon_0 = 0{,}5$

Kennwerte der Kupplung $K = 7{,}0$
$\lambda = 9{,}2\ s^{-1}$
$\delta_0 = 22\ s^{-1}$

Nr.	Frequenz f Hz	Dyn. Amplitude $\hat{m}_K = \frac{T_K}{T_{KN}}$	Gem. dyn. Steifigkeit $C_{T\,dyn}$ kNm/rad	Gem. stat. Steifigkeit $C_{T\,stat}$ kNm/rad	Gem. Dehnung $\hat{\varepsilon}$	Gem. dyn. Steifigkeitserhöhung $C_{Tg} = C_{T\,dyn} - C_{T\,stat}$ kNm/rad	Dyn. Breite der Hysterese $2m_{Kd\,dyn} = \frac{2T_{Kd\,dyn}}{T_{KN}}$	Stat. Breite der Hysterese $2m_{Kd\,stat}$
1	5	0,1	18,05	8,25	0,019	9,8	0,076	0,047
2	10	0,1	18,08	8,25	0,017	9,83	0,058	0,042
3	15	0,1	19,11	8,25	0,016	10,86	0,056	0,04
4	20	0,1	20,95	8,25	0,013	12,7	0,056	0,032
5	25	0,1	21,45	8,25	0,013	13,2	0,054	0,032
6	5	0,2	15,21	6,13	0,037	9,08	0,14	0,093
7	10	0,2	16,15	6,13	0,034	10,02	0,128	0,084
8	15	0,2	16,83	6,13	0,033	10,7	0,118	0,081
9	20	0,2	16,93	6,13	0,034	10,8	0,114	0,0843
10	25	0,2	17,03	6,13	0,034	10,9	0,11	0,0843
11	5	0,3	12,42	5,21	0,066	7,22	0,182	0,117
12	10	0,3	12,88	5,21	0,064	7,67	0,162	0,115
13	15	0,3	12,51	5,21	0,07	7,3	0,152	0,12
14	20	0,3	12,71	5,21	0,068	7,5	0,15	0,118
15	25	0,3	13,13	5,21	0,063	7,92	0,148	0,114
16	5	0,4	9,72	4,47	0,116	5,13	0,254	0,157
17	10	0,4	10,23	4,47	0,109	5,25	0,226	0,151
18	15	0,4	9,27	4,47	0,108	5,76	0,204	0,15
19	20	0,4	9,57	4,47	0,119	4,8	0,19	0,159
20	25	0,4		4,47	0,116	5,1	0,186	0,157
21	5	0,5	7,19	3,78	0,199	3,41	0,27	0,222
22	10	0,5	7,27	3,78	0,195	3,49	0,265	0,21
23	15	0,5	6,9	3,78	0,199	3,12	0,258	0,222
24	20	0,5	0,5					

Die Auswertung für $\varepsilon_0 = 0{,}5$ ist formal identisch mit der für $\varepsilon_0 = 0$, wobei der Degressivexponent K unabhängig von der Vorlast, also von ε_0, ist. λ errechnet sich wie ϱ aus der Formel (7.68), nur daß die einzusetzenden Steifigkeitswerte unter Vorlast ermittelt werden (s. Tab. 7.3)
Mit Versuchspunkt $i = 11$ und $j = 15$ folgt aus Tab. 7.3

$$\lambda = \left[\frac{(2\pi \cdot 5)^2 \left(e^{7(0,066-0,063)} - \frac{2,76}{2,52}\right)}{\frac{2,76}{2,52}\left(\frac{2\pi \cdot 5}{2\pi \cdot 25}\right)^2 - e^{7(0,066-0,063)}} \right]^{1/2} = 8,65\ \mathrm{s}^{-1}.$$

Gemittelt ergibt sich $\lambda = 9,2\ \mathrm{s}^{-1}$.

δ_0 ergibt sich mit $K = 7$ und $\lambda = 9,2\ \mathrm{s}^{-1}$ aus den Werten der laufenden Nr. 4 ($f = 20$ Hz, $C_T = 20,95$ kNm/rad, $\hat{\varepsilon} = 0,013$ und $c_g = 4,43$) mit (7.69)

$$\delta_0 = \frac{4,43\{9,2^2 + (20 \cdot 2 \cdot \pi)^2\} \cdot 9,2}{2 \cdot (20 \cdot 2 \cdot \pi)^2} e^{7 \cdot 0,013} = 22,4\ \mathrm{s}^{-1}.$$

Durch weitere zahlreiche Versuche konnte nachgewiesen werden, daß auch bei überlagerter Vorlast das Relaxationsverhalten nahezu unverändert bleibt. Daraus ergibt sich dann näherungsweise

$$\gamma_0 \approx \delta_0 \quad \text{und} \quad \varrho \approx \lambda,$$

was den Versuchsaufwand auf reine Wechsel- oder Schwellastversuche beschränkt.

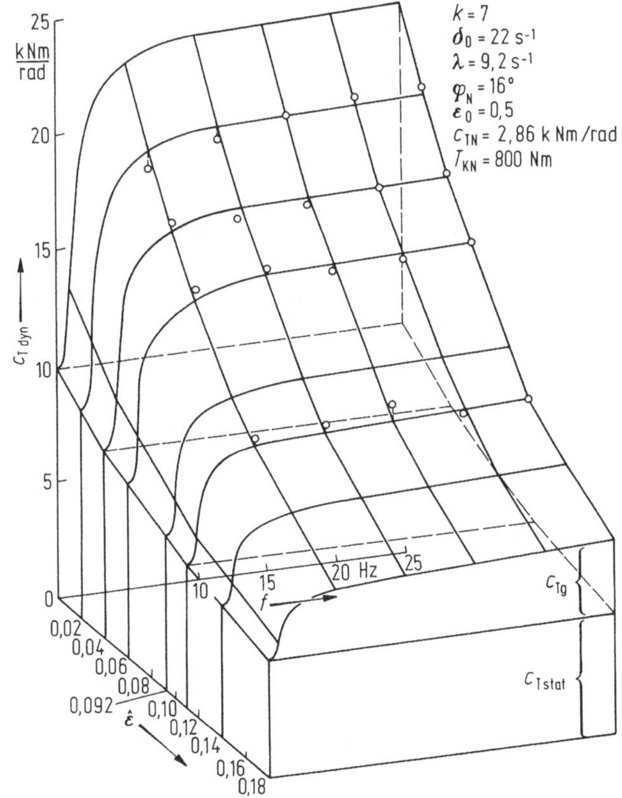

Bild 7.32. Räumliche Darstellung der Steifigkeit $c_{T\mathrm{dyn}}$ einer armierten Scheibenkupplung $T_{KN} = 800$ Nm der Härte 65° Shore A abhängig von Frequenz f und Amplitude $\hat{\varepsilon}$ für die Vorlast $\varepsilon_0 = 0,5$ nach Gl. (7.21) im Vergleich mit Meßwerten

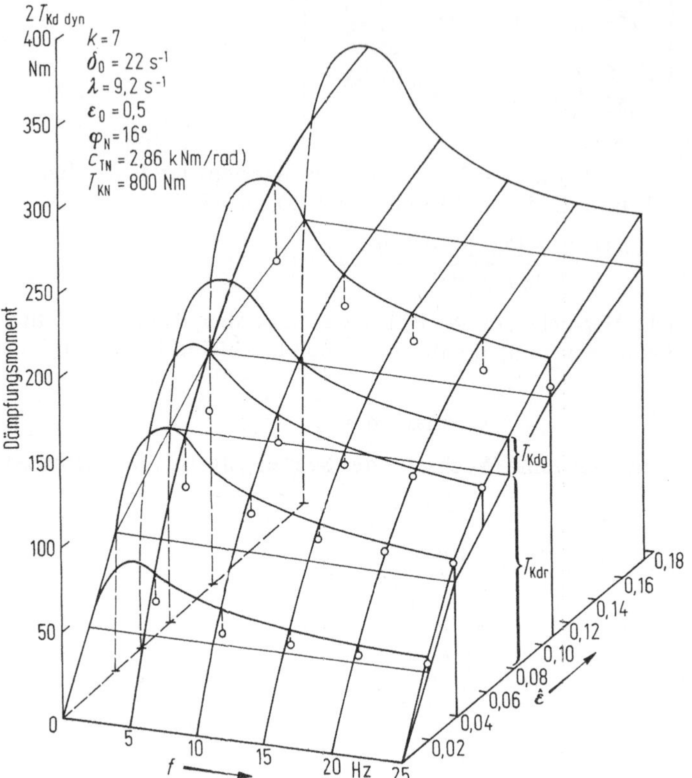

Bild 7.33. Räumliche Darstellung des Dämpfungsmomentes $2T_{\mathrm{Kddyn}}$ einer armierten Scheibenkupplung $T_{\mathrm{KN}} = 800$ Nm der Härte 65° Shore A abhängig von Frequenz f und Amplitude $\hat{\varepsilon}$ für die Vorlast $\varepsilon_0 = 0{,}5$ nach Gl. (7.21) im Vergleich mit Meßwerten

Die Breite der dynamisch erzeugten Hystereseschleifen folgt mit den Kupplungskennwerten aus (7.36) beispielsweise für $\varepsilon_0 = 0$ zu

$$2m_{\mathrm{Kdg}} = 4\gamma_0 \hat{\varepsilon} \frac{\Omega}{\varrho^2 + \Omega^2} \mathrm{e}^{-K\hat{\varepsilon}}. \tag{7.70}$$

Zu diesem Anteil ist dann noch der statische Anteil $2m_{\mathrm{Kdr}}$ zu addieren.

Die mit den Kupplungskennwerten γ_0, δ_0 und ϱ, λ den elastischen Kennlinien und den Reibungsanteilen ermittelten Steifigkeiten und Dämpfungsmomenten wurden den Versuchsergebnissen in den Bildern 7.32 und 7.33 gegenübergestellt.

Es zeigt sich eine befriedigende Übereinstimmung zwischen den berechneten und gemessenen Werten. Von besonderem Interesse ist dabei die durch den Ansatz nach (7.36) und (7.38) gegebene Möglichkeit, die ausgeprägte Wechsellastabhängigkeit dieser Kupplung zu beschreiben.

Die Wechsellastabhängige Steifigkeit von Ausgleichskupplungen mit viskoelastischen Elementen führt in letzter Konsequenz auf einen amplitudenabhängigen Resonanzfrequenzbereich, der nach unten durch die sich bei kleinster Steifigkeit (bei großen Amplituden: statische Steifigkeit) ergebende untere Resonanzfrequenz f_{Ru} und nach oben für die größten — bei den kleinsten auftretenden Amplituden vorhandenen — dynamischen Steifigkeiten durch die obere Resonanzfrequenz f_{Ro} begrenzt wird.

Beim Anfahren einer Maschinenanlage mit drehzahlabhängiger Erregerfrequenz verlagert sich — bei Annäherung der Erregerfrequenz an die obere Resonanzfrequenz — die Resonanzfrequenz durch Resonanzvergrößerung zu niedrigen Werten und unterschreitet gegebenenfalls die Erregerfrequenz. Der kritische Resonanzzustand kann sich somit stark einschränken. Eine weitere Drehzahlsteigerung führt zu kleiner werdenden Amplituden und somit wieder zu einer Erhöhung der Resonanzfrequenz, die jedoch bei überkritischer Maschinenauslegung die Erregerfrequenz nicht mehr erreicht. Die besonders kritischen Lastspitzen bei Resonanzdurchfahrt werden durch die nichtlinearen Eigenschaften der viskoelastischen Elastomere reduziert.

Mit der angegebenen mathematischen Beziehung für das dynamische Kupplungsverhalten ist es möglich, die bislang gehandhabte aufwendige punktweise Beschreibung von Steifigkeit und Dämpfung durch einen geschlossenen mathematischen Ausdruck zu ersetzen. Dazu müssen neben den drei Parametern zur Darstellung der elastischen Kennlinie — Verdrehwinkel bei Nennmoment, m_{K1} und n — die Funktionen $\gamma(s)$ und $\delta(s)$, der Degressivfaktor K sowie die Parameter des Coulombschen Reibungsanteils m_{Kr} experimentell bestimmt werden. Die vorgeschlagene Beziehung erfaßt sehr gut den Einfluß von Amplitude, Vorspannung und Frequenz. Die normierte Darstellung erleichtert den Vergleich auch zwischen unterschiedlichen Baugrößen von Kupplungen und gibt Aufschlüsse über die Art und Form der elastischen Kennlinie. Gegenüber der Bestimmung von Steifigkeit und Dämpfung für definierte Arbeitspunkte ergibt sich mit dem beschriebenen Verfahren neben einer Reduzierung der Datenmenge die Möglichkeit zur geschlossenen Beschreibung des Kupplungsverhaltens über dem ganzen Arbeitsbereich.

Der Vorteil der beschriebenen Methode liegt in der Möglichkeit einer eindeutigen Zuordnung typischer Erscheinungen bei drehelastischen Kupplungen. Man erreicht eine geschlossene Darstellung, die auch dem Anwender in übersichtlicher Form Entscheidungshilfen bei Fragen der Kennlinienbeschreibung bei unterschiedlichsten Betriebsfällen bietet.

Wenn die vollständige Kennlinienbeschreibung nach (7.40) für einen vorgegebenen Belastungsfall als zu aufwendig erscheint, wird man beispielsweise, wenn große Schwingungsamplituden zu erwarten sind, nur mit den statischen Kennlinien arbeiten, die leider in den Katalogen der Kupplungshersteller oft nicht angegeben sind. Erst bei Vorgängen mit kleinen Schwingungsamplituden ist es sinnvoll, mit erhöhten Steifigkeitswerten zu rechnen. Dazu liest man beispielsweise aus Bild 7.32 für einen durch die Verdrehamplitude gegebenen Belastungsfall die Steifigkeitserhöhung gegenüber den statischen Werten ab und korrigiert in (7.39) für statische Kennlinie im Verhältnis der Steifigkeitszunahme.

Eine weitere sehr wichtige Erkenntnis ist die weitgehende Frequenzunabhängigkeit der Breite der Hystereseschleifen. Für die praktische Berechnung bedeutet die Frequenzunabhängigkeit der Dämpfung, daß bei periodischer Belastung im Dämpfungsansatz eine entsprechende Korrektur [28] erforderlich ist, wenn aus mathematisch-praktischen Gründen die Dämpfung mit der Relativverdrehgeschwindigkeit verknüpft wird.

8 Die elastische Ausgleichskupplung im Antriebsstrang

8.1 Der Kupplungseinfluß auf das Anlagenverhalten

Eine im zunehmendem Maße angestrebte Optimierung von Antriebskonzepten etwa nach Gesichtspunkten der Werkstoffausnutzung erfordert eine betriebssichere Strangauslegung, die neben den Aspekten der statischen Belastung auch eine Untersuchung des dynamischen Verhaltens der Anlage erfordert. Da die verwendeten Kupplungen innerhalb eines Antriebsstranges oft einen entscheidenden Einfluß auf das dynamische Strangverhalten haben, können heute mit einer gezielten Beeinflussung dieses Verhaltens durch die Wahl einer geeigneten Ausgleichskupplung in vielen Fällen die früher aufgetretenen Betriebsunterbrechungen oder gar Totalausfälle vermieden werden, die sich aufgrund des Schwingungsverhaltens ergaben.

Es läßt sich dabei etwa die folgende Zuordnung erkennen. Kupplungen mit vorwiegend biegeelastischem oder winkelbeweglichem Verhalten wie Membran- oder Zahnkupplungen kommen vorzugsweise in Maschinenanlagen mit gleichförmigem Momentenverlauf wie etwa Turbinenantrieben zum Einsatz. Vorwiegend drehelastisches und dämpfendes Verhalten wird demgegenüber in Maschinen mit ungleichförmigen Drehmomentenverlauf von der verwendeten Kupplung verlangt.

Als repräsentativ für den letztgenannten Bereich sind Anlagen anzusehen, in denen etwa Kolbenkraft- und Arbeitsmaschinen, Walzwerke, Brecher oder aber auch Elektromotoren bei transienten Betriebszuständen enthalten sind.

Die große Zahl von Bauarten und -formen macht es dem Anwender nicht leicht, die richtige Kupplungsauswahl für seinen Antriebsfall zu treffen, da er das Verhalten einer Kupplung in seiner Anlage nur durch Erfassung des kompletten Stranges beurteilen kann. Als Kriterium für die Auslegung einer elastischen Ausgleichskupplung müssen sowohl die Belastung im stationären wie auch bei transientem Betrieb der Anlage wie Anfahren oder Resonanzdurchlauf herangezogen werden, die während der geforderten Kupplungslebensdauer auftreten.

Außerdem ist es unter Umständen notwendig, bei der Ermittlung der Belastungen von Betriebszuständen auszugehen, die sich aufgrund von Abweichungen der Funktion einzelner Komponenten von deren idealer Arbeitsweise einstellen können. Dazu gehören etwa der Kurzschluß einer elektrischen Antriebs- oder Arbeitsmaschine, Blokkierungen von Maschinenanlagen aufgrund von eingedrungenen Fremdkörpern oder das von ungleichmäßiger Zylinderfüllung bis hin zum Aussetzerbetrieb reichende Anregungsspektrum von Verbrennungsmotoren. In besonderen Fällen ist es sogar notwendig, auch die Folgen von etwaigen Fehlbedienungen oder einer fehlerhaften Regelung mit zu berücksichtigen.

Bei der Betrachtung derartiger Zustände im Rahmen der Auslegung einer Anlage ist zu beachten, daß sich eine Steifigkeitsänderung eines einzelnen Strangelements nicht nur auf die Belastung dieses Elements auswirkt, sondern mehr oder minder starken Einfluß auf das Gesamtverhalten der Anlage ausübt.

Eine Vereinfachung der Strangauslegung durch ein möglichst grobes, aber dabei leicht zu handhabendes Berechnungsmodell, ist daher an bestimmte Anlagenzustände geknüpft und nur für eine begrenzte Variationsbreite der zur Verfügung stehenden Elementparameter geeignet. Daher kann eine Berechnung nur dann ausreichend genau mit einem einfachen Modell durchgeführt werden, wenn es sich z.B. um eine bestehende Anlage handelt und zum Berechnungszeitpunkt schon auf Messungen zurückgegriffen werden kann, die das grundsätzliche Anlagenverhalten innerhalb der als kritisch einzustufenden Zustände beschreiben. Sollen Erfahrungen mit anderen Anlagen verwendet werden, so muß dabei der Übertragbarkeit der Ergebnisse, also der dynamischen Ähnlichkeit der beiden Anlagen, entsprechende Aufmerksamkeit gewidmet werden, da diese als Berechnungsvoraussetzung eine Grundlage der weiteren Auslegung darstellt.

8.1.1 Auswirkungen des dynamischen Anlagenverhaltens

Jeder Antriebsstrang stellt grundsätzlich ein schwingungsfähiges System dar. Er kann durch äußere Einwirkung oder die periodische Änderung innerer Parameter zu Schwingungen angeregt werden. Ein derartiger Zustand führt jedoch gegenüber dem schwingungsarmen Stationärbetrieb zu Belastungserhöhungen und wird nur in Ausnahmefällen von der Aufgabenstellung der Anlage her gefordert.

Dem dynamischen Verhalten der Anlage entsprechend ergibt sich eine derartige Lastüberhöhung im allgemeinen jedoch nur während einzelner Betriebszustände, bei denen Anregungsmechanismus und Eigenverhalten zueinander passen. Läßt sich der Betrieb der Anlage in diesen Bereichen nicht vermeiden oder wenigstens auf sehr kurze Verweildauern etwa während eines Hochlaufs verkürzen, so muß ein derartiger Zustand als kritisch und damit für die Anlagenauslegung relevant eingestuft werden.

Der Einfluß, den das dynamische Verhalten der Anlage im Zusammenhang mit einer betriebsbedingten Anregung auf die Belastung von Anlagenkomponenten haben kann, soll im folgenden anhand von Meßergebnissen an verschiedenen Anlagen erläutert werden. Es lassen sich grundsätzlich etwa drei Bereiche unterscheiden:

- unvermeidbare instationäre Anlagenzustände (Anfahren, Resonanzdurchfahrt, Stern-Dreieck-Umschaltung),

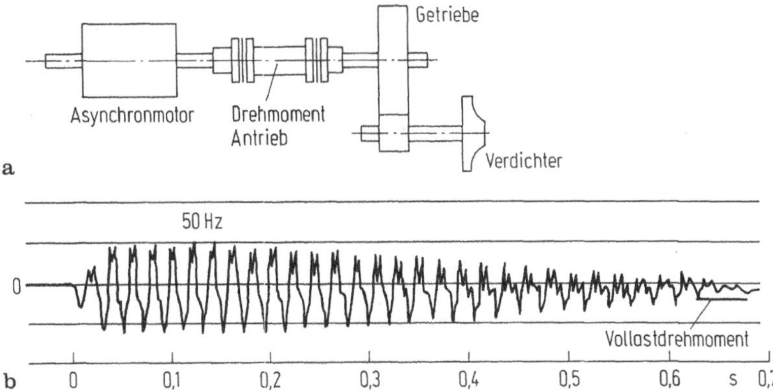

Bild 8.1a u. b. Asynchronmotor mit Turboverdichter. a) Antriebsstrang (versetzt durchlaufende Welle); b) Drehmomentenverlauf

- stationäre Betriebszustände (Arbeitsprinzip der Anlage wirkt als Anregung),
- außergewöhnliche (vermeidbare) Anlagenzustände (Kurzschluß, Notabschaltung, Zylinderausfall).

Dem ersten Bereich „unvermeidbare instationäre Anlagenzustände" ist zum Beispiel das Anfahrverhalten einer Verdichteranlage bestehend aus Asynchronmotor, Übersetzungsgetriebe und Turboverdichter zuzuordnen, die auf dem Bild 8.1 schematisch dargestellt ist. Aufgrund der bei diesem Antriebsstrang zufällig benachbarten Lage einer Torsionseigenfrequenz und der Netzfrequenz entsteht hier eine deutliche, resonanzartige Drehmomentüberhöhung unmittelbar nach dem Anlauf, die praktisch als reine Wechselbelastung auf das Übersetzungsgetriebe wirkt und das Vollastmoment deutlich übersteigt.

In einem weiteren Beispiel handelt es sich um das Anlaufverhalten eines Belüftungsaggregats zur Abwasseraufbereitung. Es besteht aus einem in Bild 8.2 dargestellten Abwasserkreisel, der von einem Asynchronmotor angetrieben wird. Aufgrund des relativ großen Anlaufmomentes des Motors wird die Torsionsgrundschwingung durch den Momentenverlauf des Motors beim Einschalten angestoßen. Die abklingende Schwingung erzeugt dabei innerhalb des Stranges etwa das Doppelte der Belastung, die dem Stationärbetrieb entspricht.

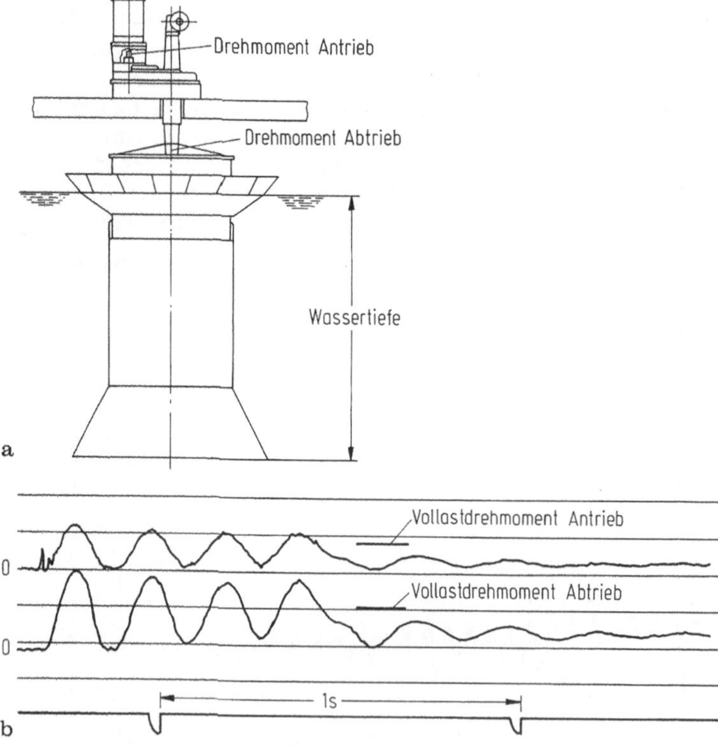

Bild 8.2a u. b. Asynchronmotor mit Abwasserkreisel. a) System und Meßstellen; b) Momentenverläufe

Reine Resonanzdurchläufe mit nicht zu vernachlässigenden resultierenden Belastungen werden an zwei weiteren Beispielen durch Messungen nachgewiesen. Bild 8.3 zeigt eine Turboverdichteranlage, in der ein Synchronmotor über Zahnkupplungen und Übersetzungsgetriebe die beiden Stufen eines Turboverdichters antreibt. Der beim Hochlauf aufgenommene Drehmomentenverlauf zeigt unmittelbar nach dem Anlauf Drehmomentenanteile mit einer Frequenz von 50 Hz, die zwar eine Wechselbelastung für die Getriebe darstellen, aber unterhalb des Vollastmoments bleiben.

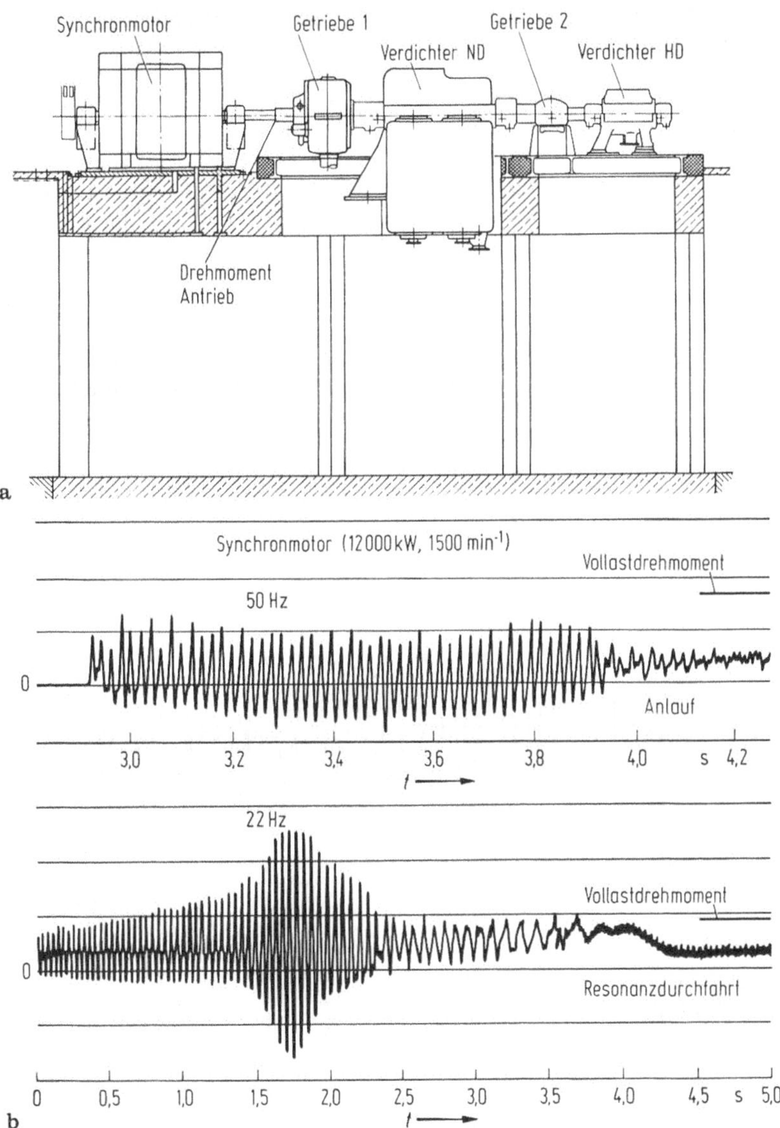

Bild 8.3 a u. b. Synchronmotor mit zweistufigem Turboverdichter. a) System und Meßstelle; b) zwei Bereiche des gleichen Momentenverlaufs

Durch das Anregungsspektrum des Synchronmotors, das zwischen dem Einschalten und dem Synchronpunkt alle Frequenzen zwischen 100 und 0 Hz enthalten kann, wird etwa 20 s später eine bei ca. 22 Hz liegende Eigenfrequenz angeregt. Die dabei entstehende Momentenüberhöhung innerhalb der Resonanz ergibt sich entsprechend dem gemessenen Verlauf zu einer nahezu dreifachen Vollastüberhöhung.

Noch gravierendere Lastüberhöhungen zeigen sich zum Beispiel in dem Momentenverlauf eines Prüfstandsaufbaus entsprechend Bild 8.4. Er enthält eine V6-Viertakt-Dieselmotor, der über eine elastische Kupplung eine Wasserwirbelbremse antreibt. Die Bremse ist während des Hochlaufs nicht mit Wasser beaufschlagt und wirkt ausschließlich durch ihr Massenträgheitsmoment. Das Vollastdrehmoment des Motors wird im Bereich der Gelenkwelle zwischen Kupplung und Bremse etwa um den Faktor 9 vergrößert, wenn die Harmonischen des Motors die jeweilige Eigenfrequenz des Prüfstands anregen.

Als letztes Beispiel in diesem Bereich sei auf die mögliche Anregung eines Antriebssystems mit Elektromotor durch eine Stern-Dreieck-Umschaltung während des Hochlaufs hingewiesen, die zur Verminderung des Anfahrmomentes und des entsprechenden Stroms verwendet wird.

Das Anlaufverhalten des auf Bild 8.5 dargestellten Kühlturmventilators, der von einem Asynchronmotor über einen zwischengeschalteten Kegelradsatz angetrieben wird, läßt sich aus dem gemessenen Wellenmoment ableiten. Deutlich zeichnen sich sowohl nach dem Einschalten wie auch dem Umschalten Schwingungen des Systems mit den unteren Eigenfrequenzen ab. Während der Momentenumkehr durch das Um-

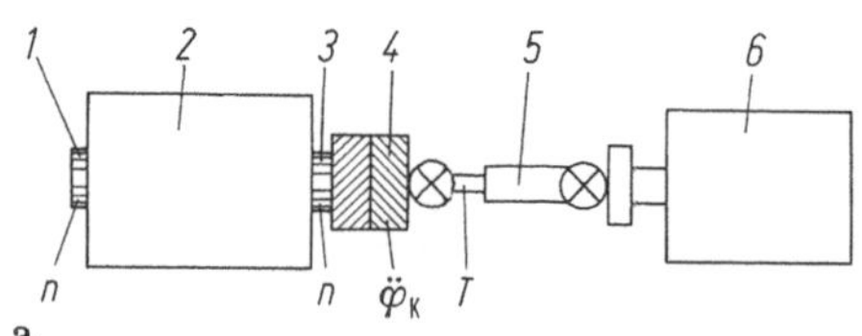

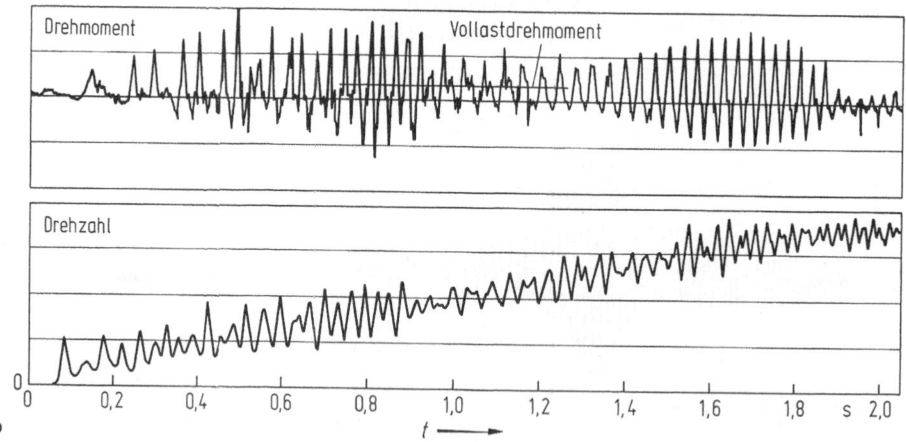

Bild 8.4a u. b. Dieselmotorischer Antrieb. a) System und Meßstelle, *1* Zahnscheibe, *2* Motor, *3* Anlasserritzel, *4* Kupplung, *5* Gelenkwelle, *6* Bremse; b) aufgenommener Momenten- und Drehzahlverlauf

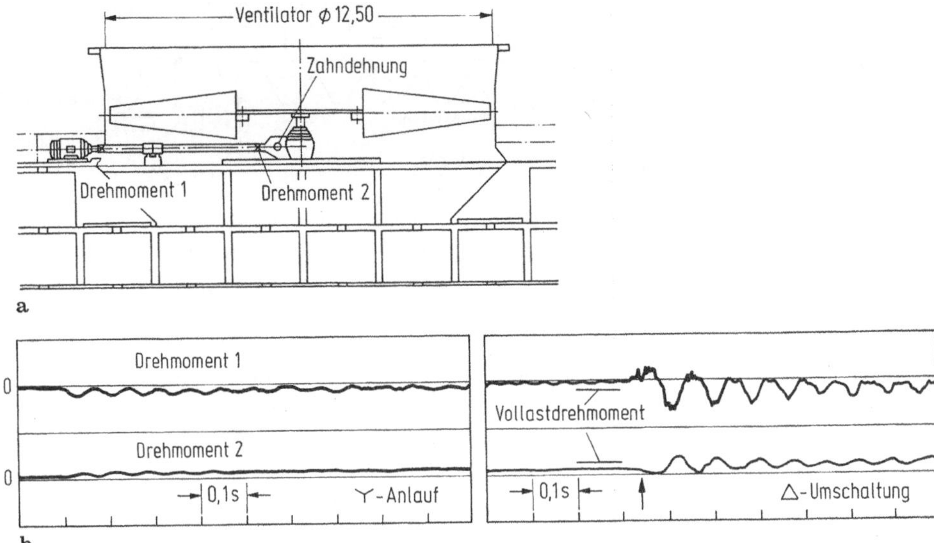

Bild 8.5a u. b. Asynchronmotor als Antrieb eines Kühlturmventilators. a) System und Meßstellen; b) Verlauf der beiden gemessenen Drehmomente

schalten wird das in dem Strang befindliche Spiel erkennbar. Bei den bis jetzt aufgeführten Beispielen handelt es sich um transiente Anlagenzustände, die zwar nicht vermeidbar sind, aber in ihrer Wirkung auf die Lebensdauer einzelner Anlagenkomponenten erst durch eine entsprechende Anzahl von Anfahrvorgängen entscheidend werden. Voraussetzung ist dabei die Tatsache, daß sich die auftretenden Lastüberhöhungen nicht in einer Größenordnung bewegen, die zum Gewaltbruch einer Anlagenkomponente führt.

Die Aufgabe einer elastischen Ausgleichskupplung muß in einem derartigen Zustand die Dämpfung der sich ausbildenden Schwingung sein. Aufgrund der dabei entstehenden Kupplungswärme ist es für die Lebensdauer der Kupplung aber entscheidend, wie schnell die Resonanzstelle durchfahren wird, da sich mit fallender mittlerer Systembeschleunigung die Schwingamplituden sowie die Dauer der Resonanzdurchfahrt vergrößern.

Der Grenzfall dieses Zustands mit verschwindender mittlerer Beschleunigung stellt den stationären Betriebspunkt dar. Selbst geringe Anregungen können sich daher schon systemschädigend auswirken, wenn keine entsprechende dynamische Abstimmung von System und Anregung erreicht werden konnte. Als Beispiel sei hier auf das Verhalten einer Sinteranlage entsprechend Bild 8.6 verwiesen. Bei der Stahlerzeugung werden heute sogenannte Sintermaschinen eingesetzt, mit denen eine Vorreduktion des Eisenerzes vorgenommen wird. Aufgrund des Antriebskonzeptes mit einem sternförmigen Antriebsrad, das die Rostwagen mit dem Rohmaterial durch die Anlage treibt, wird aufgrund des entstehenden Polygoneffekts am Antriebsrad die tieffrequente Grundschwingung der Anlage angeregt. Bezeichnend sind vor allem die auftretenden Anlagewechsel im Getriebe, die sich im Momentenverlauf abzeichnen. Daß auch Dauerbetrieb transiente Komponenten aufweisen kann und so ohne unmittelbare Einwirkung der Antriebs- oder Arbeitsmaschine zu erheblichen Belastungen führen

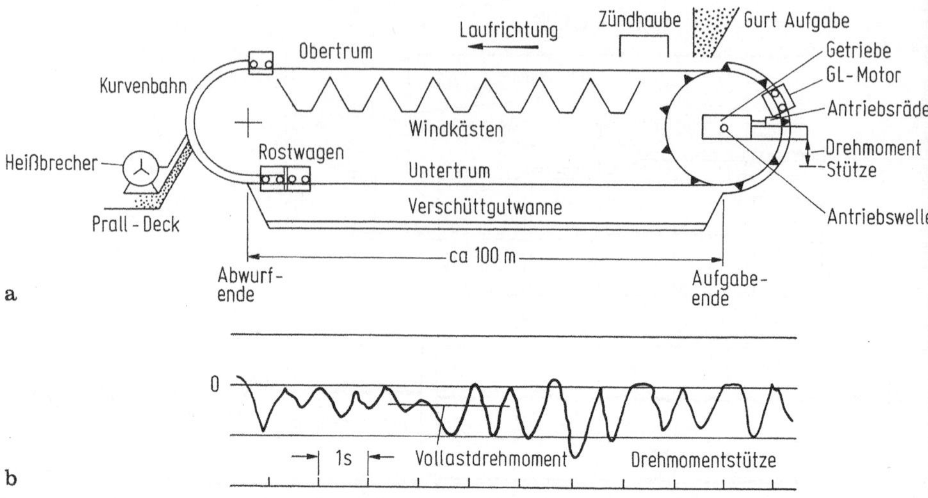

Bild 8.6 a u. b. Antriebssystem einer Sintermaschine. a) schematische Darstellung der Anlage b) Momentenverlauf in der Drehmomentstütze

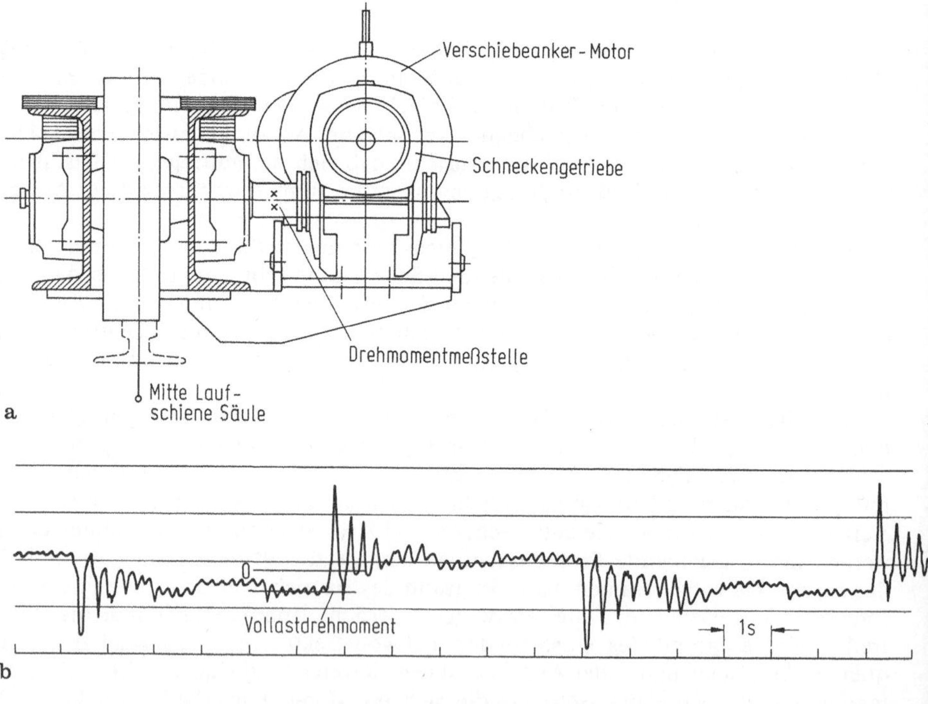

Bild 8.7 a u. b. Antriebssystem eines Regalförderzeugs. a) schematische Darstellung mit der Drehmomentenmeßstelle; b) Momentenverlauf bei reversierendem Anlagenbetrieb

kann, wird am folgenden Beispiel deutlich. Es handelt sich um das Antriebssystem eines Regalförderzeuges in einem Hochregallager, welches in Bild 8.7 dargestellt ist. Die Betriebsweise eines derartigen Antriebs ist, wie auch aus dem Drehmomentenverlauf im Strang ersichtlich, durch Anfahr- und Bremsvorgänge als reversierender Betrieb gekennzeichnet.

Die als Ein- oder Zweimastgeräte ausgebildeten Fahrzeuge mit Höhen bis zu 30 m sind sehr schwingwillig. Es entstehen Biegeschwingungen des Mastes gegenüber der Bodentraverse bei denen sich aus Gleichgewichtsgründen die Bodentraverse bei fahrendem Gerät gegenphasig zum Schwerpunkt des Mastes bewegt. Daraus resultierend kommt es im Antriebssystem bei den Beschleunigungs- und Bremsvorgängen zu erheblichen dynamischen Belastungen mit einer Frequenz, die der ersten Biegeeigenschwingung des Förderzeugs entspricht. Die häufige Anzahl von Reversionsvorgängen, die mit dem Betrieb der Anlage verbunden ist, macht es also notwendig, alle Anlagenkomponenten entsprechend zu dimensionieren.

Im Gegensatz zu den unvermeidbaren, dynamisch geprägten Anlagenzuständen ist es darüber hinaus bei manchen Anlagen notwendig, auch einen Betrieb der Anlage mit zum Teil gestörten Anlagenkomponenten zu ermöglichen. Im Bereich der Schiffsantriebe durch Hubkolbenmotoren etwa kam der Germanische Lloyd nach einer entsprechenden Untersuchung zu der Feststellung: „Es muß wohl davon ausgegangen werden, daß der in der Praxis darzustellende Betrieb (eines Schiffsantriebs) irgendwo zwischen dem Nennbetrieb bei 100%igem Abgleich aller Zylinder und dem gestörten Betrieb bei Ausfall eines Zylinders liegt“. Daraus resultiert die unabdingbare Notwendigkeit, zum Beispiel bei Schiffsantrieben das Drehschwingungsverhalten auch für den Fall des Aussetzerbetriebs auszulegen, wie es auch bereits von einigen Klassifikationsgesellschaften verlangt wird [74].

Die Wirkung eines aussetzenden Zylinders in einer Generatoranlage, bei der ähnliche Bedingungen vorliegen, ist für 2/3 Last und Vollast im Bild 8.8 dargestellt. Obwohl

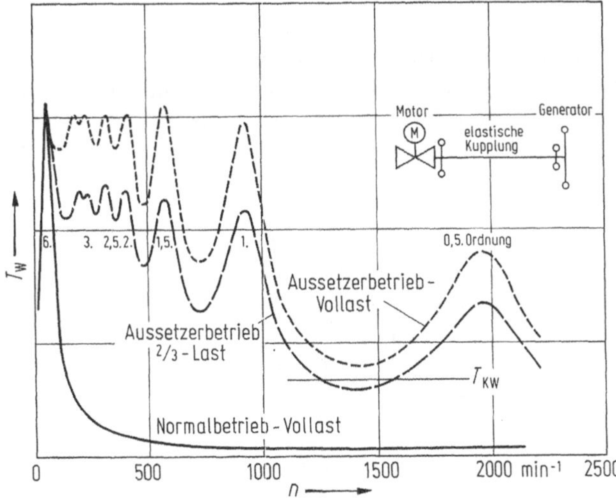

Bild 8.8. Kupplungsbelastung eines Generatoraggregates bei Normalbetrieb und Aussetzerbetrieb

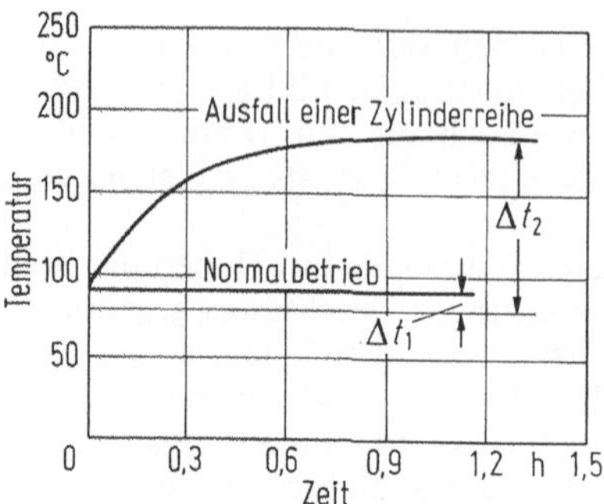

Bild 8.9. Temperaturverlauf des Viskositätsdämpfers bei Normalbetrieb und Ausfall einer Zylinderreihe

der Betriebspunkt der Anlage bei $n = 1\,500\ \text{min}^{-1}$ noch relativ günstig in einem „Tal" zwischen den „Resonanzbergen" der 0,5 und 1. Ordnung liegt, befindet sich die „Talsohle" immer noch über der Dauerfestigkeit T_{KW} der Kupplung. Um mit dieser Anlage die zulässige Belastung für die Kupplung nicht zu überschreiten, ist eine Leistungsreduzierung des Aggregats auf etwa 2/3 Last erforderlich. Die Folgen dieses Effekts lassen sich für einen anderen Anwendungsfall am Temperaturverlauf des Viskositätsdämpfers aus Bild 8.9 erkennen.

Beachtenswert ist dabei die Tatsache, daß die abgebildete Temperaturerhöhung zusätzlich zu einer Verminderung der Dämpfwirkung beiträgt und so die Anlagenbelastung weiter erhöht. Ein weiterer Betriebszustand, der ebenfalls nicht als Normalzustand angesehen werden kann, aber unter Umständen bei der Auslegung mit berücksichtigt werden muß ist z. B. ein Netzausfall oder die Notabschaltung einer Anlage.

Die Reaktion einer Anlage, bestehend aus einem Vierzylinder-Reihen-Viertakt-Ottomotor und einer Arbeitsmaschine mit „glattem" Momentenverlauf wird während des Normalbetriebs einzig durch die dynamischen Systemeigenschaften und die Anregung durch den Verbrennungsmotor bestimmt. Im Falle des vorliegenden Beispiels war es bei einer Schnellabschaltung der Anlage durch Schließen der Drosselklappen nicht möglich, Last- und Antriebsmoment gleichmäßig abzusenken. Da sich das Lastmoment nur langsam verminderte, wurde die Drehzahl des Verbrennungsmotors bis unter seine Leerlaufdrehzahl gedrückt und erreichte mit der damit verbundenen Anregung die erste Systemeigenfrequenz. Der in diesem Zustand gemessene Momentenverlauf (Bild 8.10) macht die damit erzeugte Strangbelastung deutlich. Eine theoretische Be-

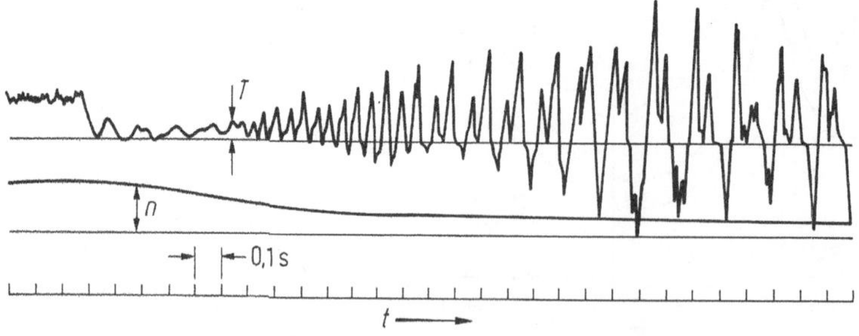

Bild 8.10. Kupplungsmomenten- und Drehzahlverlauf beim Abschalten einer Anlage, die von einem Vierzylinder-Viertakt-Ottomotor angetrieben wird

urteilung speziell dieses Vorgangs ist dabei besonders kompliziert, da sich in diesem Verlauf auch Einflüsse der Motoraufhängung wiederspiegeln, die z.B. in einem reinen Torsionsmodell nur sehr schwer darstellbar sind.

Die mathematische Erfassung derartiger Vorgänge mit relativ einfachen Schwingungsmodellen ist oft nur basierend auf einer weitreichenden Erfahrung möglich, die demzufolge entsprechend stark typenbezogen ist. Die Übertragbarkeit von Erkenntnissen kann erst durch Berechnungsmodelle gewährleistet werden, die in ihrem Umfang eine Abstraktion der Erfahrungen bis auf eine Ebene gestatten, welche die grundsätzliche Charakterisierung der betrachteten Anlage zuläßt. Erst auf dieser Basis ist der Vergleich verschiedener Anlagen und damit eine Entscheidung über die Übertragbarkeit von Erfahrungen möglich.

8.2 Entwicklung der Bewegungsdifferentialgleichungen

Das Drehschwingungsverhalten der eben beschriebenen Antriebssysteme läßt sich bei verallgemeinerter Betrachtungsweise durch ein System rheonichtlinearer Differentialgleichungen erfassen, die entsprechend dem zugrundeliegenden Ersatzsystem miteinander gekoppelt sind. Die Herleitung der Differentialgleichungen läßt sich am besten mit Hilfe der Lagrangschen Gleichung durchführen. Dadurch wird gewährleistet, daß alle Terme in den Bewegungsgleichungen berücksichtigt werden.

Ausgangspunkt für die Berechnung ist die Darstellung der Maschinenanlage durch ein Ersatzmodell aus diskreten Massenträgheitsmomenten oder Massen, masselosen Steifigkeits- sowie Dämpfungselementen. Für dieses Modell werden die Bewegungsdifferentialgleichungen aufgestellt.

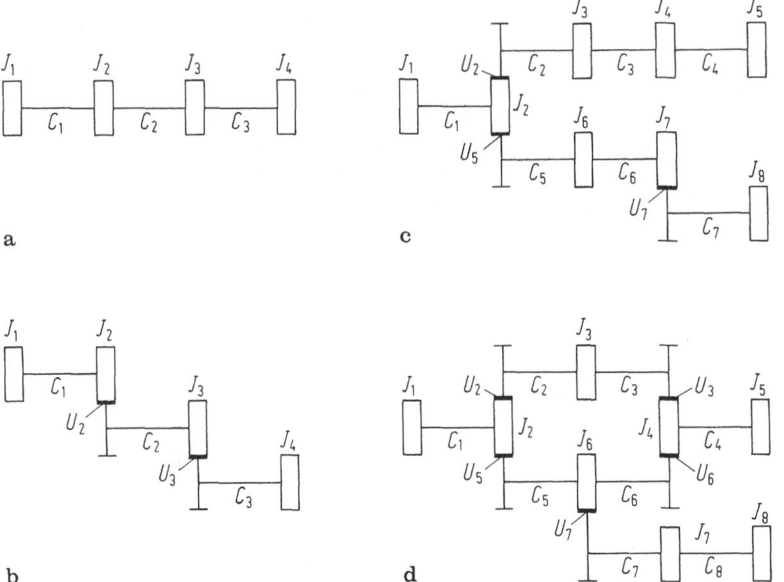

Bild 8.11a–d. Schematische Darstellung von technisch möglichen Antriebsstrangkonfigurationen. a) gerader Antriebsstrang; b) gerader Antriebsstrang mit Übersetzungen; c) Antriebsstrang mit Verzweigung; d) Antriebsstrang mit Vermaschung und Verzweigung

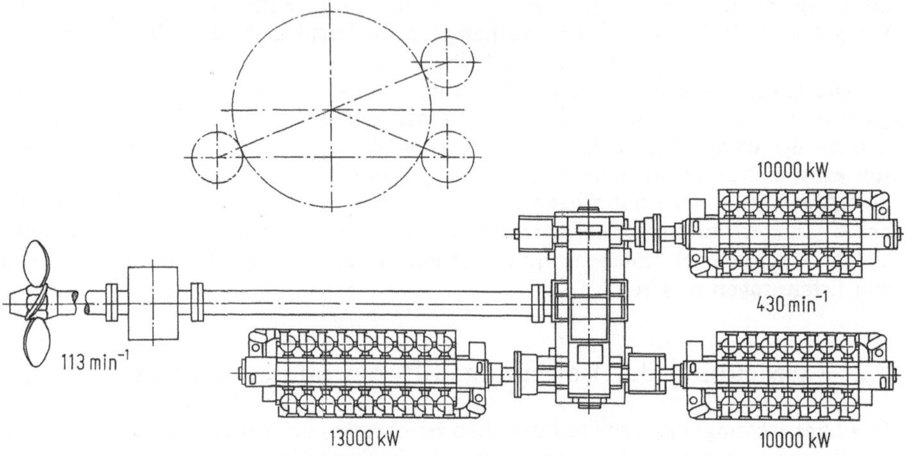

Bild 8.12. Mehr-Motoren-Schiffsantrieb

Nach Bild 8.11 lassen sich die Ersatzsysteme je nach Verknüpfung der Massen durch Feder- und Dämpfungselemente in vier Gruppen aufteilen.

a) Gerader Antriebsstrang ohne Übersetzung,
b) Gerader Antriebsstrang mit Übersetzung,
c) Antriebsstrang mit Verzweigung,
d) Antriebsstrang mit Vermaschung (und Verzweigung).

Ersatzsysteme der Gruppe a lassen sich für fast alle Antriebsstränge aufstellen, wenn man sich auf wenige Freiheitsgrade und damit Massen beschränkt und damit die Übertragungseigenschaften der Antriebselemente global erfaßt. Bildet man die Antriebsstränge genauer auf ein Ersatzsystem unter Berücksichtigung von unter- und übersetzenden Getrieben ab, so ergeben sich in der Regel Schwingungsmodelle der Gruppen b bis d. Erweiterte Modelle ermöglichen eine bessere Berücksichtigung des Eigenverhaltens sowie der Kennlinien und Übertragungseigenschaften der eingesetzten Antriebselemente.

Zu der in Bild 8.11 gezeigten schematischen Darstellung von Antriebssträngen lassen sich etwa folgende Beispiele anführen. Bei dem Turboverdichter in Bild 8.13 han-

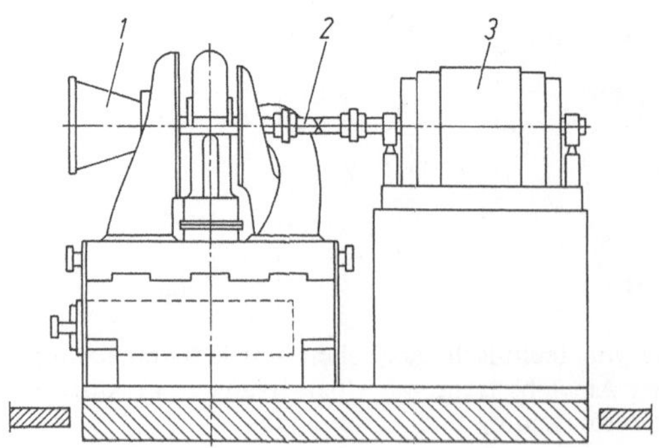

Bild 8.13. Vierstufige Getriebe-Verdichteranlage mit Antrieb durch Synchronmotor über Zahnkupplungen. *1* Getriebeverdichter, *2* Drehmoment Antrieb, *3* Synchronmotor

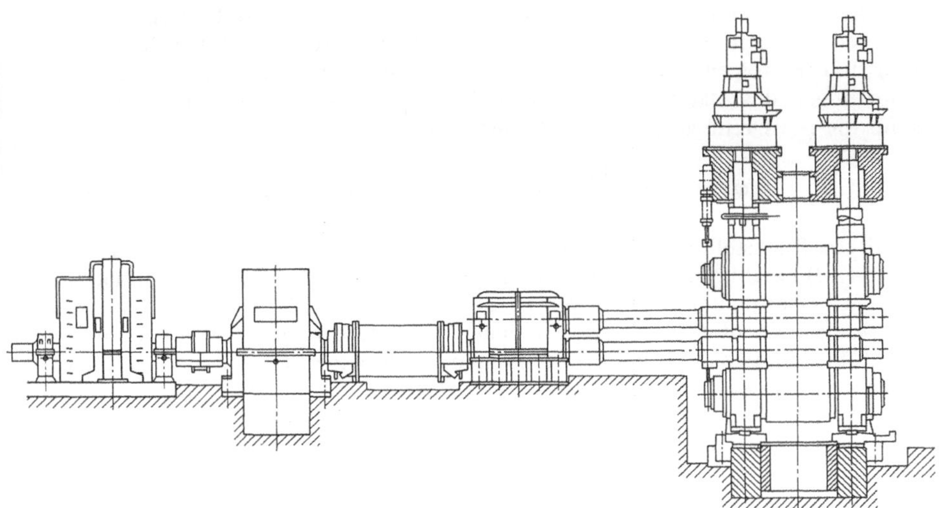

Bild 8.14. Warmbreitband-Fertiggerüst

delt es sich um einen geraden, aber versetzt durchlaufenden Antriebsstrang entsprechend Bild 8.11b. Als Beispiele mit Leistungsverzweigung (Bild 8.11c) können Mehrmotoranlagen in Schiffen (Propulsionsanlagen, Bild 8.12) angeführt werden. Antriebsanlagen, die geschlossene Wellensysteme enthalten (Bild 8.11d), sind vornehmlich in Walzwerken (Bild 8.14) anzutreffen. Durch die Kraftübertragung im Walzspalt ergibt sich eine Kopplung der Arbeitswalzen durch das sogenannte Kammwalzgetriebe.

Bild 8.15 zeigt das allgemeine Ersatzsystem für die i-te Masse eines Drehschwingers. Das Massenträgheitsmoment $J_i\ (\varphi_i)$ ist u. U. eine periodische Funktion des Drehwinkels, wie es sich bei Hubkolbentriebwerken ergibt, bei denen der gesamte Kolbentrieb auf einen Freiheitsgrad reduziert worden ist. Neben den von außen angreifenden Erregermomenten $M_i\ (t,\ \varphi_i,\ \dot{\varphi}_i)$ wirken auf das Massenträgheitsmoment $J_i\ (\varphi_i)$ die durch die vor- und nachgeschalteten Wellen erzeugten elastischen und dämpfenden Wellenmomente.

An die Drehmasse J_i greift das schon als Erregermoment bezeichnete äußere Moment $M_i\ (t,\ \varphi_i,\ \dot{\varphi}_i)$ an, das im idealisierten Fall durch eine reine Zeitfunktion darge-

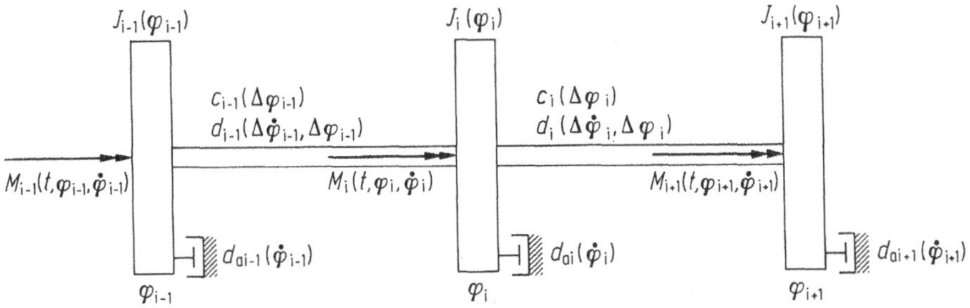

Bild 8.15. Drehschwingungsersatzsystem

stellt werden kann, während es bei größeren Ansprüchen an die Abbildungsgenauigkeit entsprechend den realen Antriebsvorgängen Abhängigkeiten von den Bewegungsgrößen φ_i und $\dot{\varphi}_i$ zeigen muß. Durch die Anwendung der Lagrangeschen Gleichung und Hinzufügen des Dämpfungsgliedes ergibt sich die allgemeine Differentialgleichung für die i-te Drehmasse eines Antriebssystems.

$$J_i(\varphi_i)\,\ddot{\varphi}_i + \frac{1}{2}\,\frac{\partial J_i(\varphi_i)}{\partial \varphi_i}\,\dot{\varphi}_i^2 + T_{Ri} + T_{Di} = M_i(t, \varphi_i, \dot{\varphi}_i)\,. \tag{8.1}$$

Das elastische Rückstellmoment T_{Ri} kann z. B. durch einen linearisierten Ansatz entsprechend (8.2) beschrieben werden. Kommt eine elastische Ausgleichskupplung oder ein ähnliches Übertragungselement vor, so ist in dem Ausdruck für T_{Ri} der Ansatz für das Kupplungsmoment $T_K = m_K T_{KN}$ (m_K nach (7.24)) zu berücksichtigen. Die Steifigkeit C_T ist für derartige, nichtlineare Momentenkennlinien eine Funktion der Relativverdrehung

$$T_{Ki} = -C_{T,i-1}\Delta\varphi_{i-1} + C_{T,i}\Delta\varphi_i \tag{8.2}$$

mit

$$\Delta\varphi_i = \varphi_i - \varphi_{i+1}; \qquad c_{T,i} = f(\Delta\varphi_i)\,.$$

Parameteranregung wie etwa durch den Steifigkeitsverlauf einer Verzahnung wird durch eine periodische Abhängigkeit der Steifigkeit von $\Delta\varphi_i$ erreicht, die damit implizit zeitabhängig ist.

Analog läßt sich das Dämpfungsmoment T_{Di} aus der Relativdämpfung in der vor- und nachgeschalteten Welle sowie der Absolutdämpfung der Masse J_i wie in (8.3) beschreiben:

$$T_{Di} = -d_{i-1}\Delta\dot{\varphi}_{i-1} + d_i\Delta\dot{\varphi}_i + d_{ai}\,\dot{\varphi}_i \tag{8.3}$$

mit

$$\Delta\dot{\varphi}_i = \dot{\varphi}_i - \dot{\varphi}_{i+1}; \qquad d_i = f(\Delta\dot{\varphi}_i, \Delta\varphi_i); \qquad d_{ai} = f(\dot{\varphi}_i)\,.$$

Die Koeffizienten der Relativ- und Absolutdämpfung sind bei einem geschwindigkeitsproportionalen Dämpfungsansatz Konstanten, während sie bei nichtlinearen Dämpfungsgesetzen Funktionen der Relativ- bzw. Absolutgeschwindigkeit sind. In Sonderfällen kann die Relativdämpfung auch von der Relativverdrehung $\Delta\varphi_i$ abhängen.

8.2.1 Analytische Lösungsverfahren für die Bewegungsdifferentialgleichungen

Die theoretische Behandlung der dargestellten Schwingungsvorgänge im Bereich der Antriebstechnik führt auf lineare oder nichtlineare Bewegungsdifferentialgleichungen 2. Ordnung. Schwingungssysteme mit nichtlinearen Rückstellgliedern lassen sich oft in einer ersten Näherung durch lineare Gleichungen beschreiben, wenn man nur kleine Auslenkungen in den Arbeitspunkten zuläßt. Da die Behandlung nichtlinearer Differentialgleichungen wesentlich komplizierter als die der linearen ist, beschränkt man sich häufig auf lineare Modelle.

Für lineare, inhomogene Bewegungsdifferentialgleichungen mit konstanten Koeffizienten in der Form

$$\ddot{y} + a_1\dot{y} + a_2 y = F(t) \tag{8.4}$$

läßt sich die Gesamtlösung mit Hilfe des Superpositionsprinzips durch Überlagerung der homogenen und der partikulären Lösung angeben:

$$y = y_h + y_p\,. \tag{8.5}$$

Die homogene Lösung ergibt sich in der Form eines komplexen Exponentialansatzes (8.6), wobei die Exponenten aus den Wurzeln λ_i der charakteristischen Gleichung der Differentialgleichung bestimmt werden. Die Vielfachheit der Nullstelle wird in der Gleichung mit r bezeichnet.

$$y_h = \sum_i \bar{C}_i e^{\lambda_i t} \quad \text{mit} \quad \bar{C}_i = \sum_{j=0}^{r-1} C_{ij}^{tj} . \tag{8.6}$$

Bei den Wurzeln der Vielfachheit r stellen die $\bar{C}_i$ also Polynome mit der Ordnung $(r-1)$ dar. Die reellen Lösungen erhält man durch Aufspaltung des komplexen Ansatzes in Real- und Imaginärteil [30]. Die Konstanten des homogenen Lösungsansatzes ergeben sich aus dem algebraischen Gleichungssystem der Differentialgleichungen unter Verwendung der vorgegebenen Anfangsbedingungen. Handelt es sich um eine inhomogene Differentialgleichung, so muß neben der homogenen auch noch die partikuläre Lösung angegeben werden. Für die Partikularlösung werden Ansätze in Form der inhomogenen Störung gemacht, die dann die Differentialgleichung erfüllen. Ist die Störfunktion $F(t)$ in (8.4) periodisch, so läßt sie sich mit Hilfe von Fourier-Reihen als Summe harmonischer Anteile darstellen. Für jede einzelne Harmonische der Störfunktion läßt sich dann eine Lösung angeben und zur Gesamtpartikularlösung superponieren.

Sind bei Schwingungssystemen mit periodischen Störfunktionen nur die stationären Lösungen im Resonanzbereich gefragt, so läßt sich das klassische Energieverfahren anwenden. Es geht davon aus, daß bei stationärer Bewegung die Energie, die dem System durch die Störfunktion zugeführt wird, gleich der Dämpfungsarbeit im System ist. Der Rechnung liegt dabei eine Phasenverschiebung von $\pi/2$ zwischen der harmonischen Störfunktion und der Bewegung des Systems zugrunde. Eine weitere Möglichkeit zur Berechnung linearer Systeme stellt das Verfahren der Modalen Analyse dar.

Bei allgemeinen nichtperiodischen und zeitlich veränderlichen Störfunktionen bereitet das Auffinden der Partikularlösung in der Regel große Schwierigkeiten, so daß man andere Wege zum Auffinden von Lösungen begehen muß [30].

Duhamel-Integral

Zur Berechnung der Partikularlösungen bei beliebigen, zeitabhängigen Störfunktionen eignet sich das Duhamel-Integral [31]. Zur Herleitung des Integrals wird die Störfunktion durch eine Folge von Sprungfunktionen approximiert (Bild 8.16). Bei Verwendung von Sprungfunktionen kann die Systemantwort durch Überlagerung der Sprungübergangsfunktionen $y_ü(t)$ des linearen Schwingers ermittelt werden. Der Einzelsprung zur Zeit $t = t^*$ liefert für die Partikularlösung den Beitrag

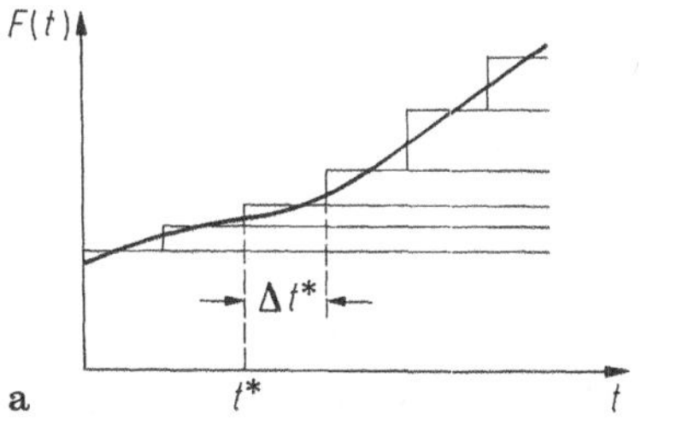

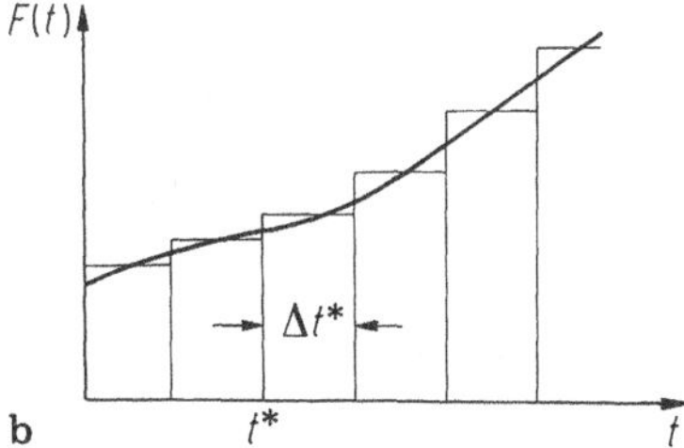

Bild 8.16a u. b. Aufbau einer Störfunktion $F(t)$ durch eine Sprungfunktion (a) oder eine Stoßfunktion (b)

$$y(t) = \begin{cases} 0 & \text{für} \quad t < t^*, \\ \dfrac{\mathrm{d}F(t^*)}{\mathrm{d}t^*} \Delta t^* y_{ü}(t - t^*) & \text{für} \quad t \geqq t^*. \end{cases} \tag{8.7}$$

Durch Überlagerung der Einzelantworten und durch den Grenzübergang $t^* \rightarrow 0$ ergibt sich das Faltungsintegral

$$y_{\mathrm{p}}(t) = \int_0^t \frac{\mathrm{d}F(t^*)}{\mathrm{d}t^*} y_{ü}(t - t^*)\,\mathrm{d}t^*, \tag{8.8}$$

das in der Schwingungsmechanik als Duhamel-Integral bekannt ist. Verwendet man zur Approximation der Störfunktion eine Folge von Stoßfunktionen (Bild 8.16), so läßt sich eine dem Duhamel-Integral ähnliche Integralform angeben:

$$y_{\mathrm{p}}(t) = \int_0^t F(t^*)\, y_{\mathrm{i}}(t - t^*)\,\mathrm{d}t^*. \tag{8.9}$$

In diesem Integral stellt $y_{\mathrm{i}}(t)$ die Stoßübergangsfunktion des linearen Schwingers dar. Mit beiden Integralen läßt sich die Reaktion des linearen Schwingers bei beliebiger Störfunktion berechnen. Für die Lösung gelten die Anfangsbedingungen der zugrunde gelegten Sprung- oder Stoßübergangsfunktionen. Dies bedeutet in der Regel ein zur Zeit $t = 0$ in Ruhe befindliches Schwingungssystem. Anfangsbedingungen lassen sich durch den homogenen Lösungsteil berücksichtigen. Durch die Integralformen (8.8) und (8.9) ist die Partikularlösung mathematisch beschrieben.

Die Auswertung der Integrale bereitet jedoch für die meisten Fälle Schwierigkeiten. Explizite Lösungsfunktionen lassen sich nur für stationäres Verhalten und in wenigen Sonderfällen auch für instationäres Verhalten angeben. Für allgemeine Störfunktionen werden die Integrale deshalb numerisch gelöst, wobei sich die Anwendung von Interpolationspolynomen als besonders zuverlässig gezeigt hat [32]. Hierbei ersetzt man den Integranden an $n + 1$ Stützstellen durch ein Interpolationspolynom n-ten Grades und integriert anschließend. Die Genauigkeit dieser Integration hängt vom Grad des verwendeten Polynoms und von der Schrittweite ab.

Fourier- und Laplace-Transformation

Zur Berechnung der analytischen Lösung von linearen Differentialgleichungen mit konstanten Koeffizienten bei stationärer und instationärer Erregung eignen sich die Integraltransformationen nach Fourier und Laplace [33, 34, 35]. Bei der Fourier-Transformation (8.10) wird die Lösungsfunktion $y(t)$ aus dem Zeitbereich in den Frequenzbereich $\bar{Y}(\omega)$ übergeführt. Die Rücktransformation in den Zeitbereich erfolgt in analoger Weise. Voraussetzung für die Anwendung der Fourier-Transformation ist die Beschränktheit

$$\begin{aligned} \bar{Y}(\omega) &= \int_{-\infty}^{+\infty} y(t)\,\mathrm{e}^{-i\omega t}\,\mathrm{d}t, \\ y(t) &= \frac{1}{2\pi} \int_{-\infty}^{+\infty} \bar{Y}(\omega)\,\mathrm{e}^{i\omega t}\,\mathrm{d}t \end{aligned} \tag{8.10}$$

der Lösungsfunktion gemäß (8.11). Aufgrund dieser Beschränkung eignet sich die Fourier-Transformation nur für abklingende Schwingungsvorgänge.

$$\int_{-\infty}^{+\infty} |y(t)|\,\mathrm{d}t < \infty, \qquad y(t) = 0 \quad \text{für} \quad t < 0. \tag{8.11}$$

Bei Anwendung der Laplace-Transformation wird die Lösungsfunktion $y(t)$ keiner Beschränkung unterworfen. Mit $p = \alpha + i\omega$ und $y(t) = 0$ für $t < 0$ läßt sich die Transformation aus dem Zeitbereich in den Bildbereich und die entsprechende Rücktransformation mit (8.12) durchführen.

$$\bar{Y}(p) = \int_0^\infty y(t)\,\mathrm{e}^{-pt}\,\mathrm{d}t,$$

$$y(t) = \frac{1}{i \cdot 2\pi} \int_{\alpha - i\omega}^{\alpha + i\omega} \bar{Y}(p)\,\mathrm{e}^{pt}\,\mathrm{d}p. \tag{8.12}$$

Bei Anwendung beider Transformationen auf die Bewegungsdifferentialgleichungen ergeben sich algebraische Gleichungen im Frequenz- oder Bildbereich, die dann mit den bekannten Methoden gelöst werden können. Die Lösung im Frequenzbereich liefert eine allgemeine Frequenzanalyse des untersuchten Schwingungssystems. Ein Nachteil der Laplace-Transformation ist, daß aus der Lösung im Bildbereich kein unmittelbarer Zusammenhang mit der Frequenzanalyse besteht. Allerdings lassen sich bei der Laplace-Transformation Anfangsbedingungen berücksichtigen, was bei der Fourier-Transformation nur mit Zusatzüberlegungen möglich ist. Schwierigkeiten bereiten bei beiden Verfahren die Rücktransformationen in den Zeitbereich, die in der Regel numerisch durchgeführt werden. Zur Lösung der Integralgleichungen lassen sich Interpolationspolynome anwenden, die bei instationären Störgliedern eine schrittweise Berechnung der Zeitfunktion zulassen [34].

Eine weitere Möglichkeit zur Durchführung der Integraltransformationen bietet der Algorithmus der „Schnellen Fourier-Transformation" (Fast Fourier Transformation, FFT), der eine Diskretisierung der Lösungsfunktion auf $N = 2^m$ Stützstellen erfordert. Der FFT-Algorithmus, der für den Einsatz auf Digitalrechnern entwickelt wurde, läßt sich nur auf Fourier-Transformationen anwenden. Da die Laplace-Transformation unter bestimmten Voraussetzungen auf die Fourier-Transformation zurückgeführt werden kann, läßt sich der Algorithmus der FFT auch in diesen Fällen anwenden [35, 36].

8.2.2 Analytische Näherungsverfahren für Differentialgleichungen nichtlinearer und parametererregter Schwingungssysteme

Die Behandlung von nichtlinearen und parametererregten Schwingungen bei Berücksichtigung von äußerer Erregung führt nur in wenigen Sonderfällen zu strengen mathematischen Lösungen. Die Schwierigkeit ist wesentlich auf die Tatsache zurückzuführen, daß das Superpositionsprinzip für nichtlineare Systeme nicht gilt. Die Gesamtlösung läßt sich somit nicht mehr aus Teillösungen zusammensetzen, wie dies bei linearen Schwingern durch Überlagerung der freien und erzwungenen Bewegungen durchgeführt wird.

Bei nichtlinearen Schwingern treten Erscheinungen auf, die bei linearen Systemen nicht vorliegen. Zu den wichtigsten dieser Erscheinungen zählen das Instabilwerden von Bewegungsformen, Sprünge in Amplitude und Phase, Oberschwingungen, Unterschwingungen, Kombinationsfrequenzen, Gleichrichterwirkungen und Zieherscheinungen. Zudem hängen die Lösungen und die Stabilität der Bewegungsgleichungen in komplizierter Form von den Anfangsbedingungen ab.

Zur Behandlung nichtlinearer Systeme ist eine Vielzahl von Näherungsverfahren entwickelt worden, die das stationäre Lösungsverhalten sowie teilweise Aussagen über die Stabilität der Bewegung liefern. Nach [37] lassen sich die Näherungsverfahren nach verschiedenen Methoden eingruppieren:

- Die „klassischen Methoden":
  a) Störungsrechnung,
  b) Iterationsverfahren,
  c) Reihenumkehr,
  d) numerische und graphische Verfahren;
- Methoden, die Gebrauch von der „Variation der Parameter" machen:
  a) Verfahren von van der Pol,
  b) Verfahren von Krylow-Bogoljubow;
- Methoden, die das dynamische Problem auf ein geometrisches (topologisches) Problem zurückführen:
  a) Methode der „Phasenebene",
  b) Methode der „Amplitudenebene";
- Methoden, die von der Variationsrechnung ausgehen:
  a) Verfahren von Ritz und Galerkin,
  b) Fourier-Abgleich.

Die angegebenen Verfahren sind in einer umfangreichen Literatur beschrieben [33, 38-43], die hier nur ausschnittsweise zitiert wird. Die Verfahren, die durchweg mathematisch sehr anspruchsvoll sind, lassen sich zwar auf autonome und nichtautonome Schwingungssysteme mit endlich vielen Freiheitsgraden anwenden, jedoch beschränkt man sich wegen des großen mathematischen Aufwands in der Regel auf Schwinger mit einem oder wenigen (zwei) Freiheitsgraden. Zudem setzen viele Verfahren kleine Nichtlinearitäten voraus, da sie nur Lösungen der ersten Näherung liefern. Näherungen höherer Ordnung scheitern in der Regel an den überproportional wachsenden mathematischen Schwierigkeiten.

Einige der in der Literatur angegebenen Näherungsverfahren (äquivalente Linearisierung, harmonische Balance, Energiemittelung, usw.) haben einen ähnlichen Aufbau und können als Spezialfälle des allgemeinen Ritz-Galerkinschen Variationsverfahrens aufgefaßt werden [44].

Zur Kennzeichnung des mathematischen Aufwands, den alle Näherungsverfahren erfordern, werden im folgenden die Störungsrechnung und das Verfahren von Krylow-Bogoljubow kurz beschrieben.

Störungsrechnung

Die Berechnung der Lösungsfunktion der nichtlinearen Differentialgleichung

$$\ddot{y} + \omega_0^2 y + \varepsilon f(y, \dot{y}) = 0 \tag{8.13}$$

mit dem kleinen Parameter $\varepsilon << 1$ läßt sich mit dem klassischen Lösungsansatz

$$y(t) = y^{(0)}(t) + \sum_{n=1}^{\infty} \varepsilon^n y^{(n)}(t) \tag{8.14}$$

der Störungsrechnung durchführen. In dem Ansatz stellen die $y^{(n)}(t)$ die Lösungsfunktionen der n-ten Näherung dar. Für verschwindende Nichtlinearität $\varepsilon = 0$ stellt $y^{(0)}(t)$ die Lösungsfunktion der Differentialgleichung (8.12) dar. Für $\varepsilon \neq 0$ wird der Lösungsansatz in die Differentialgleichung eingesetzt und die Funktion $f(y, \dot{y})$ in einer Taylor-Reihe entwickelt. Ordnet man dann die Gleichung nach Potenzen von ε, so ergibt sich ein System von linearen Differentialgleichungen (8.14) zur Bestimmung der

Funktion $y^{(n)}(t)$, das rekursiv gelöst werden kann, wenn vorher die Lösungsfunktionen $y^{(0)}(t)$ bis $y^{(n-1)}(t)$ bestimmt worden sind:

$$\begin{aligned}
&\ddot{y}^{(0)} + \omega_0^2 y^{(0)} = 0\,,\\
&\ddot{y}^{(1)} + \omega_0^2 y^{(1)} = -f\,(y^{(0)}, \dot{y}^{(0)})\,,\\
&\ddot{y}^{(2)} + \omega_0^2 y^{(2)} = -\frac{\partial f}{\partial y^{(1)}}\,y^{(1)} - \frac{\partial f}{\partial \dot{y}^{(1)}}\,\dot{y}^{(1)}\,.\\
&\vdots \qquad \vdots \qquad\qquad \vdots \qquad\qquad \vdots
\end{aligned} \tag{8.15}$$

Der klassische Lösungsansatz der Störungsrechnung eignet sich nur für Lösungen in sehr kurzen Zeitintervallen, da säkuläre Glieder ein starkes Anwachsen der Lösungen für größere Zeitabschnitte bewirken und somit unbrauchbar machen. Säkuläre Glieder lassen sich vermeiden, wenn man außer der Lösungsfunktion auch die unbekannte Frequenz nach Potenzen des kleinen Parameters entwickelt:

$$\begin{aligned}
y\,(t, \omega) &= y^{(0)}(t, \omega) + \sum_{n=1}^{\infty} \varepsilon^n y^{(n)}(t, \omega)\,,\\
\omega &= \omega_0 + \sum_{n=1}^{\infty} \varepsilon^n \omega^{(n)}\,.
\end{aligned} \tag{8.16}$$

Der Lösungsansatz (8.15) wird in die Differentialgleichung in analoger Weise, wie oben beschrieben, eingesetzt.

Die Störungsrechnung läßt sich auf vielseitige Probleme anwenden, ohne daß Aussagen über das Lösungsverhalten vorliegen müssen. Allerdings führt die konkrete Ausrechnung, wenn man mehr als zwei Glieder in der Reihenentwicklung berücksichtigen will, zu sehr aufwendigen mathematischen Ausdrücken [33, 45]. Man gibt sich deshalb oft mit der ersten Näherung zufrieden.

Verfahren von Krylow-Bogoljubow

Von Krylow-Bogoljubow sind zwei asymptotische Verfahren angegeben worden und zwar das Verfahren der primären Näherung (KB-I-Verfahren) und das Verfahren der äquivalenten Linearisierung (KB-II-Verfahren) [33, 38]. Das KB-I-Verfahren, das auch als Verfahren der langsam veränderlichen Phase und Amplitude bezeichnet wird, benutzt den Lösungsansatz (8.16), der auf dem Prinzip der Variation der Parameter beruht:

$$y\,(t) = a\,(t) \cos\left[\omega_0 t + \vartheta\,(t)\right]. \tag{8.17}$$

In ihm sind Amplitude und Phase Funktionen der Zeit, die sich nach Einsetzen in die Differentialgleichung auf dem Wege der Mittelung oder mit einer Störungsrechnung bestimmen lassen.

Beim KB-II-Verfahren wird die nichtlineare Differentialgleichung in eine äquivalente lineare Differentialgleichung überführt. Diese Überführung geschieht mit Hilfe der Krylow-Transformation. Die Krylow-Transformierten $K(a)$ und $L(a)$ sind für einige Funktionen tabellarisch in [33] angegeben. Da die äquivalente Linearisierung auf der harmonischen Balance beruht, hat das KB-II-Verfahren eine wesentliche Grundlage mit dem KB-I-Verfahren gemeinsam.

Die Anwendung des KB-Verfahren auf konkrete Differentialgleichungen läßt sich nur mit einem erheblichen mathematischen Aufwand durchführen. Beide Verfahren liefern als Ergebnisse jeweils nur eine primäre Näherung der Lösungsfunktion.

8.2.3 Numerische Verfahren zur Lösung von Anfangswertaufgaben

Anwendungsgebiete der numerischen Verfahren

Für lineare Differentialgleichungen mit konstanten Koeffizienten lassen sich analytische Lösungen mit Exponentialansätzen und Integraltransformationen, die in den Abschn. 8.2.1 und 8.2.2 ausführlicher dargestellt sind, angeben. Das Auffinden der analytischen Lösungen wird mit zunehmender Anzahl von Freiheitsgraden aufwendiger, insbesondere da die Wurzeln der charakteristischen Gleichungen sich ab vier Freiheitsgraden nicht mehr in geschlossener Form, sondern nur noch mit numerischen Verfahren bestimmen lassen. Des weiteren sind bei technischen Problemen die Störfunktionen oft nur durch komplizierte Funktionen in deterministischer oder stochastischer Form oder durch gemessene Punktfolgen gegeben, so daß die zugehörigen Partikularlösungen sehr aufwendig werden, soweit sich überhaupt Lösungen angeben lassen. Es empfiehlt sich somit von vornherein aufgrund der geschilderten Schwierigkeiten auch für die Lösung von linearen Schwingungsdifferentialgleichungen numerische Verfahren anzuwenden, da diese bei gewissen Grundkenntnissen in der Regel leicht zu handhaben sind.

Für Schwingungssysteme mit Parametererregung und Nichtlinearitäten lassen sich von vornherein keine exakten analytischen Lösungen angeben. Es existieren zwar analytische Näherungsverfahren, die jedoch einen großen mathematischen Aufwand erfordern und zudem nur für kleine Nichtlinearitäten und Parametererregung brauchbar sind (Abschn. 8.2.1 und 8.2.2). Für praktische Lösungen der nichtlinearen und rheonichtlinearen Bewegungsgleichungen kommen deshalb in erster Linie die numerischen Lösungsverfahren in Betracht, die die Differentialgleichungen unter Berücksichtigung der Nichtlinearitäten und der Parametererregung im Zeitbereich lösen.

Allgemeines zu den numerischen Verfahren

Obwohl sich bei vielen Anfangswertproblemen die Lösungen der Differentialgleichungen nicht analytisch angeben lassen, so existieren doch Lösungen, die mit Hilfe der numerischen Verfahren bestimmt werden können. Für eine Differentialgleichung 1. Ordnung

$$y' = f(x, y) = f(x, y(x)) \tag{8.18}$$

existiert bei einer vorgegebenen Anfangsbedingung $y(x_0) = y_0$ nur eine Lösungskurve, wenn der Existenz- und Eindeutigkeitssatz von Picard-Lindelöf [46] erfüllt ist.

Für Differentialgleichungen 2. und höherer Ordnung läßt sich der Existenz- und Eindeutigkeitsnachweis für eine Lösungskurve analog zu den Differentialgleichungen 1. Ordnung durchführen. Da sich eine Differentialgleichung n-ter Ordnung durch entsprechende Substitutionen in n Differentialgleichungen 1. Ordnung zurückführen läßt, ist der Existenz- und Eindeutigkeitssatz für die n Gleichungen 1. Ordnung nachzuweisen. Eine Differentialgleichung 2. Ordnung

$$y'' = f(x, y, y')$$

mit

$$y(x_0) = y_0 \quad \text{und} \quad y'(x_0) = y'_0 \tag{8.19}$$

läßt sich mit der Substitution $z = y'$ in ein System mit zwei Differentialgleichungen 1. Ordnung überführen:

$$y' = z \quad ,$$
$$z' = g(x, y, z)$$

mit

$$y(x_0) = y_0 \quad \text{und} \quad z(x_0) = z_0 \mathrel{\widehat{=}} y'_0. \tag{8.20}$$

Durch die Möglichkeit der Transformation von Differentialgleichungen höherer Ordnung in Systeme 1. Ordnung sind somit die Gleichungen höherer Ordnung auch den numerischen Lösungsverfahren für Gleichungen 1. Ordnung zugänglich. Anstelle einzelner Gleichungen 2. Ordnung sind dann Systeme von Gleichungen 1. Ordnung zu lösen.

Zur numerischen Behandlung von Differentialgleichungen wird das Integrationsintervall in n in der Regel äquidistante Stützstellen mit der Schrittweite h aufgeteilt und schrittweise die Lösung für jede Stützstelle $x_i = x_0 + ih$ mit $i = 0(1)n$ ermittelt. Die Lösung der Gl. (8.17) läßt sich dann für jeden Schritt h von x_i nach x_{i+1} formal folgendermaßen schreiben:

$$y(x_{i+1}) = y(x_i) + \int_{x_i}^{x_{i+1}} f[x, y(x)]\,\mathrm{d}x. \tag{8.21}$$

Die bekannten numerischen Verfahren unterscheiden sich hauptsächlich dadurch, wie das Integral in (8.20) gelöst wird. Die Approximation des Integrals erreicht man durch geeignete Quadraturformeln, mit Taylor-Entwicklungen des Integranden oder durch Eliminieren der Ableitungen von y durch Differenzenquotienten. Je nachdem welche Approximationsverfahren Anwendung finden, lassen sich die einzelnen Integrationsverfahren klassifizieren in

— Einschrittverfahren und
— Mehrschrittverfahren.

Die Einschrittverfahren benötigen zur Berechnung eines neuen Funktionswertes nur eine vorhergehende Stützstelle. Sie eignen sich deshalb besonders gut für Schrittweitenänderungen.

Zu den Einschrittverfahren zählt auch das Verfahren der Grenzwertextrapolation. Die Grundlage der Grenzwertextrapolation bilden die asymptotischen Entwicklungen des Verfahrensfehlers mit genügend hoher Ordnung. Näherungen höherer Ordnung erreicht man durch die Berechnung von mehr als zwei Näherungslösungen mit verschiedenen Schrittweiten und anschließender Extrapolation höherer Ordnung. Die Extrapolation erfolgt entweder mit Polynomen (Romberg-Verfahren) oder mit rationalen Funktionen. Zu den wichtigsten Grenzwertextrapolationsverfahren zählt das von Gragg-Bulirsch-Stoer [47].

Die Mehrschrittverfahren verwenden zwei oder mehr vorangehende Stützstellen für die Berechnung eines neuen Funktionswertes. Da fast alle Mehrschrittverfahren mit konstanten Schrittweiten arbeiten, sind bei Schrittweitenänderungen jeweils neue Anlaufstücke zu bestimmen, wodurch die Flexibilität dieser Verfahren etwas eingeschränkt wird.

Ein weiteres Merkmal ist die Unterteilung sowohl der Ein- wie auch der Mehrschrittverfahren in explizite und implizite Algorithmen. Die expliziten Verfahren liefern den neuen Funktionswert direkt aus den Lösungsalgorithmen. Bei den impliziten Verfahren, auch Prädiktor-Korrektor-Verfahren (PC-Verfahren) genannt, wird ausgehend von einem Startwert, der mit einer expliziten Formel (Prädiktor) ermittelt wird, mit einer impliziten Formel (Korrektor) der Funktionswert iterativ so lange verbessert, bis die Änderung der aufeinanderfolgenden Lösungen durch den Korrektor eine vorgegebene (Fehler-)Toleranz unterschreitet. Es ist bei den impliziten Verfahren daher notwendig, ein Minimum an Rechenzeit durch eine Schrittweite zu erreichen, bei der möglichst wenig Iterationen durchgeführt werden müssen.

Die meisten in der Literatur beschriebenen numerischen Verfahren sind für die Integration einer Differentialgleichung 1. Ordnung hergeleitet worden. Da sich jedoch alle bekannten Verfahren auch auf Differentialgleichungssysteme höherer Ordnung anwenden lassen, sind auch die Bewegungsdifferentialgleichungen 2. Ordnung, die das Verhalten von Schwingungssystemen beschreiben, durch entsprechende Transformationen (8.20) diesen Verfahren zugänglich. Einige Verfahren lassen sich direkt auf Differentialgleichungen 2. und höherer Ordnung anwenden, wobei für jede Ordnung ein spezieller Formelsatz notwendig ist.

Alle numerischen Verfahren berechnen nur Näherungslösungen der untersuchten Differentialgleichungen, da auch die verwendeten Approximationsverfahren nur Näherungen des eigentlichen Funktionsverlaufs wiedergeben. Die Güte eines numerischen Verfahrens wird durch die Konsistenzordnung p beschrieben. Ein numerisches Verfahren heißt konsistent mit der exakten Lösung des Anfangswertproblems, wenn beim Grenzübergang der Schrittweite $h \rightarrow 0$ die Näherungslösung in die exakte Lösung übergeht [47]. Die Konsistenzordnung p gibt dabei die Potenz von h^p an, mit der die Näherungslösung gegen die exakte Lösung bei Schrittweitenänderung strebt.

Da die Verfahren mit großer Konsistenzordnung bei gleicher Genauigkeit größere Schrittweiten h zulassen als die Algorithmen mit kleiner Konsistenzordnung, ergibt sich für eine geforderte Genauigkeit durch die Konsistenzordnung eine erste Näherung für die Verfahrensgüte im Hinblick auf den benötigten Rechenaufwand.

In Tab. 8.1 sind die wichtigsten numerischen Verfahren aufgeführt, wobei eine Aufteilung nach Ein- und Mehrschritt- sowie nach impliziten und expliziten Verfahren vorgenommen wurde. Weiterhin sind die Verfahren, die Differentialgleichungen 2. Ordnung ohne Transformation direkt lösen, gesondert gekennzeichnet. Die numerischen Verfahren werden in einer umfangreichen Literatur behandelt [46–56].

Umfangreiche Untersuchungen verschiedener Schwingungsdifferentialgleichungen, die in [57] zusammengefaßt sind, ermöglichen die Auswahl eines geeigneten numerischen Verfahrens für die Simulationsaufgaben.

Bei den Einschrittverfahren ist die Wahl zwischen dem Verfahren von Runge-Kutta (RK) bzw. Runge-Kutta-Nyström (RKN) und dem von Taylor stark vom Aufbau der Differentialgleichung abhängig. Für Differentialgleichungen mit konstanten Koeffizienten stellt die Taylor-Methode das wirtschaftlichste Verfahren dar, wenn man die erreichbare Genauigkeit zusammen mit der erforderlichen Simulationszeit betrachtet.

Für Differentialgleichungen mit nichtkonstanten Koeffizienten wie sie etwa bei Parameteranregung vorliegen wird der Zeitvorteil der Taylor-Methode gegenüber den RK- und RKN-Verfahren durch den erforderlichen Ableitungsaufwand geringer. In diesen Fällen kann es dann angebracht sein, sich den Ableitungsaufwand durch die Wahl eines entsprechenden RK- oder RKN-Verfahrens zu ersparen.

Die Entscheidung für die Wahl der Konsistenzordnung ist allein von der gewünschten Genauigkeit abhängig. Für Genauigkeiten von 1 % sind Verfahren mit den Konsistenzordnungen $p = 4$ und 5 geeignet, während hohe Genauigkeiten günstiger mit Verfahren höherer Konsistenzordnungen erreicht werden. Verfahren hoher Genauigkeit halten infolge der größeren Zeitschritte die Rundungsfehler innerhalb eines Integrationsintervalls gering. Von den Verfahren gleicher Konsistenzordnung und Stufenzahl sind diejenigen mit den kleineren Abbruchfehlern vorzuziehen. Ein weiteres Enscheidungskriterium liegt in der Möglichkeit der vereinfachten Schrittweitensteuerung durch Auswertung einer oder zwei zusätzlicher Stufen, wie sie für einige RK- und RKN-Verfahren und bei der Taylor-Methode gegeben sind.

Zieht man die Mehrschrittverfahren mit in die Entscheidung herein, so sind zunächst einmal die expliziten Verfahren wie das Adams-Bashforth-Verfahren (AB) sowie das AB II wegen ihrer mangelnden Stabilität und Genauigkeit auszuschließen. Ebenso kommt das Mehrschrittverfahren von Gear im Rahmen der bis jetzt betrachteten Verfahren wegen der geringen Genauigkeit nicht in Betracht.

Tabelle 8.1. Übersicht über die wichtigsten numerischen Näherungsverfahren für Anfangswertprobleme

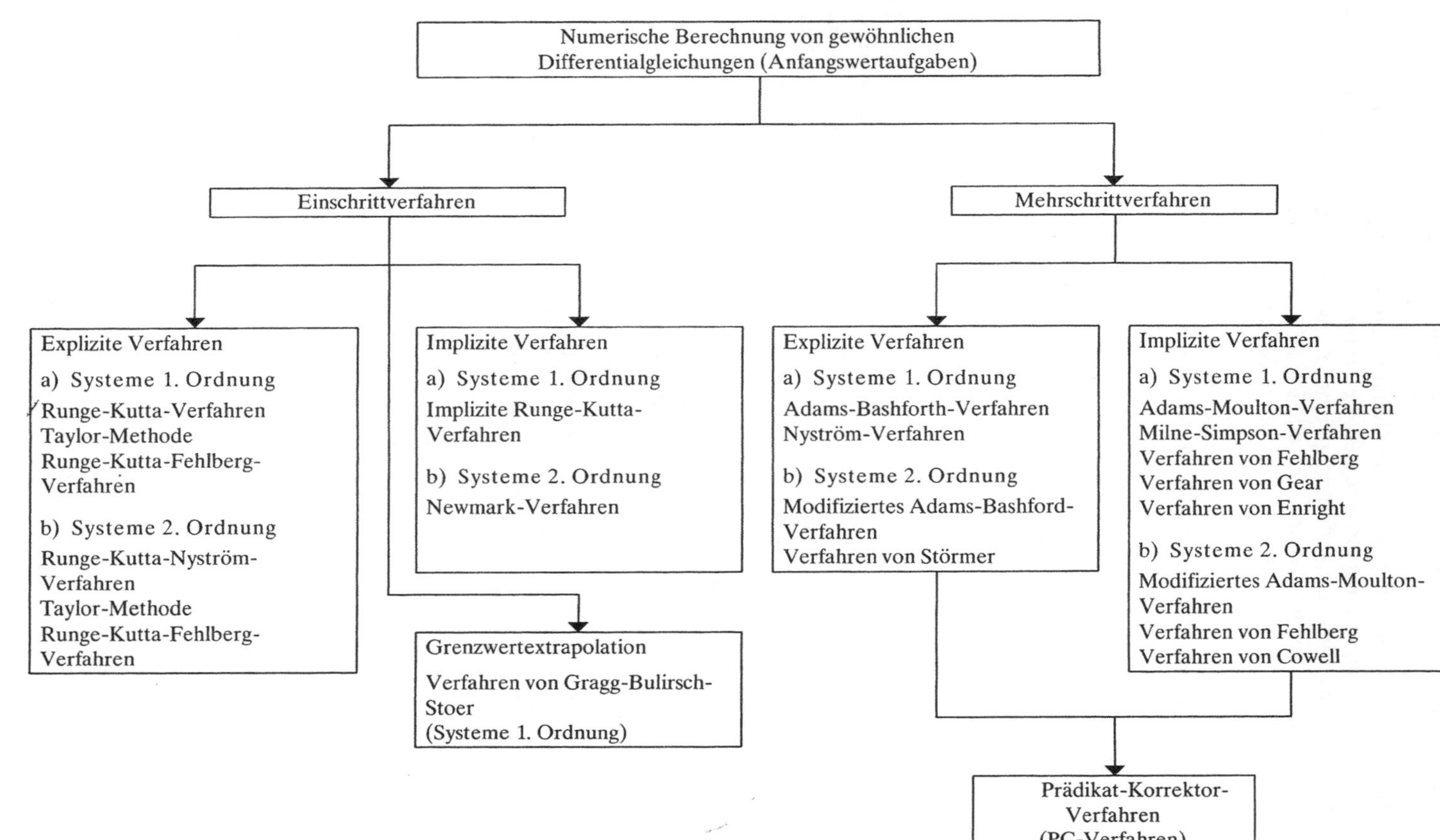

Die Verfahren von Fehlberg, Adams-Moulton und Adams-Moulton II besitzen etwa die gleichen Relationen zwischen Genauigkeit und Rechenzeit. Das Verfahren von Fehlberg liefert zwar die größte Genauigkeit, benötigt dafür aber eine größere Simulationszeit als die beiden anderen Verfahren. Vergleicht man die Mehrschrittverfahren mit den Einschrittverfahren gleicher Konsistenzordnung, so stellt man fest, daß der Abstand in der Rechengenauigkeit sich mit zunehmender Konsistenzordnung zugunsten der Einschrittverfahren vergrößert. Man muß bei den Mehrschrittverfahren ab $p = 5$ mit etwa der halben Schrittweite rechnen, um die gleiche Genauigkeit und Stabilität der Einschrittverfahren zu erreichen. Hierdurch wird der Zeitvorteil der Mehrschrittverfahren besonders für kleine Konsistenzordnungen verringert.

8.3 Darstellung von Antriebselementen mit verschiedenen Übertragungseigenschaften

Die Integration der Differentialgleichungssysteme mit numerischen oder analytischen Methoden verlangt entweder stückweise oder analytische Darstellungen nicht nur für die auf ein Antriebssystem einwirkenden Antriebs- und Lastmomente, sondern auch für die Steifigkeits- und Dämpfungseigenschaften aller im Antriebsstrang befindlichen Maschinenelemente wie elastische Kupplungen, Reibungskupplungen, Freiläufe, Getriebe, Gelenkwellen etc. Bei der bildlichen Darstellung der Kennlinien wurden in Anlehnung an ihre experimentelle Ermittlung in Verdrehprüfständen mit einseitiger Einspannung Absolutkoordinaten gewählt. Bei der Formulierung der mathematischen Modelle wurden dagegen Relativkoordinaten benutzt, wie sie in Antriebssystemen vorliegen.

8.3.1 Antriebselemente mit nichtlinearen und periodischen Übertragungseigenschaften

Elastische Ausgleichskupplung

Das zeitabhängige Rückstell- und Dämpfungsverhalten einer elastischen Ausgleichskupplung mit Elastomerelementen wird durch den analytischen Ansatz nach (7.40) vollständig beschrieben. Das auftretende Kupplungsmoment folgt aus

$$T_K = m_K T_{KN}. \tag{8.22}$$

Für den Fall, daß eine elastische Ausgleichskupplung im Antriebsstrang vorliegt, die

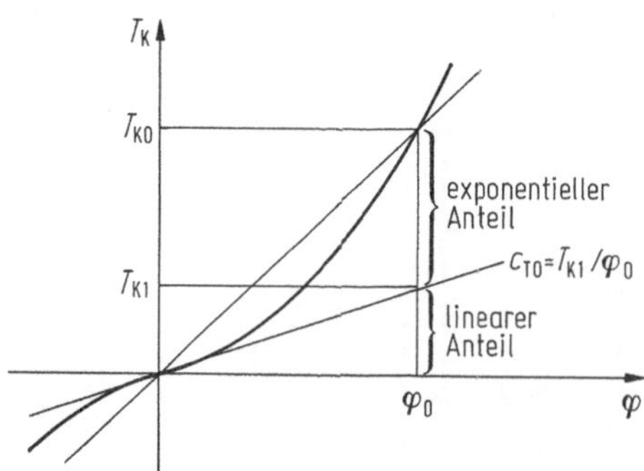

Bild 8.17. Darstellung nichtlinearer Kennlinien

z. B. aus Metallfederelementen aufgebaut ist und demzufolge als dämpfungsarm angesehen werden kann, kann im allgemeinen nichtlinearen Fall die mathematische Beschreibung der Kupplungskennlinie nach (8.23) mit einem linearen und einem exponentiellen Anteil erfolgen (Bild 8.17). Der lineare Anteil wird dabei durch die Anfangssteigung der Kupplungskennlinie bestimmt, während der exponentielle Anteil durch einen Bezugspunkt (T_{K0}, φ_0) sowie einen Exponenten E beschrieben wird. Um bezüglich des Exponenten E keinen Einschränkungen zu unterliegen, wird die Kennlinie für positive und negative Kupplungsverdrehwinkel getrennt formuliert. Die Kennlinie selbst sowie alle benötigten Ableitungen sind dabei zwar getrennt zu formulieren, ergeben aber im Nullpunkt stetige Verläufe ($E > 1$):

für $\Delta\varphi_i \geqq 0$, $\Delta\varphi_i = \varphi_i - \varphi_{i+1}$:

$$T(\Delta\varphi_i) = T_1 \frac{\Delta\varphi_i}{\varphi_0} + (T_0 - T_1)\left(\frac{\Delta\varphi_i}{\varphi_0}\right)^E, \tag{8.23a}$$

für $\Delta\varphi_i < 0$:

$$T(\Delta\varphi_i) = -1\left[T_1 \frac{-\Delta\varphi_i}{\varphi_0} + (T_0 - T_1)\left(\frac{-\Delta\varphi_i}{\varphi_0}\right)^E\right]. \tag{8.23b}$$

Die Federsteifigkeit $C_T(\Delta\varphi_i)$ bei einem Verdrehwinkel $\Delta\varphi_i$ ergibt sich aus der jeweiligen Bereichsableitung der Gl. (8.23) nach $\Delta\varphi_i$ zu

für $\Delta\varphi_i \geqq 0$:

$$C_T(\Delta\varphi_i) = \frac{T_1}{\varphi_0} + E(T_0 - T_1)\left(\frac{\Delta\varphi_i}{\varphi_0}\right)^{E-1}, \tag{8.24a}$$

für $\Delta\varphi_i < 0$:

$$C_T(\Delta\varphi_i) = \frac{T_1}{\varphi_0} + E(T_0 - T_1)\left(\frac{-\Delta\varphi_i}{\varphi_0}\right)^{E-1}. \tag{8.24b}$$

Der Exponent E beeinflußt den Verlauf der Kupplungskennlinie hinsichtlich der Kur-

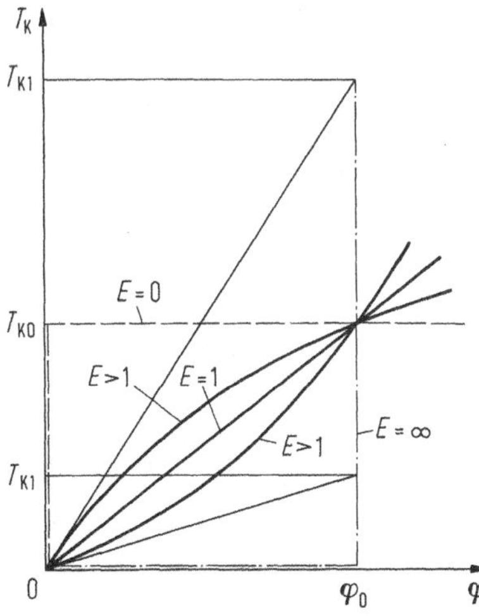

Bild 8.18. Mögliche Federkennlinienverläufe für verschiedene Exponenten

venform (Bild 8.18). Sinnvolle Werte von E lassen sich in ihrer Wirkung etwa wie folgt deuten:

$E = 1$ lineare Federkennlinien,
$E > 1$ progressive und degressive Federkennlinien.

Alle Momentenkennlinien laufen unabhängig vom Exponenten E durch den Bezugspunkt (T_{K0}, φ_0). Der lineare Anteil der Momentenkennlinie wird durch das Moment T_{K1} und der exponentielle Anteil durch die Differenz $(T_{K0} - T_{K1})$ bestimmt.

Eine Vorstellung von der Größenordnung des Exponenten E aus experimentell ermittelten Kupplungskennlinien erhält man anhand der in der Tab. 8.2 aufgeführten Daten. Zur Verwendung wird in der Kupplungskennlinie sowohl die Anfangssteigung als auch die Verbindungsgerade zwischen dem Ursprung und dem Punkt (T_{K0}, φ_0) gemäß Bild 8.19 eingezeichnet. Beide Geraden schneiden aus der Kurve $T_K = T_{K1}$ eine Strecke aus, die in 10 äquidistante Stücke unterteilt wird. Der Streckenabschnitt φ_P, in dem sich der Schnittpunkt zwischen Kupplungskennlinie und $T_K = T_{K1}$ befindet, stellt in Zusammenhang mit dem T_{K0}/T_{K1} die Eingangsgröße in Tab. 8.2 dar. Es kann daraufhin der Wert des Exponenten E sofort abgelesen werden.

Für den Exponenten E folgt aus (8.23)

$$E = \frac{\log\left(1 - \frac{\varphi_1}{\varphi_0}\right) - \log\left(\frac{T_{K0}}{T_{K1}} - 1\right)}{\log\left(\frac{\varphi_1}{\varphi_0}\right)}. \tag{8.25}$$

Tabelle 8.2 gibt für einige Werte von T_{K0}/T_{K1} und die Stellen $K = 1$ bis 5 die Ergebnisse der Auswertung dieser Gleichung wieder.

Nichtlineare Freilaufkupplung

Freilaufkupplungen zeichnen sich dadurch aus, daß sie entgegen der Sperrdrehrichtung (Mitnahmerichtung) praktisch keine Drehsteifigkeit besitzen. Bei der Simulation des Freilaufverhaltens muß der Ursprung der Freilaufkennlinie jeweils um die Summe der Überholwinkel α verschoben werden, um die das nachgeschaltete System bei gelö-

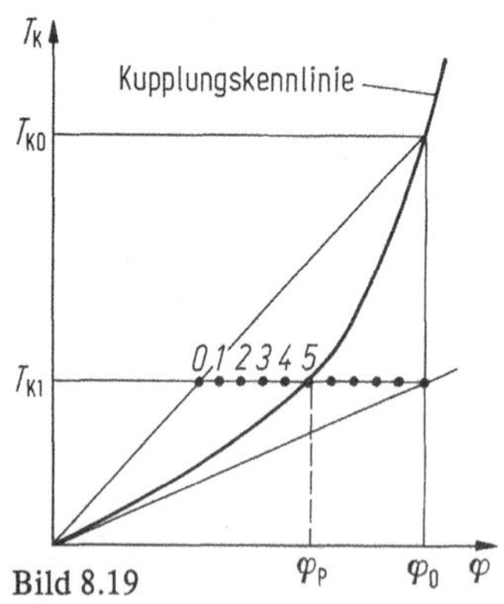

Bild 8.19

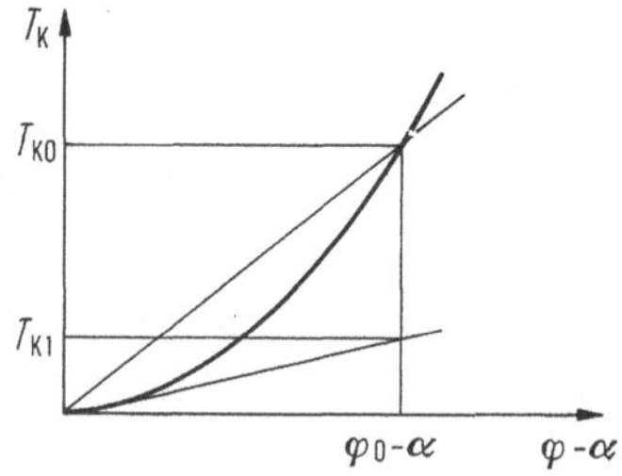

Bild 8.20

Bild 8.19. Ermittlung des Exponenten
Bild 8.20. Freilaufkennlinie in Mitnahmerichtung

Tabelle 8.2 Exponenten der Kupplungskennlinie für verschiedene Kenngrößen T_{K0}/T_{K1}

K	T_{K0}/T_{K1}	2,0	3,0
1	$E = 1{,}43$	1,33	1,31
2	2,0	1,8	1,73
3	2,86	2,43	2,31
4	4,1	3,47	3,15
5	6,0	4,8	4,42

stem Freilauf überholt wurde (Bild 8.20). Sollen Effekte wie das freilauftypische Rutschen dargestellt werden, so werden die Überholwinkel wie im Bild 8.21 dargestellt, um die entsprechenden Rutschwinkel verkleinert, bevor wieder eine Momentenübertragung stattfindet.

Für einen Freilauf, der eine rechtsdrehende Sperrdrehrichtung besitzt, gilt als

Mitnahmebedingung:

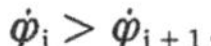

$$\dot{\varphi}_i > \dot{\varphi}_{i+1},$$

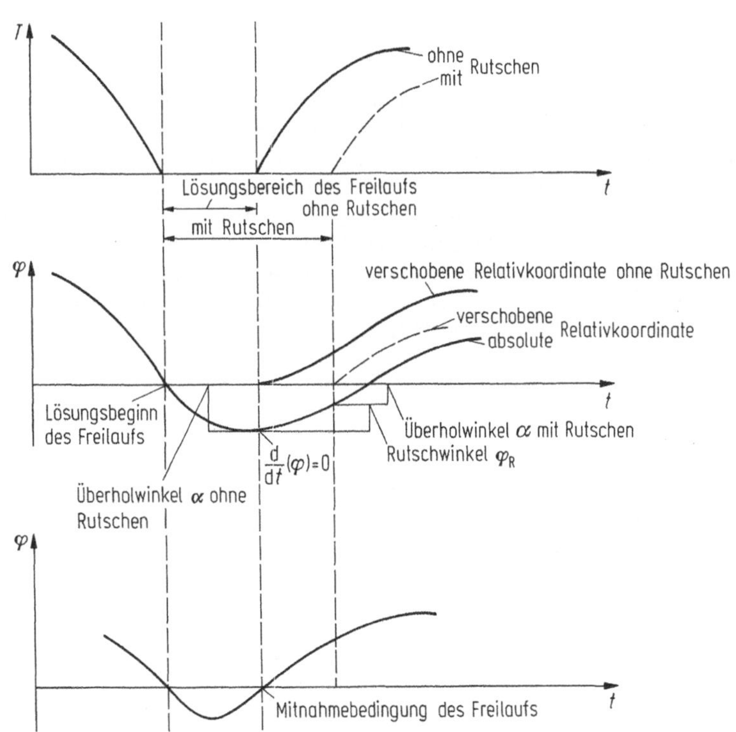

Bild 8.21. Löse- und Mitnahmebedingung eines rutschenden Freilaufs

Lösebedingung:

$$\Delta\varphi_i \leqq 0; \qquad \dot{\varphi}_i < \dot{\varphi}_{i+1}. \tag{8.26}$$

Die Wirkungen beider Bedingungen sind in Bild 8.21 mit dargestellt.

Antriebselemente mit Spiel

Die für Freiläufe (mit einem anfänglichen Rutschwinkel) dargestellte Kennlinie kann auf Kupplungen und andere Antriebselemente wie Getriebe, Gelenkwellen u. ä. mit beidseitigen Anschlägen bzw. Spiel übertragen werden (Bild 8.22). Die Berechnung enthält dann die zusätzlichen Bedingungen, daß nach dem Durchlaufen des Winkelspiels φ_s in positiver oder negativer Richtung die Mitnahme- und Lösungsbedingungen für beide Drehrichtungen anzusetzen sind. Als Voraussetzung für das Wirksamwerden der Mitnahmebedingung muß das Winkelspiel φ_S mindestens bis auf eine aus rechentechnischen Gründen vorgegebene Toleranzbreite $\delta > 0$ durchlaufen werden. An der oberen und unteren Grenze des Winkelspiels gilt dann mit der Toleranzbreite δ:

$$|\varphi_S| \leqq |\varphi| \leqq |\varphi_S + \delta|. \tag{8.27}$$

Diese Annahmen gelten auch noch für schwach massebehaftete Koppelstellen. Bei Systemen mit vergleichsweise stärkeren Massekonzentrationen sind die Stoßbedingungen an den Kontaktstellen in die Berechnung einzubeziehen.

8.3.2 Antriebselemente mit zeitlich veränderlichem Übertragungsverhalten

Zahnradgetriebe

Die Verzahnungssteifigkeit eines Zylinderradgetriebes ist eine periodische Funktion der Zeit. Bild 8.23 zeigt beispielhaft den berechneten Verlauf der spezifischen Verzahnungssteifigkeit in Abhängigkeit vom Drehweg einer geradverzahnten Zylinderradpaarung mit unterschiedlichen Überdeckungsgraden. Die spezifische Gesamtsteifigkeit ergibt sich aus der Addition der Einzelsteifigkeiten. Der zeitliche Verlauf ist abhängig von der Stirnteilung und dem Gesamtüberdeckungsgrad unter Last ε, während ihre Höhe von den geometrischen Parametern und der Belastung bestimmt wird.

Ähnlich dem Vorgehen bei der Beschreibung periodisch veränderlicher Lastfunktionen kann auch hier der errechnete oder gemessene Zahnkraftverlauf als Fourier-Reihe mit dem Argument $\eta = z\varphi(t)$ dargestellt werden.

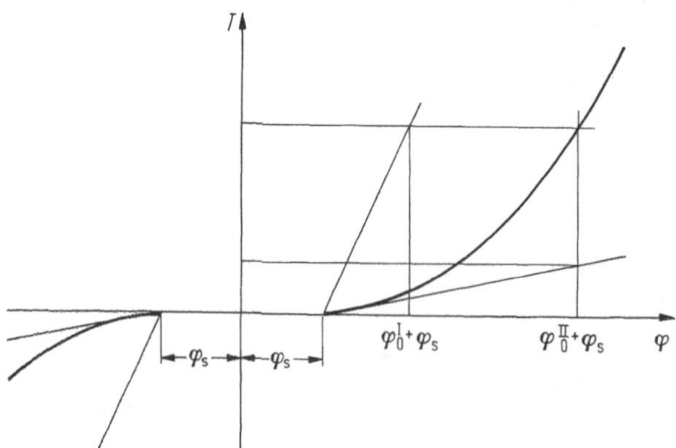

Bild 8.22. Kennlinie mit Spiel

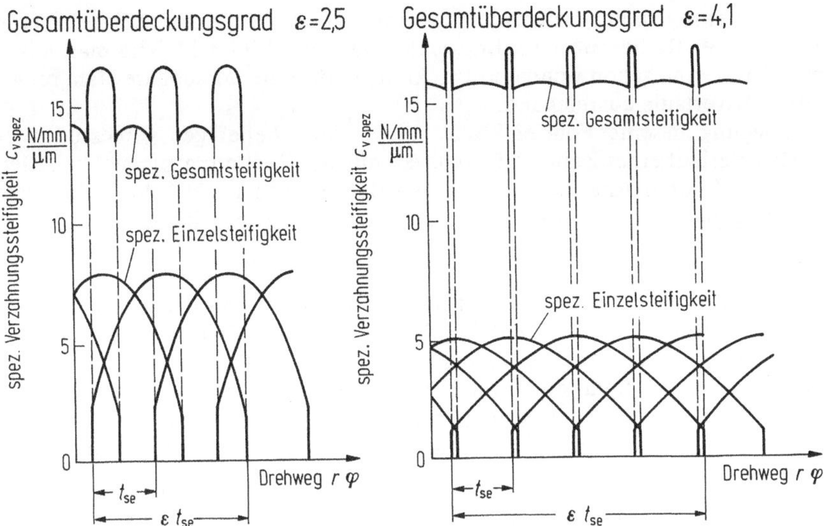

Bild 8.23. Spezifische Verzahnungssteifigkeiten für verschiedene Überdeckungsgrade

Durch Einführung des Drehwinkels $\varphi(t)$ des Zahnrades mit der Zähnezahl z ergibt sich entlang der Eingriffsstrecke die Zahnsteifigkeit als Funktion der Zeit:

$$C_v(t) = f[z\varphi(t)]. \tag{8.28}$$

Die Fourier-Reihenentwicklung lautet dann mit der Abkürzung $\eta = z\varphi(t)$

$$C_v(t) = C_{vm} + \sum_{n=1}^{\infty} [C_{v1,n} \cos(n\eta) + C_{v2,n} \sin(n\eta)]. \tag{8.29}$$

Mit Hilfe der Fourier-Enwicklung lassen sich alle vorgegebenen oder gemessenen Zahnsteifigkeitsverläufe beliebig genau durch entsprechend viele Glieder darstellen.

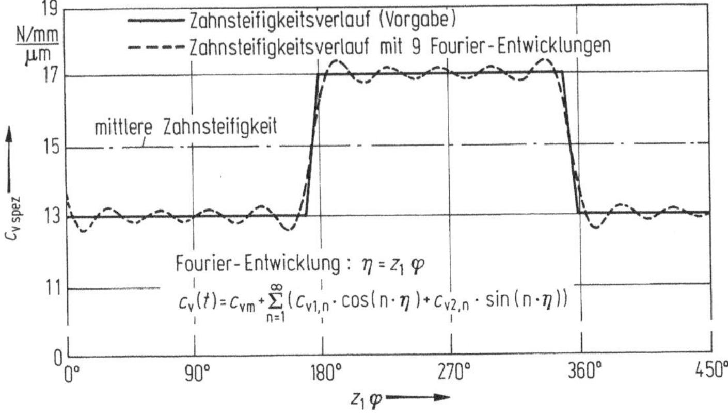

Bild 8.24. Annäherung eines Zahnsteifigkeitsverlaufs durch eine Fourier-Reihenentwicklung

Die Annäherung eines vorgegebenen trapezförmigen Zahnsteifigkeitsverlaufs durch eine Fourier-Reihe mit neun Entwicklungen zeigt Bild 8.24. Wie man aus ihm entnehmen kann, sind schon wenige Entwicklungen für eine brauchbare Näherung des Zahnsteifigkeitsverlaufs ausreichend.

Die Zerlegung in eine Fourier-Reihe macht jeden beliebigen gemessenen oder konstruierten Verlauf eines Zahnsteifigkeitsverlaufs der Rechnung zugänglich. Gleichzeitig liefert die Fourier-Analyse die einzelnen Harmonischen des Zahnsteifigkeitsverlaufs, die anregend auf das Schwingungssystem des Getriebes wirken.

Kreuzgelenkgetriebe

Während bei Zahnradgetrieben die Verzahnungssteifigkeit von der Zeit abhängig ist und damit periodisch veränderliche Zahnkräfte erzeugt, die wiederum auf das Schwingungsverhalten der Getriebestufe zurückwirken, ist bei Kreuzgelenkgetrieben das Übertragungsverhalten primär durch die Kinematik des sphärischen viergliedrigen Getriebes gegeben, wenn man Verformungen innerhalb des Getriebes unberücksichtigt läßt. Bild 8.25 zeigt das Schema des einfachen Kreuzgelenkgetriebes, in dem F_{11} und F_{12} die Gabelebenen, P_1 die Ebene der beiden Gabelachsen, φ_{11} der Drehwinkel der Antriebsgabel gegenüber der Bezugsebene P_1, φ_{12} der Drehwinkel der Abtriebsgabel gegenüber der Ebene Q_{12}, die zur Bezugsebene P_1 senkrecht steht und α_1 der spitze Winkel zwischen den Gabelachsen bedeuten.

Unter Verwendung dieser Beziehungen lautet die Übertragungsfunktion des einfachen Kreuzgelenkgetriebes

$$\varphi_{12} = \arctan\left(\frac{1}{\cos\alpha_1}\tan\varphi_{11}\right). \tag{8.30}$$

Wird das Bezugssystem geändert und tauschen Antriebs- und Abtriebsglied die Rolle, so hat die Übertragungsfunktion infolge $\varphi_{11} = \varphi_{11} + \pi/2$ und $\varphi_{12} = \varphi_{12} + \pi/2$ die Form

$$\varphi_{12} = \arctan(\cos\alpha_1 \tan\varphi_{11}). \tag{8.31}$$

Im allgemeinen wird folgende Schreibweise verwendet, die sich bei Veränderungen des Bezugssystems nicht ändert und für die i-te Stelle eines Drehschwingungssystems formuliert werden kann:

$$\varphi_{i2} = \arctan(l\tan\varphi_{i1})$$

mit

$$l = (\cos\alpha_i)^{\pm 1}. \tag{8.32}$$

Bei der Einbeziehung eines oder mehrerer Kreuzgelenkgetriebe in eine Drehschwin-

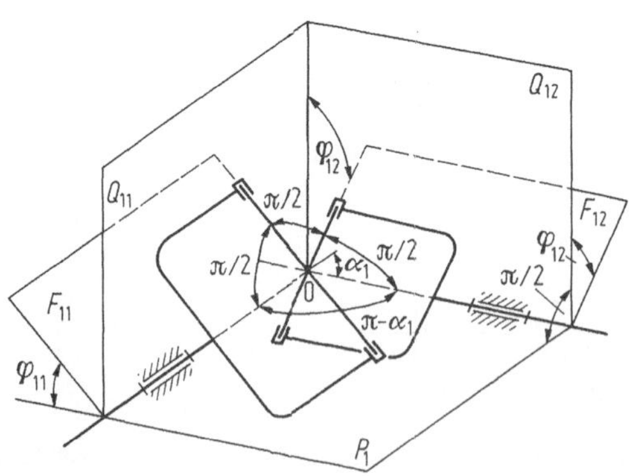

Bild 8.25. Bezeichnungen beim einfachen Kreuzgelenkgetriebe

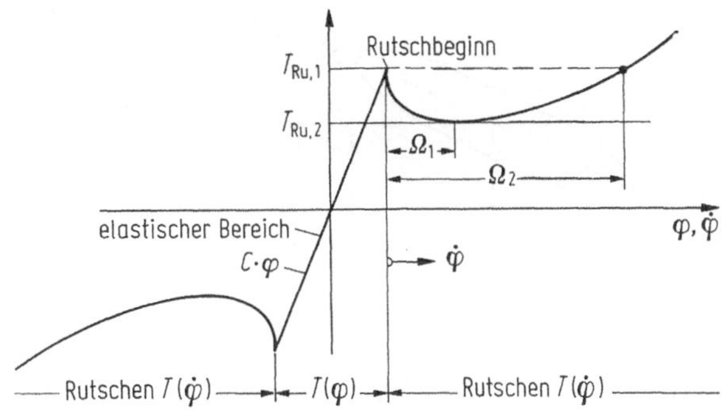

Bild 8.26. Momentenkennlinie einer Rutschkupplung

gungsuntersuchung mit der Methode der Taylor-Entwicklungen müssen die höheren Ableitungen der Übertragungsfunktion explizit vorliegen, deren Ermittlung in diesem Fall einen relativ großen Aufwand bedeuten.

Rutsch- oder Schaltkupplung

Die Beschreibung der Drehmomentenkennlinie einer Rutsch- oder Schaltkupplung in Bild 8.26 läßt sich nur bereichsweise durchführen. Im elastischen Bereich bis zum Überschreiten der Haftreibung ist das Rutschkupplungsmoment von dem Verdrehwinkel abhängig. Bei Rutschbeginn ($T = T_{Ru,1}$) zeigt das übertragbare Rutschmoment dagegen eine Abhängigkeit von der Rutschgeschwindigkeit $\dot{\varphi}$. Die Rutschkennlinie wird bereichsweise im Antriebstrang mit Relativkoordinaten wie folgt beschrieben:

elastischer Bereich $(C|\Delta\varphi_i| \leqq T_{Ru,1})$:

$$T = C|\Delta\varphi_i| \tag{8.33a}$$

Rutschen der Kupplung $(C\,\Delta\varphi_i > T_{Ru,1})$:

für $\Delta\dot{\varphi}_i < \Omega_1$

$$T = T_{Ru,1} + (T_{Ru,2} - T_{Ru,1})\left[1 - \left(\frac{\Omega_1 - |\Delta\dot{\varphi}_i|^{E_1}}{\Omega_1}\right)\right], \tag{8.33b}$$

für $\Delta\dot{\varphi}_i \geqq \Omega_1$

$$T = T_{Ru,1} + (T_{Ru,2} - T_{Ru,1})\left[1 - \left(\frac{\Omega_1 - |\Delta\dot{\varphi}_i|^{E_2}}{\Omega_2 - \Omega_1}\right)\right]. \tag{8.33c}$$

Ω_1 und Ω_2 sind Bezugswinkelgeschwindigkeiten, die mit den Exponenten E_1 und E_2 eine Anpassung des Rutschmomentenverlaufs an gemessene Rutschkennlinien ermöglichen. Einige der hier beschriebenen Antriebslemente werden aus Funktionsgründen mit Spiel ausgeführt. Dadurch bekommt das Übertragungsverhalten dieser Antriebselemente zusätzliche Nichtlinearitäten, die mehr oder weniger große Auswirkungen auf das Anlagenverhalten zeigen können [58].

8.4 Dämpfungskennlinien

Das Standardmodell eines als schwingungsfähiges Gebilde aufgefaßten Antriebssystems sieht nach den Lehrbüchern der Maschinendynamik eine linear-elastische Federkraft und eine geschwindigkeitsproportionale Dämpfungskraft vor. Die zugehörige Hysterese ist eine Ellipse, die mit zunehmender Schwingfrequenz bauchiger wird

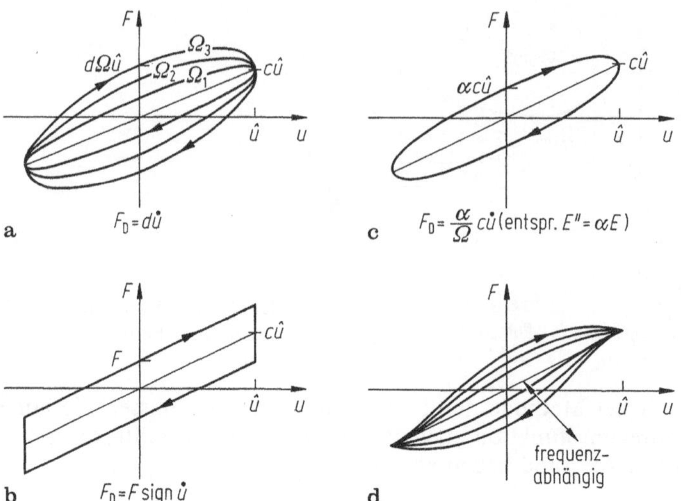

Bild 8.27 a–d. Mysteresen für verschiedene Dämpfungen bei linearer Federung. a) geschwindigkeitsproportionale Dämpfung; b) Reibdämpfung; c) Werkstoffdämpfung; d) Messung

(Bild 8.27a). Bei Reibdämpfung ist dagegen die Dämpfungskraft frequenzunabhängig und bleibt in ihrem Betrag konstant (Bild 8.27b). Ebenfalls frequenzabhängig ist die innere oder Werkstoffdämpfung. Sie läßt sich mathematisch durch den Imaginärteil eines komplexen E-Moduls erfassen (Bild 8.27c).

Die in Abschn. 7.4 vorgestellten Meßergebnisse zeigten durchweg bei unterschiedlicher Frequenz und gleicher Verdrehwinkelamplitude, daß sich die Breite der Schleife kaum ändert und somit die verhältnismäßige Dämpfung einen nahezu konstanten Wert annimmt.

Wenn auch der bereits vorgestellte Ansatz eine vollständige Beschreibung des Kupplungsverhaltens erlaubt, so ist er für die praktische Anwendung nur im Zusammenhang mit Simulationsprogrammen sinnvoll. Die Darstellung der Kupplungssteifigkeit und der Breite der Hystereseschleife läßt aber eine sinnvolle vereinfachte Beschreibung für die Dämpfung erkennen. Ab üblichen Belastungs- bzw. Verformungsamplituden $T_W \sim 0{,}25 T_{KN}$ ist die Dämpfung im Gegensatz zur Steifigkeit als nahezu konstant anzusehen. Sie ist bei weitem nicht so amplitudenabhängig wie die Steifigkeit sondern in einem weiten Amplituden- und Frequenzbereich nahezu konstant.

Daher wurde in [28] und [59] ein Ansatz vorgeschlagen, der davon ausgeht, daß das Dämpfungsmoment frequenzunabhängig ist. Dies erreicht man einmal dadurch, daß entweder eine aktuelle Erregerfrequenz oder die Eigenfrequenz eines Zwei-Massenschwingers mit der Relativkoordinate $\varphi = \varphi_1 - \varphi_2$ im jeweiligen Verformungszustand als Bezugsfrequenz definiert wird. Im Resonanzfall bei nicht allzu großer Nichtlinearität sind beide Definitionen identisch.

Für die praktische Berechnung empfiehlt sich eine Modifikation bei geschwindigkeitsproportionaler Dämpfung und nichtlinearer Kennlinie. Dabei wird die verhältnismäßige Dämpfung ψ bei Elastomeren für kleinere Ausschläge bestimmt.

$$\psi = \frac{2\pi d\,(\Omega)\Omega}{C_T} = \text{const} \tag{8.34}$$

mit

$$D(\Omega) = \frac{d(\Omega)}{2J\omega_0} \quad \text{und} \quad J = \frac{J_1 J_2}{J_1 + J_2}. \tag{8.35}$$

Eine etwas allgemeinere Form ergibt sich, wenn für jeden Punkt der nichtlinearen Kennlinie konstante verhältnismäßige Dämpfung vorausgesetzt wird. Die winkelabhängige Eigenkreisfrequenz, die für kleine Auslenkungen in dem jeweiligen Kennlinienpunkt gilt, folgt mit der Federsteifigkeit $C_T(\varphi)$ zu

$$\omega(\varphi) = \sqrt{\frac{C_T(\varphi)}{J}}, \qquad C_T(0) = C_{T0}. \tag{8.36}$$

Der winkelabhängige Dämpfungskoeffizient folgt dann zu

$$\psi = \frac{2\pi d(\varphi)\omega(\varphi)}{C_T(\varphi)} = \text{const.} \tag{8.37}$$

Man erkennt nun, da ψ frequenzunabhängig ist, daß der Dämpfungsbeiwert d frequenzabhängig bzw. ausschlagabhängig sein muß.

8.5 Erregermomente von Antriebs- und Arbeitsmaschinen

Elektrische Drehstromantriebe, wie Asynchron- und Synchronmotoren kommen im Bereich der Antriebstechnik häufig zum Einsatz. Beim Einschaltvorgang entstehen in den Elektromotoren Pendelmomente durch elektrische Ausgleichsvorgänge, die zu einer starken mechanischen Zusatzbelastung im Antriebssystem führen können [60-62]. Im allgemeinen sind elektrische Maschine und mechanisches System über die Bewegungskoordinaten des Rotors miteinander gekoppelt, so daß sich beide Schwingungssysteme gegenseitig beeinflussen. Diese Verknüpfung erfordert dann eine parallele Lösung der Differentialgleichungen des elektrischen und des mechanischen Systems, was meistens einen erheblichen Rechenaufwand bedeutet.

Mit wachsender mechanischer Systemdämpfung nimmt jedoch die gegenseitige Beeinflussung beider Systeme ab, so daß eine getrennte Lösung zulässig wird [63]. In solchen Fällen läßt sich das Luftspaltmoment meßtechnisch oder rechnerisch ermitteln und durch zeit- bzw. schlupfabhängige Störfunktionen beschreiben. Die Trennung von elektrischen und mechanischen Systemen hat sich für die meisten Antriebsfälle als zulässig erwiesen [58, 59, 62, 64-68].

8.5.1 Asynchronmotoren

Der symmetrische Drehstromasynchronmotor gibt im stationären Betrieb an einem symmetrischen Spannungssystem keine für Drehschwingungssysteme zu berücksichtigende Pendelmomente ab. Beim Einschalten des stehenden Motors erzeugen aber die auftretenden Ausgleichsvorgänge Pendelmomente mit Netzfrequenz, die mit der Ständerzeitkonstante abklingen. Die Berechnung dieser Vorgänge erfolgt am besten nach der Zweiachsentheorie und der daraus abgeleiteten vereinfachten Beziehung nach [59, 63, 64, 66, 68].

Die Beschreibung des Luftspaltmomentes eines anfahrenden Asynchronmotors läßt sich in analytischer Form vereinfacht durchführen [62]. Dazu wird der stationären, schlupfabhängigen Motorkennlinie eine abklingende Pendelmomentschwingung mit dem Anfangswert der Amplitude M_A überlagert (Bild 8.28). Die Beschreibung des Luftspaltmoments erfolgt stückweise in drei Bereichen:

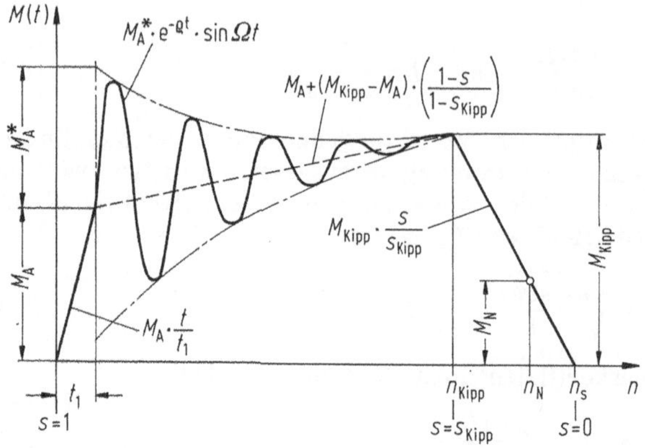

Bild 8.28. Analytische Beschreibung des Luftspaltmomentes eines anfahrenden Asynchronmotors

Bereich 1 ($t < t_1$):

$$M(t) = M_A t/t_1; \tag{8.38a}$$

Bereich 2 ($s > s_{Kipp}$): (8.38b)

$$M(t, \dot{\varphi}) = M_A + (M_{Kipp} - M_A)\left\{\frac{1-s}{1-s_{Kipp}}\right\} + M_A^* e^{-pt} \sin \Omega t;$$

Bereich 3 ($s \leqq s_{Kipp}$):

$$M(t, \dot{\varphi}) = M_{Kipp}\, s/s_{Kipp}, \tag{8.38c}$$

wobei der Schlupf durch

$$s = 1 - \frac{p\dot{\varphi}}{\Omega} = 1 - \frac{n}{n_s} \tag{8.39}$$

beschrieben wird (p ist die Polpaarzahl). Der Bereich 1 bis zum Erreichen des Anfahrmomentes M_A wird zeitlich und die Bereiche 2 und 3 werden schlupfabhängig gesteuert.

8.5.2 Synchronmotoren

Synchronmotoren geben im stationären Bereich bei synchronem Lauf und zeitlich konstanter Belastung ein konstantes Moment ab. Dagegen entstehen beim asynchron erregten Anlauf von Synchronmotoren Pendelmomente mit doppelter Schlupffrequenz, die sich der stationären Motorkennlinie überlagern [60]. Beim asynchron erregten Anlauf und bei Ausgleichsvorgängen wie z.B. Netzumschaltung entstehen dagegen Pendelmomente, die mit der Netzfrequenz schwingen und mit einer Zeitkonstanten abklingen. Durch Überlagerung der stationären Motorkennlinie mit beiden Pendelmomentanteilen läßt sich das reale Luftspaltmoment beim Anfahren abbilden. Da auch hier von einer zulässigen Entkopplung von elektrischen und mechanischen Schwingungen ausgegangen wird, läßt sich das Luftspaltmoment durch folgenden analytischen Ansatz beschreiben:

$$M(t, \dot{\varphi}) = M_N\left\{\left[a_s + b_s\left(\frac{p\dot{\varphi}}{\Omega}\right)^{e_{1s}} - c_s\left(\frac{p\dot{\varphi}}{\Omega}\right)^{e_{2s}}\right] + \left[a_d + b_d\left(\frac{p\dot{\varphi}}{\Omega}\right)^{e_{1d}} - c_d\left(\frac{p\dot{\varphi}}{\Omega}\right)^{e_{2d}}\right] \sin 2(\Omega t - \varphi_0)\right\} + M_A^* e^{-\varrho t} \sin \Omega t. \tag{8.40}$$

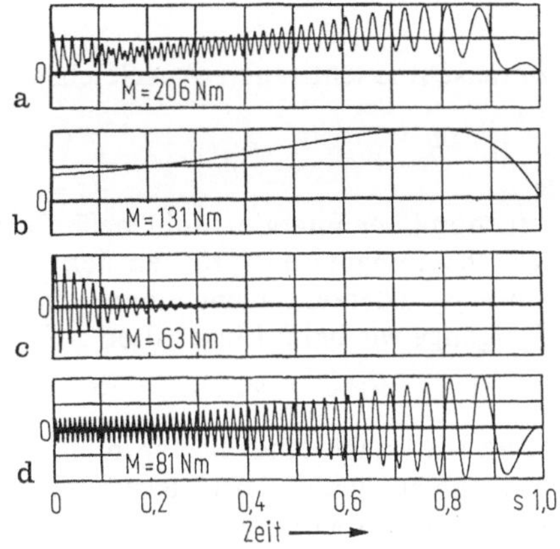

Bild 8.29a–d. Luftspaltmoment eines anlaufenden Synchronmotors. a) Überlagerung; b) mittleres Moment; c) Amplitude des Pendelmomentes mit Netzfrequenz; d) Amplitude des Pendelmomentes mit doppelter Schlupffrequenz

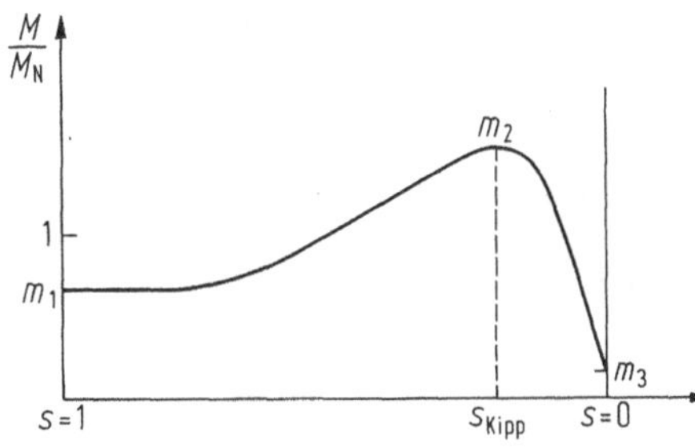

Bild 8.30. Bestimmung der Koeffizienten des statischen und dynamischen Momentenverlaufs des Synchronmotors

Bild 8.29 zeigt den Zeitverlauf des überlagerten Luftspaltmomentes und die Einzelverläufe vor der Überlagerung. Die Koeffizienten in dem Ansatz (8.40) lassen sich mit (8.41) aus der statischen und dynamischen Motorkennlinie (Bild 8.30) bestimmen, wenn man für die Exponenten Wertebereiche von $e_{1s} = e_{1d} = 2 \ldots 5$ und $e_{2s} = e_{2d} = 30 \ldots 50$ annimmt:

$$a_s = m_1,$$
$$c_s = \frac{m_1 - m_3 + (m_2 - m_1)/(1 - s_{\text{Kipp}})^{e_{1s}}}{1 - (1 - s_{\text{Kipp}})^{(e_{2s} - e_{1s})}}, \tag{8.41}$$
$$b_s = m_3 + c_s - a_s.$$

In analoger Weise werden die Koeffizienten a_d, b_d, c_d für den Pendelmomentenverlauf bestimmt. Der Ansatz (8.40) ermöglicht eine weitgehende Anpassung an experimentell oder rechnerisch ermittelte Luftspaltmomente von Synchronmotoren.

Für die Auslegung von Antriebssystemen mit Drehstromantrieben sind noch weitere Übergangsvorgänge zu beachten, weil die dabei entstehenden Ausgleichsmomente im Wellenstrang unzulässig hohe Wechselmomente hervorrufen können.

Dreipoliger Kurzschluß

Bei einem dreipoligen Stoßkurzschluß eines Asynchron- oder Synchronmotors entstehen Ausgleichsmomente mit Netzfrequenz, die höher als die beim Einschaltvorgang sind.

Zweipoliger Kurzschluß

Sowohl bei der Asynchron- als auch Synchronmaschine entstehen Ausgleichsmomente mit einfacher und doppelter Netzfrequenz.

Spannungseinbruch

Die bei einem Spannungseinbruch ohne Unterbrechung der Energiezufuhr nach dem Wiederkehren der Spannung auftretenden Ausgleichsmomente entsprechen den Momenten bei dreipoligem Kurzschluß. Bei Spannungswiederkehr nach einem länger dauernden Spannungseinbruch treten ähnliche Vorgänge wie beim Einschalten auf.

Spannungsunterbrechung

Trennt man einen Motor kurzzeitig vom Netz und wird nach einer bestimmten Zeit wieder zu- oder auf ein anderes Netz umgeschaltet, so entstehen Ausgleichsmomente mit Netzfrequenz, die höher als beim zwei- bzw. dreipoligen Kurzschluß sein können. Diese Vorgänge sind hauptsächlich bei Asynchronmaschinen zu beachten, weil man bei Synchronmotoren auf Schnellumschaltung meistens verzichtet und erst nach genügend langer spannungsloser Pause erneut eingeschaltet wird.

8.5.3 Gleichstrommotoren

Gleichstrommotoren werden hauptsächlich bei drehzahlgeregelten Antrieben eingesetzt. Die Luftspaltmomente von Gleichstrommotoren sind von der Drehzahl abhängig und können durch die Regelung beeinflußt werden. Pendelmomente, wie sie bei Drehstrommotoren vorliegen können, treten nicht auf.

Als wichtigste Momentencharakteristiken des Gleichstromantriebs seien hier das Nebenschluß- und das Reihenschlußverhalten genannt (Bilder 8.31 und 8.32).

Die Drehzahl der Gleichstrommaschine kann mit Hilfe der Ankerspannung (Primärverstellung, hohe Motorsteifigkeit), oder durch Feldverstellung (Sekundärverstellung, hohe Drehzahl, geringe Motorsteifigkeit) beeinflußt werden [69].

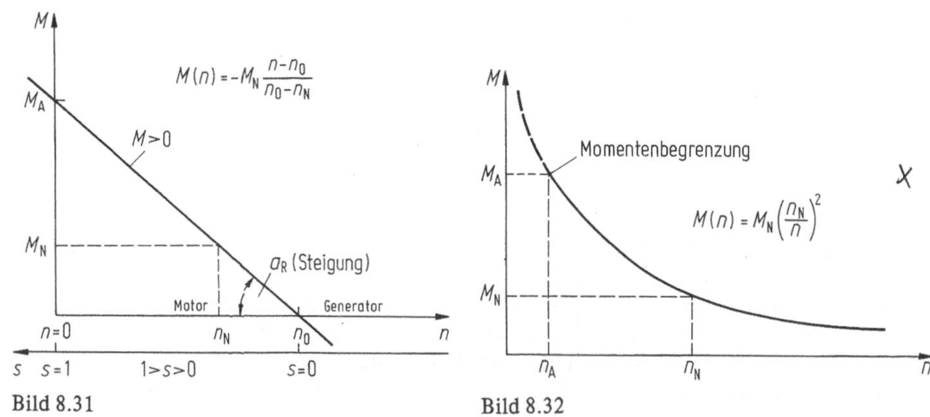

Bild 8.31

Bild 8.32

Bild 8.31. Momentenkennlinie eines Gleichstrommotors mit Nebenschlußverhalten (regelnde Kennlinie)

Bild 8.32. Momentenkennlinie eines Gleichstrommotors mit Reihenschlußverhalten (Feldschwächungsbereich)

8.5.4 Umrichtergespeiste Motoren

Mit fortschreitender Entwicklung der Leistungselektronik kommen zunehmend Umrichter für drehzahlgeregelte Drehstrommotoren auf den Markt. Die statischen Umrichter erzeugen aus dem Drehstrom konstanter Netzfrequenz einen Gleichstrom, der dann anschließend mit einem Wechselrichter in einen Drehstrom mit variabler Frequenz umgewandelt wird. Frequenzumrichter werden in Schaltungen mit eingeprägter Spannung, eingeprägtem Strom oder pulsbreitenmodulierter Ausgangsspannung hergestellt [70].

Die so erzeugten Spannungs- und Stromverläufe besitzen teilweise größere Abweichungen von dem idealen Sinusverlauf. Die Oberwellen wirken sich auf die Luftspaltmomente aus und können zu Anregungen von Eigenfrequenzen im Antriebssystem führen [71].

Statische Umrichter decken den unteren bis mittleren Leistungsbereich der Drehstrommotoren ab und stellen einen Wettbewerber zu den stufenlosen Getrieben und den drehzahlgeregelten Gleichstromantrieben dar.

8.5.5 Kolbenmaschinen

Neben den Drehstromantrieben werden auch Kolbenkraft- und Kolbenarbeitsmaschinen in Antriebsstränge eingesetzt. Aufgrund des Arbeitsprinzips erzeugen diese Maschinen periodische Drehmomente an der Kurbelwelle, die je nach Taktzahl mit 2 oder 4 periodisch sind. Gleichzeitig zeigen für diese Maschinen die auf die Kurbelwelle reduzierten Trägheitsmassen periodische Abhängigkeiten von dem Kurbelwinkel [72, 73]. Der Drehmomentenverlauf des Gasdrucks an der Kurbelwelle läßt sich näherungsweise in der Form einer endlichen Fourier-Reihe mit dem Argument $n\varphi$ darstellen:

$$M(t, \varphi) = M_m + \sum_{n=1}^{N} (M_{1n} \cos n\varphi + M_{2n} \sin n\varphi) . \tag{8.42}$$

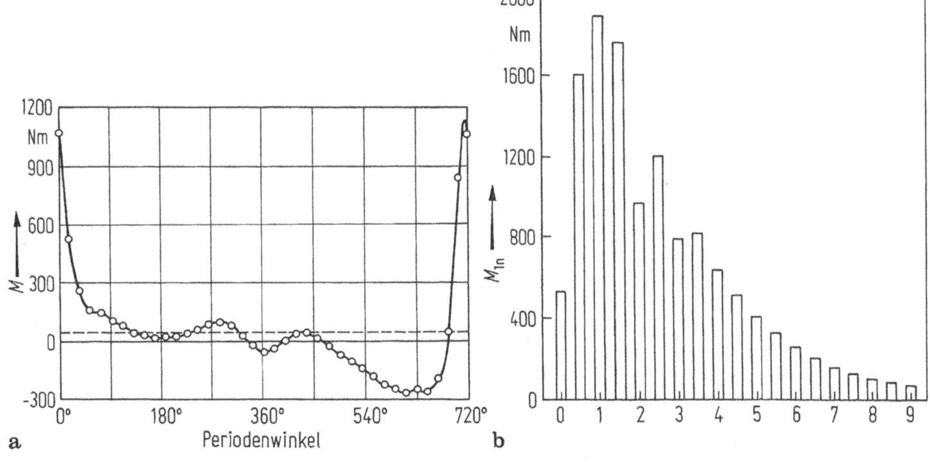

Bild 8.33 a u. b. Fourier-Analyse des Gasdruckmomentes eines Zylinders eines Viertakt-Dieselmotors. a) Fourier-Momentenverlaufs; b) Amplituden der Harmonischen

Für Viertaktmaschinen wird die Summation in (8.42) für $n = 0{,}5; 1; 1{,}5; \ldots; N$ durchgeführt.

Bild 8.33 zeigt den Gasdruckmomentenverlauf eines Zylinders eines Viertakt-Dieselmotors mit den harmonischen Anteilen der Gasdruckamplituden. Bei Einzylindermaschinen können alle Harmonischen die Eigenfrequenzen eines Antriebs anregen.

Bei Mehrzylindermaschinen heben sich die Harmonischen der einzelnen Zylinder je nach Zylinderzahl und -anordnung teilweise auf. Es verbleiben die Hauptharmonischen, die bei Auslegung eines Antriebs beachtet werden müssen. Bild 8.34 zeigt den resultierenden Momentenverlauf eines Achtzylinder-Viertakt-Reihendieselmotors mit den verbleibenden Fourier-Harmonischen (4. und 8. Ordnung).

Bei ungleichmäßiger Verbrennung in den Zylindern oder im Störungsfall bei Ausfall einer oder mehrerer Zylinder oder bei Fehlzündungen treten zusätzliche Harmonische im Fourier-Spektrum auf, die das Schwingungsverhalten eines Antriebs je nach Lage der Eigenfrequenzen stark beeinflussen können.

Hilfsmittel zur Schwingungsbekämpfung in Verbrennungsmotoren sind Schwungräder zwischen Motor und Antrieb sowie Dämpfer auf dem freien Kurbelwellenende.

8.5.6 Hydraulikmotoren

Hydraulikmotoren zeichnen sich gegenüber den anderen Antrieben durch die hohen Drehmomente bei kleiner Baugröße aus. Nachteilig ist der geringe Wirkungsgrad und ein erhöhter Verschleiß einzelner Bauteile infolge der Reibung bei hohen Kräften.

Da Hydraulikmotoren eine begrenzte Anzahl von Druckkammern (Axial-, Radialkolben) besitzen, kommt es bei einer Beaufschlagung mit einem konstanten Volumenstrom zu einer Pulsation der Bewegung und somit zu einer Schwankung des erzeugten Drehmomentes [75]. Je nach Bauform und Anzahl der Druckkammern des Motors lie-

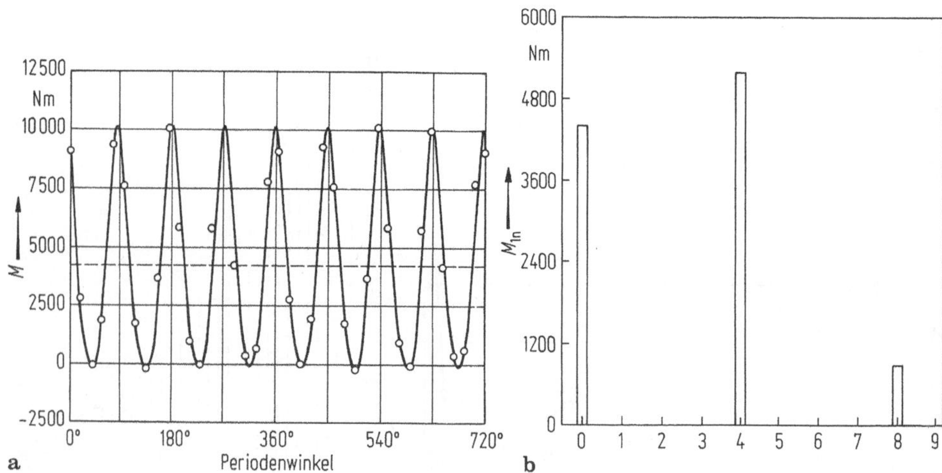

Bild 8.34a. u. b. Fourier-Analyse des überlagerten Motormomentes der acht Zylinder eines Viertakt-Reihendieselmotors für den Normalbetrieb (acht gleiche Einzelmomente). a) Fourier-Momentenverlauf; b) Amplituden der Harmonischen

gen unterschiedliche Momentenschwankungen vor (bis etwa 30 %). Bei niedrigen Drehzahlen machen sich die Gleichlaufschwankungen verstärkt bemerkbar.

Bei anderen Bauformen wie Flügelzellenmotore, bei denen theoretisch keine pulsierenden Fördermengen auftreten können, kommt es ebenso zu einer geringfügigen Pulsation infolge Dichtungsverluste in den einzelnen Zellen.

Die Drehmomentschwankungen lassen sich mit Hilfe von Fourier-Reihen darstellen und als Anregung in Schwingungsberechnungen berücksichtigen.

8.5.7 Strömungsmaschinen

Strömungsmaschinen (Gas-, Dampf- und Wasserturbine) geben im Idealfall ein gleichmäßiges Moment ab. Die Abhängigkeit des Momentes von der Drehzahl, der Strömungsgeschwindigkeit des Mediums und der Stellung der Schaufeln hat aber im realen Anwendungsfall unter Umständen periodische Momentenschwankungen zur Folge. Als Ursache kommen dabei z. B. Ablagerungen in Lauf- und Leitschaufeln oder Rückwirkungen auf den dynamischen Zustand des Gesamtsystems in Frage, wenn sich etwa daraus eine periodische Änderung des Strömungszustandes ergibt.

8.5.8 Turboarbeitsmaschinen

Zur Beschreibung der Belastungsmomente von Turboarbeitsmaschinen eignet sich der Momentenverlauf, der in Bild 8.35 dargestellt ist. Das Belastungsmoment setzt sich aus einem konstanten und einem exponentiellen von der Winkelgeschwindigkeit abhängigen Momentenanteil zusammen:

$$M(t, \dot{\varphi}) = -\left\{M_A + (M_N - M_A)\left|\frac{\dot{\varphi}}{\Omega_N}\right|^E\right\} \operatorname{sign}(\dot{\varphi}) \tag{8.43}$$

mit M_A als konstantes Moment (Coulombsches Reibmoment), M_N als Belastungsmoment bei Nennwinkelgeschwindigkeit, Ω_N als Nennwinkelgeschwindigkeit und E als Exponent des Belastungsmoments. Aufgrund der Signumfunktion wirkt das Belastungsmoment immer der aktuellen Drehrichtung entgegen.

Bei Wasserturbinen oder Schiffspropeller können bei einem inhomogenen Anströmfeld Drehmomentenschwankungen mit Blattfrequenz (Drehfrequenz mal Flügelanzahl) auftreten. Drehzahlbereiche, in denen die Blattfrequenz eine Eigenfrequenz anregt, sollten daher für den stationären Betrieb gemieden werden. Ähnliches gilt für Ventilatoren und Axialgebläse.

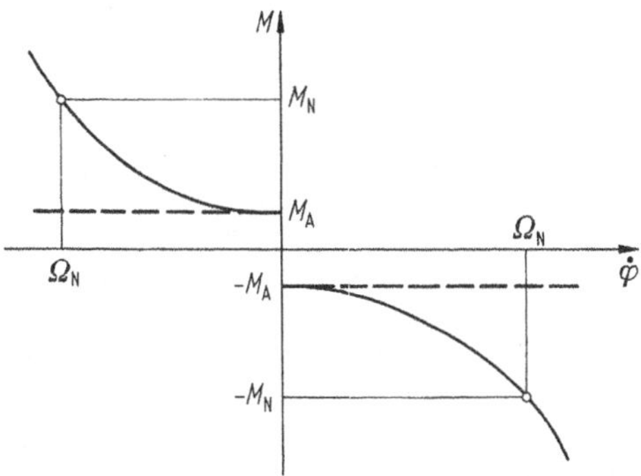

Bild 8.35. Belastungsmomentenkennlinie für Turbomaschinen mit konstantem Reibmoment

8.5.9. Eigenschaften der Arbeitsmaschinen

Drehmomentschwankungen aus der Arbeitsmaschine beeinflussen das Schwingungsverhalten eines Antriebs in gleichem Maße wie die aus der Antriebsmaschine. Das Drehmoment wird durch das Arbeitsprinzip der Arbeitsmaschine und somit durch den nachgeschalteten Prozeß bestimmt. Bei Fördergeräten oder Walzstraßen mit periodischer oder nichtperiodischer Arbeitsweise kann z. B. der Ansatz (8.42) entsprechend der pro Maschinendrehung zu berücksichtigenden Arbeitsspiele verwendet werden.

8.6 Stochastische Anregung

Neben den vorgestellten Arbeits- und Lastmomenten mit deterministischem Charakter gibt es noch eine ganze Reihe von Maschinen wie Mühlen, Brecher, die aufgrund des verfahrenstechnisch vorgegebenen Arbeitsablaufs eine unregelmäßige Belastung des Antriebssystems erzeugen. Derartige Vorgänge können z. B. durch stückweise konstante Belastungsmomente beschrieben werden.

8.7 Beispiele

Die im folgenden vorgestellten Beispiele wurden mit dem Programmsystem DRESP [95] unter Einsatz der Taylor-Methode durchgerechnet.

Mit der mathematischen Darstellung der zeitabhängigen Antriebs- und Lastmomente sowie des Steifigkeits- und Dämpfungsverhaltens der im Antriebsstrang vorhandenen Maschinenelemente ist es möglich, die Stoßmomente beim Anfahren, Resonanzdurchlauf sowie den stationären Betrieb mit guter Genauigkeit zu berechnen. Dazu muß jedoch das Antriebssystem durch ein der Berechnung zugängliches Schwingungsmodell ersetzt werden. Die Berechnungen vereinfachen sich sehr, wenn es gelingt, die Massenzahl zu reduzieren. Je einfacher das Modell, um so größer ist jedoch die Einbuße an Genauigkeit.

8.7.1 Einfluß der Kupplung auf das dynamische Strangverhalten

Neben der Berechnung der zu erwartenden Belastung etwa einer Kupplung bietet ein Simulationsprogramm auch die Möglichkeit, schon im Konzeptstadium einer Konstruktion, z. B. den Einfluß verschiedener, zur Verfügung stehender Kupplungen auf die Belastung der kritischen Strangelemente abzuschätzen. Das vorliegende Beispiel soll zur Verdeutlichung einer Anwendung in diesem Sinne die Berechnung der Getriebebelastung unter der Berücksichtigung verschiedener Antriebsmöglichkeiten und Getriebespiele im Hinblick auf eine Kupplungsauswahl erläutern.

Es handelt sich dabei um das Antriebssystem in Bild 8.36, bestehend aus Antriebsmaschine, Kupplung, einstufiges Stirnradgetriebe und Arbeitsmaschine. Für die Kupplung werden alternativ zwei lineare ($C_{T1,1}$ und $C_{T1,2}$) und eine nichtlineare Kennlinie angenommen, die in Bild 8.37 dargestellt sind. Im Fall der linearen Kupplungen wird mit einer weichen Kennlinie (System 1 in Bild 8.36), die etwa der Tangente im Nullpunkt an die nichtlinere Kennlinie entspricht, und einer härteren Kennlinie, die etwa der Steigung der nichtlinearen Kennlinie im Arbeitspunkt der Antriebsmaschinen entspricht (System 2 in Bild 8.36) gerechnet.

Die Parametererregung im Getriebe wird durch eine vorgegebene Schwankung des Zahnsteifigkeitsverlaufs zwischen den Grenzen C_{vmax} und C_{vmin} ($C_{vmax}/C_{vmin}=1{,}3$) er-

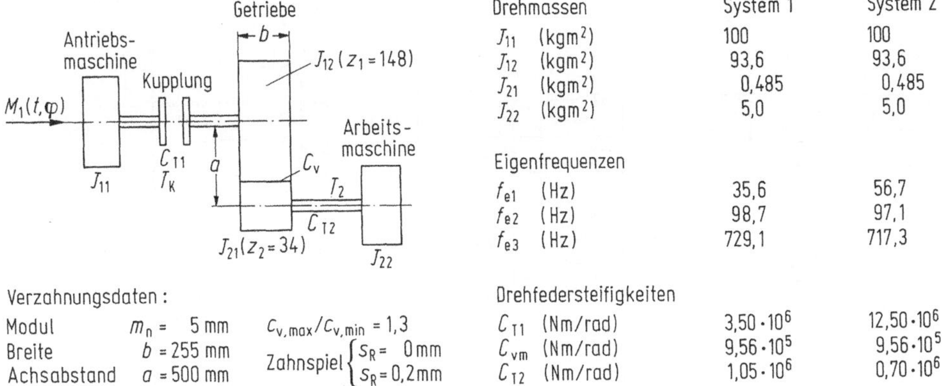

Bild 8.36. Antriebssystem mit Getriebe

faßt. Die mittlere Zahnsteifigkeit C_{vm} ist in Bild 8.36 gegeben. Das Zahnspiel der Getriebestufe beträgt 0,2 mm.

Die Anlaufberechnung für die verschiedenen Antriebsarten mit Asynchron- und Synchronmotor liefert den Zeitverlauf des Antriebsdrehmoments, das Drehmoment in der Kupplung und der abtriebsseitig angeordneten Welle, die Zahnbelastung, den vorgegebenen Zahnsteifigkeitsverlauf und die Drehzahlen am Getriebeeingang und -ausgang. Bei der Berechnung wurde angenommen, daß die Arbeitsmaschine unbelastet angefahren wird. Außerdem wird die maximale Zahnbelastung, bezogen auf die statische Zahnbelastung in Abhängigkeit von der dimensionslosen Drehzahl $N = nz/n_e$ bestimmt.

Bild 8.38 zeigt die Zeitverläufe beim Hochlauf der Anlage mit einem Asynchronmotor bei Berücksichtigung des Getriebespiels bis zu einer Drehzahl von 416,38 min^{-1}. Eine zusammenfassende Darstellung der bezogenen Zahnbelastung über der bezogenen Drehzahl $N = nz/n_e$ in Bild 8.39 zeigt neben dem Kennlinieneinfluß auch die Auswirkung des Zahnspiels. Bei linearer Kupplung ($C_{T1,1}$) und spielfreiem Getriebe folgt der Zahnkraftverlauf unmittelbar der Kupplungsbelastung und führt zu einer fünffachen Belastung der Verzahnung. Im Drehzahlbereich von ca.

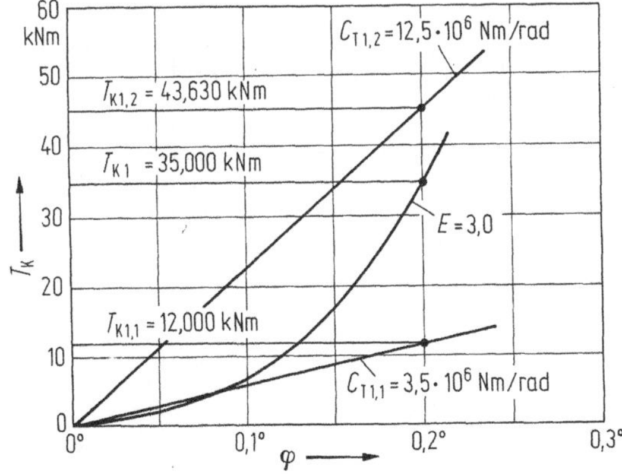

Bild 8.37. Kupplungskennlinien zum System nach Bild 8.36

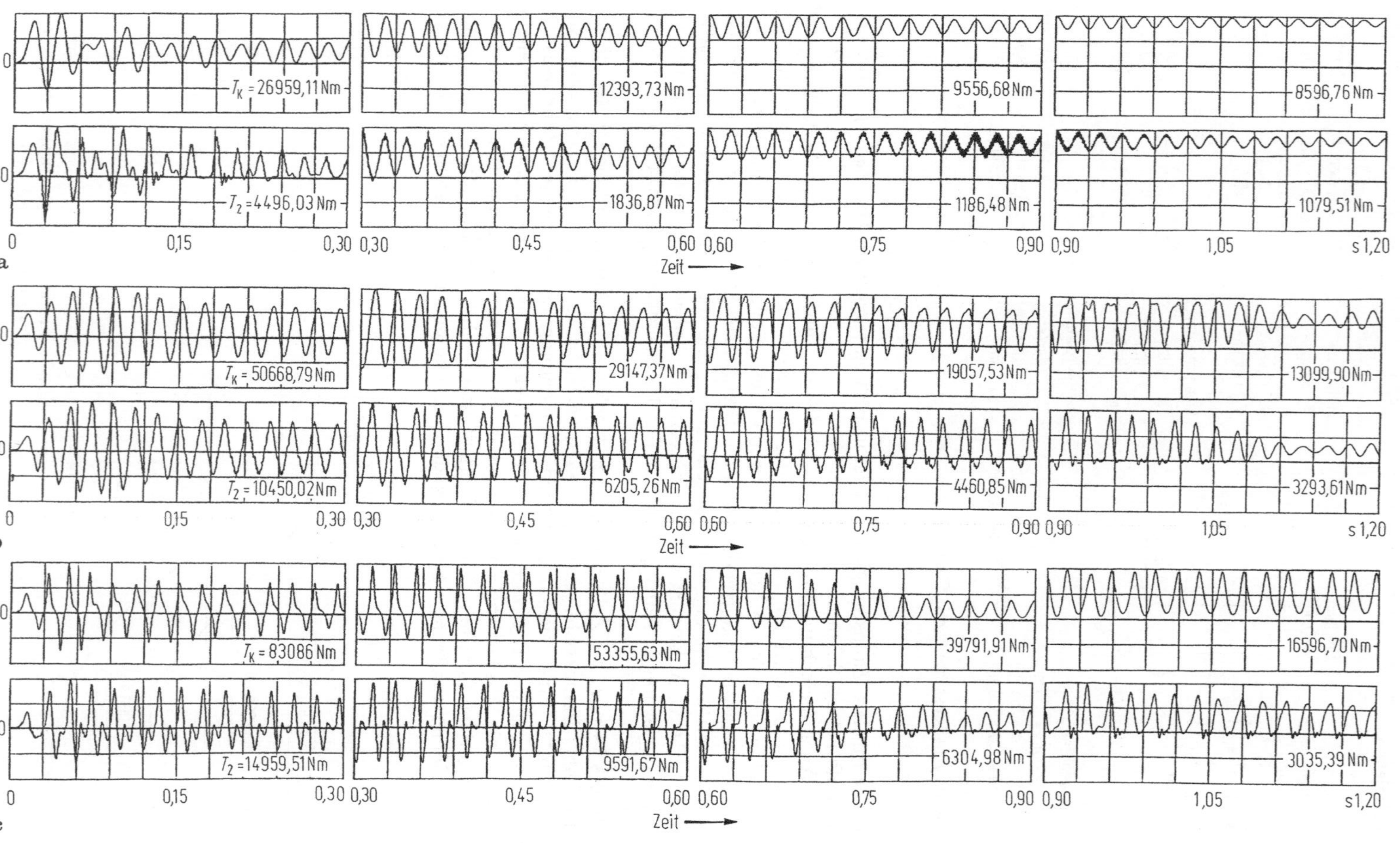

0
T_K = 26959,11 Nm
12393,73 Nm
9556,68 Nm
8596,76 Nm
0
T_2 = 4496,03 Nm
1836,87 Nm
1186,48 Nm
1079,51 Nm
0
0,15
0,30
0,30
0,45
0,60
0,60
0,75
0,90
0,90
1,05
s 1,20
a
Zeit
0
T_K = 50668,79 Nm
29147,37 Nm
19057,53 Nm
13099,90 Nm
0
T_2 = 10450,02 Nm
6205,26 Nm
4460,85 Nm
3293,61 Nm
0
0,15
0,30
0,30
0,45
0,60
0,60
0,75
0,90
0,90
1,05
s 1,20
b
Zeit
0
T_K = 83086 Nm
53355,63 Nm
39791,91 Nm
16596,70 Nm
0
T_2 = 14959,51 Nm
9591,67 Nm
6304,98 Nm
3035,39 Nm
0
0,15
0,30
0,30
0,45
0,60
0,60
0,75
0,90
0,90
1,05
s 1,20
c
Zeit

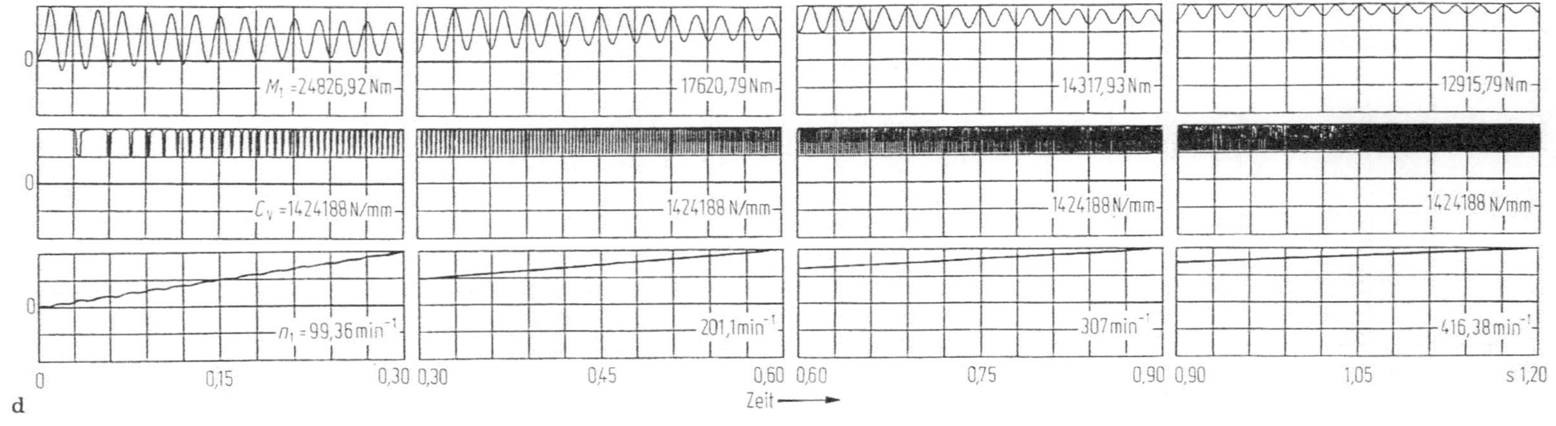

Bild 8.38a–d. Hochlauf des Antriebssystems nach Bild 8.36 mit einem Asynchronmotor und Zahnspiel. a) lineare, drehnachgiebige Kupplungskennlinie (System 1); b) lineare, drehsteife Kupplungskennlinie (System 2); c) Kupplung mit progressiver Kennlinie; d) Verlauf des Erregermomentes, der Zahnsteifigkeit und der Drehzahl

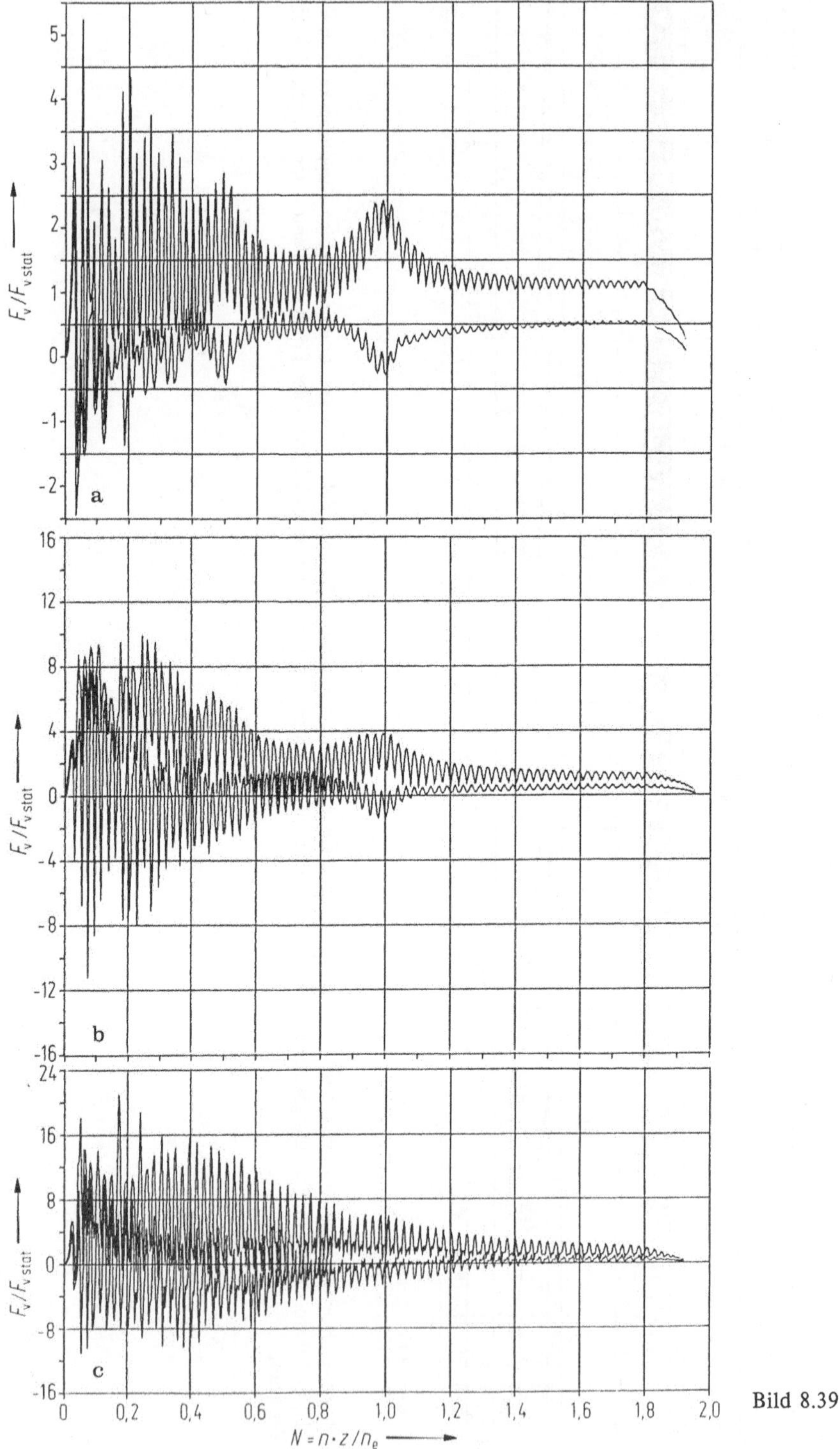

Bild 8.39

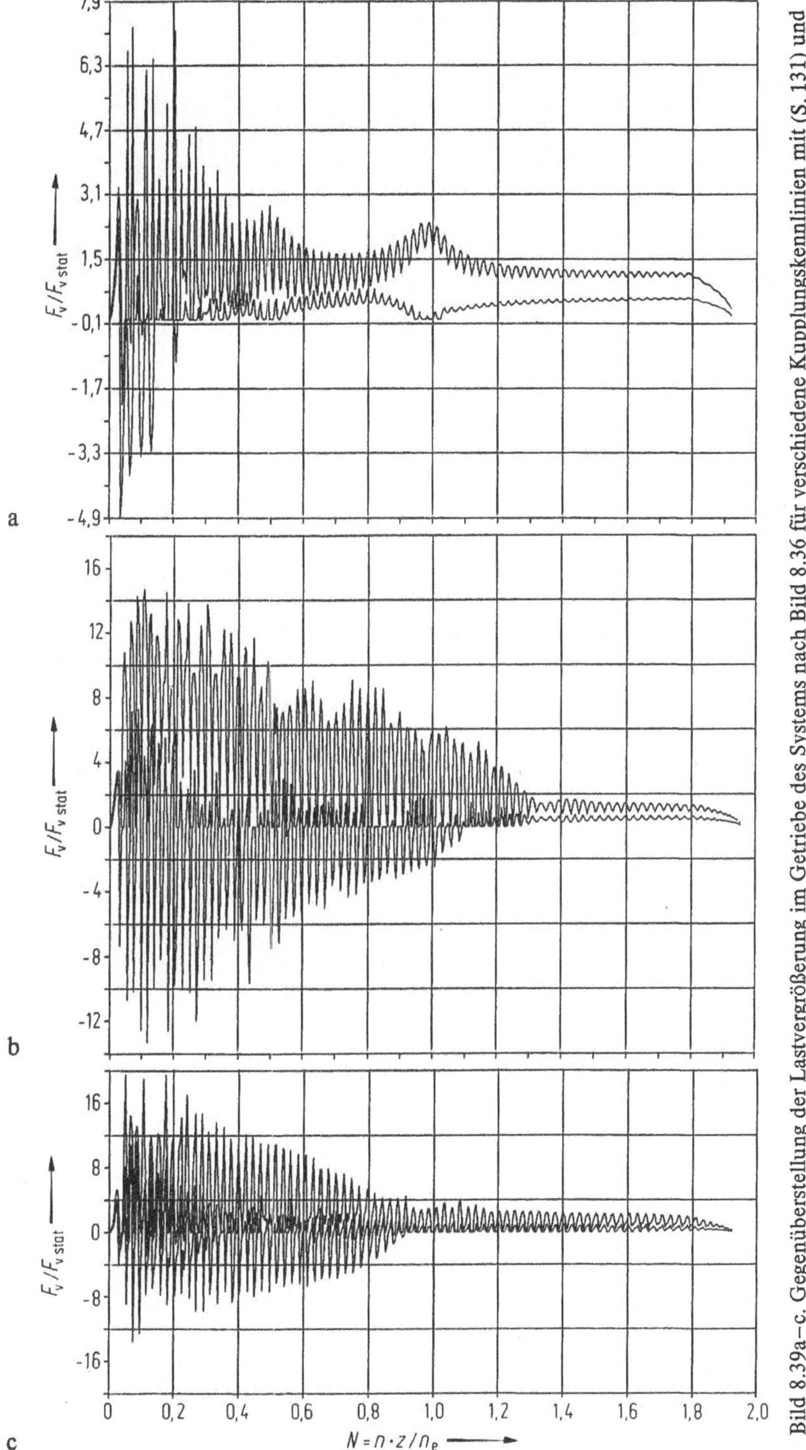

Bild 8.39a–c. Gegenüberstellung der Lastvergrößerung im Getriebe des Systems nach Bild 8.36 für verschiedene Kupplungskennlinien mit (S. 131) und ohne (S. 130) Zahnspiel. a) lineare, drehnachgiebige Kupplungskennlinie (System 1); b) lineare, drehsteife Kupplungskennlinie (System 2); c) Kupplung mit progressiver Kennlinie

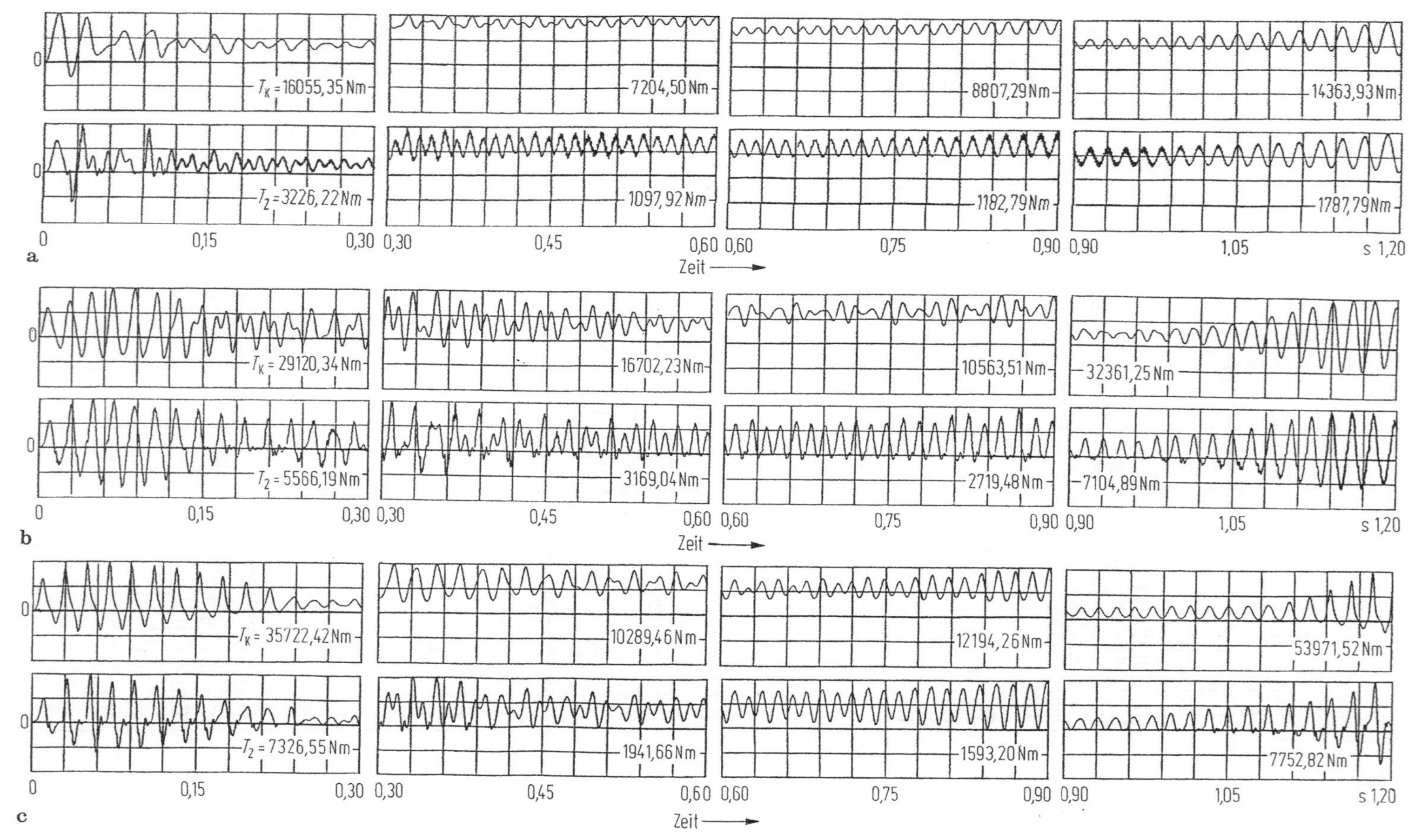
a
T_K = 16055,35 Nm
7204,50 Nm
8807,29 Nm
14363,93 Nm
T_2 = 3226,22 Nm
1097,92 Nm
1182,79 Nm
1787,79 Nm
0
0,15
0,30
0,45
0,60
0,75
0,90
1,05
s 1,20
Zeit
b
T_K = 29120,34 Nm
16702,23 Nm
10563,51 Nm
32361,25 Nm
T_2 = 5566,19 Nm
3169,04 Nm
2719,48 Nm
7104,89 Nm
c
T_K = 35722,42 Nm
10289,46 Nm
12194,26 Nm
53971,52 Nm
T_2 = 7326,55 Nm
1941,66 Nm
1593,20 Nm
7752,82 Nm

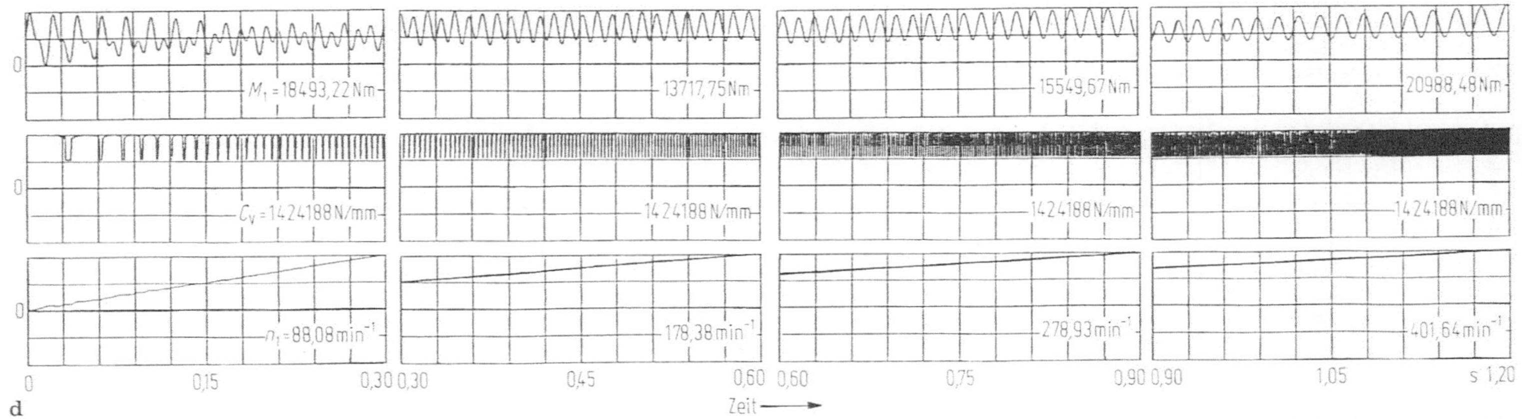

Bild 8.40a–d. Hochlauf des Antriebssystems nach Bild 8.36 mit einem Synchronmotor und Zahnspiel. a) lineare, drehnachgiebige Kupplungskennlinie (System 1); b) lineare, drehsteife Kupplungskennlinie (System 2); c) Kupplung mit progressiver Kennlinie; d) Verlauf des Erregermomentes, der Zahnsteifigkeit und der Drehzahl

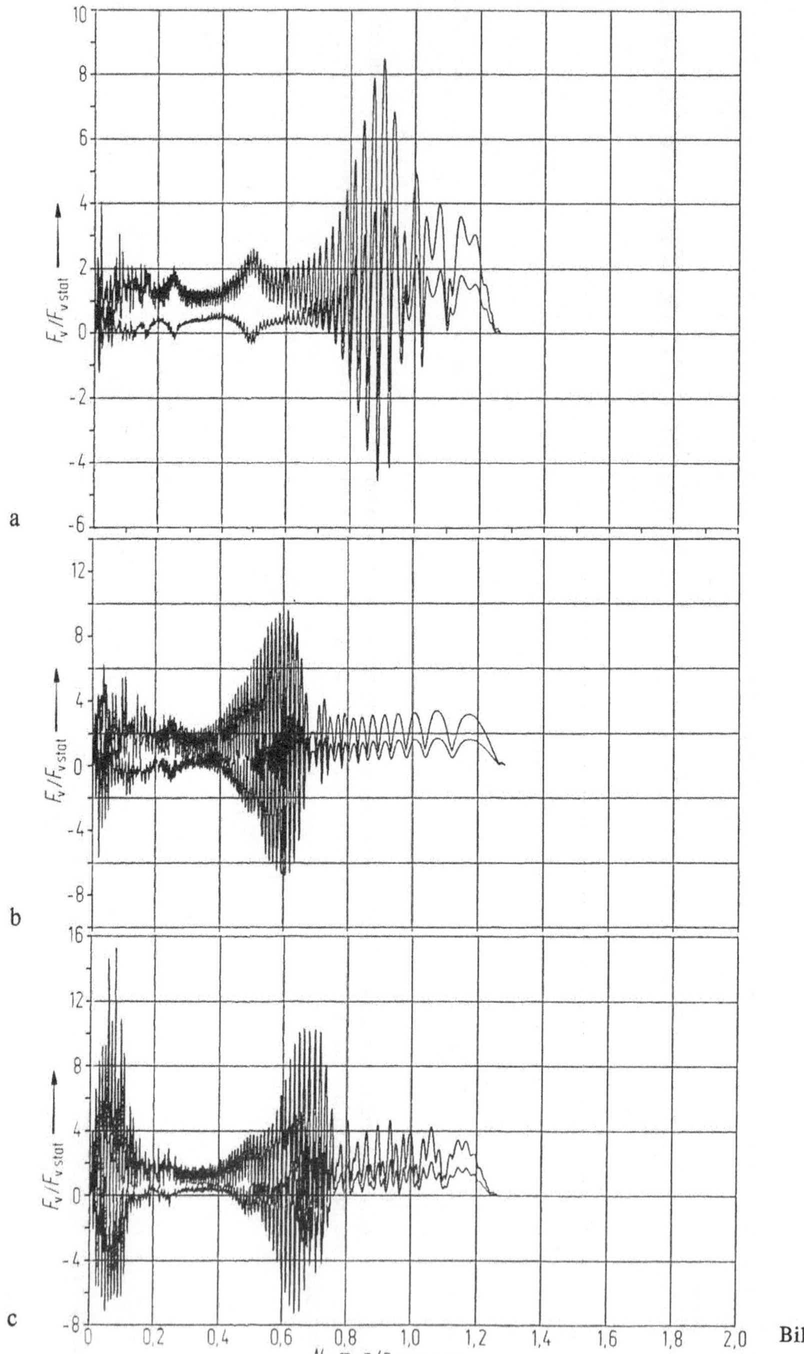

Bild 8.41

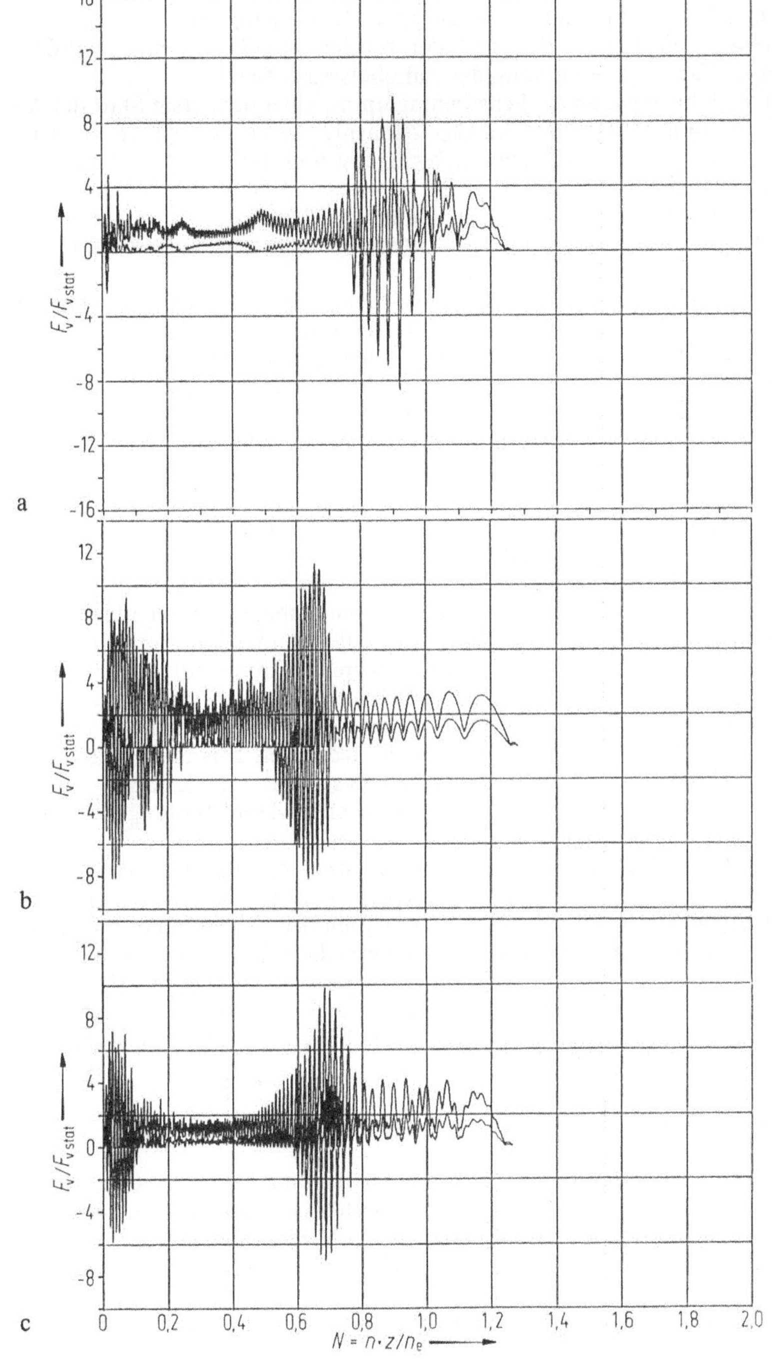

Bild 8.41a–c. Gegenüberstellung der Lastvergrößerung im Getriebe des Systems nach Bild 8.36 für verschiedene Kupplungskennlinien mit (S. 135) und ohne (S. 134) Zahnspiel. a) lineare, drehnachgiebige Kupplungskennlinie; b) lineare, drehsteife Kupplungskennlinie; c) Kupplung mit progressiver Kennlinie

300 min^{-1} wird die Eigenfrequenz der Getriebestufe durchfahren. Der infolge des zeitlich veränderlichen Luftspaltmoments erzwungenen Schwingung überlagert sich hier die parametererregte Schwingung aufgrund der zeitlich veränderlichen Zahnsteifigkeit, die zu einer 2,5fachen Überhöhung der Zahnbelastung führt.

Es zeigt sich, daß die erzwungene Schwingung unmittelbar nach dem Start der Anlage die größte Belastung darstellt. Wird das Zahnspiel berücksichtigt, so zeigt der Hochlauf, daß aufgrund der erzwungenen Schwingung unmittelbar nach Start Abheben der Zahnflanken festzustellen ist. Gegenüber dem spielfreien System steigt damit die Zahnflankenbelastung auf das 7,1fache. Beim Durchlauf der Getriebeeigenfrequenz wird keine wesentliche Änderung der Zahnflankenbelastung festgestellt, da nur kurzzeitiges Abheben der Zähne stattfindet.

Das Antriebssystem verhält sich völlig anders beim Einbau einer Kupplung mit nichtlinearer Kennlinie (Bild 8.37). Beim spielfreien Antriebssystem wird neben der erzwungenen Schwingung auch die erste Oberschwingung aufgrund des nichtlinearen Verhaltens angeregt. Die Belastung erhöht sich beim Start auf das 18fache aufgrund der mit zunehmender Belastung sich in Richtung der Frequenz des Luftspaltmoments verstimmenden Frequenz der Grundschwingung. Beim Durchlauf der Getriebeeigenfrequenz überlagern sich erzwungene und parametererregte Schwingungen. Das Zahnspiel erhöht die Zahnbelastung beim Anlauf auf das 20fache Nennmoment, während im Bereich der Getriebeeigenfrequenz eine geringfügige Verminderung aufgrund der spielbedingten nichtlinearen Effekte auftritt.

Bild 8.40 zeigt den Hochlaufvorgang mit einem Synchronmotor. Aufgrund der Eigenschaften der Synchronmaschine sind neben den schlupfabhängigen Pendelmomenten auch solche mit Netzfrequenz nach dem Einschalten vorhanden. Beim Hochlauf der Anlage werden daher verschiedene Anregungsbereiche durchlaufen. Bei den in Bild 8.40 wiedergegebenen Beispielen für den Hochlaufvorgang mit den linearen und der nichtlinearen Kupplungskennlinie unter Berücksichtigung des Zahnspiels ergeben sich aufgrund der unter der Netzfrequenz liegenden niedrigsten Torsionseigenfrequenzen gegen Ende des Hochlaufvorgangs erhebliche Belastungen infolge Resonanzanregung. Die zu den Anlaufvorgängen gehörenden bezogenen Zahnbelastungen des Getriebes sind in Bild 8.41 wiedergegeben.

Bedingt durch die schlupfabhängige Pendelfrequenz des Luftspaltmomentes wird beim Antriebssystem 2 die höhere Grundeigenfrequenz früher durchlaufen und fällt praktisch mit der Zahnhauptresonanz zusammen. Durch den Einbau einer drehelastischen nichtlinearen Kupplung ergeben sich zwei Bereiche mit erheblichen Belastungen, da wie beim Anlauf mit Asynchronmotoren, beim Einschalten durch die Pendelmomente mit Netzfrequenz die Grundschwingung erregt wird. In beiden Bereichen kommt es zum Abheben der Zahnflanken mit etwas höherer Belastung als bei spielfreiem Getriebe (Bild 8.41).

8.7.2 Kupplungsbelastung beim Anfahren einer Verdichteranlage

Wie schon im Abschn. 8.1 vorgestellt, zeigt Bild 8.3 den Aufbau einer rechnerisch und experimentell untersuchten Verdichteranlage. Sie besteht aus einem Synchronmotor, der über eine Kupplung und ein Getriebe zunächst die Niederdruckstufe und über ein weiteres Getriebe die Hochdruckstufe des Verdichters antreibt. Es wird angenommen, daß der beim Anlaufvorgang neben der Kupplung gemessene Drehmomentenverlauf der Kupplungsbelastung näherungsweise entspricht und Rückschlüsse auf den Verlauf des Luftspaltmoments zuläßt

Obwohl dieser dem charakteristischen Verlauf des Luftspaltmoments eines Synchronmotors ähnelt, handelt es sich streng genommen um eine durch das Systemver-

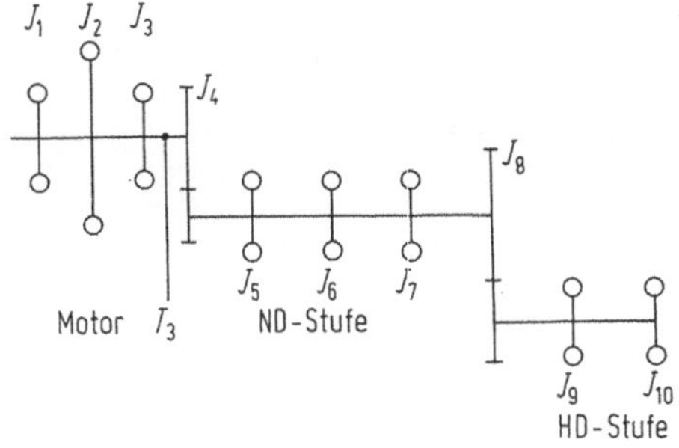

Bild 8.42. Ersatzsystem

halten beeinflußte Abbildung des Luftspaltmoments. Daß es sich dabei nicht ausschließlich um das Motor- sondern auch um das Systemverhalten handelt, ergibt sich z. B. aus der Resonanzstelle bei etwa 22 Hz, die sich erst durch die Übereinstimmung von Motoranregung und einer Eigenfrequenz des Systems ausbilden kann.

Zur Simulation eines derartigen Anlaufvorgangs wird ein diskretes Ersatzsystem entsprechend Bild. 8.42 für den vorliegenden Fall aufgebaut. Die verwendeten Daten können der Tab. 8.3 entnommen werden. Die im Versuch verwendeten Meßstellen sind mit der jeweiligen Bezeichnung der gemessenen Größen eingezeichnet und entsprechen damit auch den Überschriften der Verläufe.

Es ist zur besseren Interpretation der Simulationsergebnisse vorab sinnvoll, sich durch die Berechnung der Eigenfrequenzen und Eigenformen, wie in Bild 8.43 wiedergegeben, einen Überblick über das grundsätzliche Systemverhalten zu verschaffen. Die

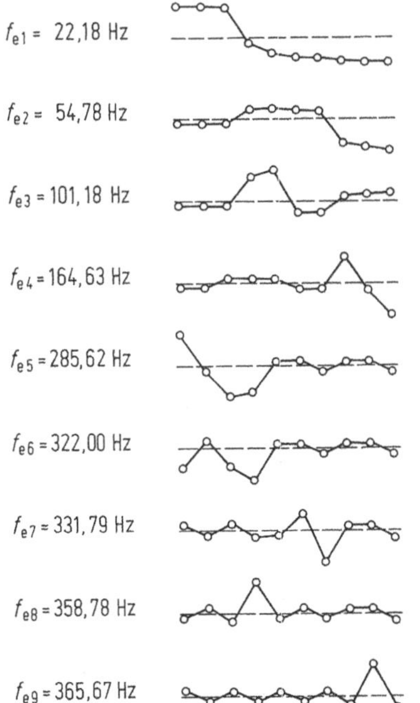

Bild 8.43. Eigenformen und Eigenfrequenzen

Tabelle 8.3. Daten zum Ersatzsystem nach Bild 8.42

Allgemeine Eingabewerte

J(N)	KG*(M**2)/RAD	:	Massenträgheitsmoment der Masse N
KA(N)	NM*S/RAD	:	Absolute Dämpfung der Masse N
PHIA(N)	GRAD	:	Anfangswinkelauslenkung der Masse N
DREH1(N)	1/MIN	:	Anfangsdrehzahl der Masse N
C(I)	NM/RAD	:	Steifigkeit der Welle I
K(I)	NM*S/RAD	:	Relative Dämpfung der Welle I
U(I)	-	:	Übersetzung der Welle I

Nr.	J(N)	KA(N)	PHIA(N)	DREH1(N)
1	1.16370E 02	0.00000E-01	0.00000E-01	0.00000E-01
2	7.80435E 02	0.00000E-01	0.00000E-01	0.00000E-01
3	1.14910E 02	0.00000E-01	0.00000E-01	0.00000E-01
4	1.51960E 01	0.00000E-01	0.00000E-01	0.00000E-01
5	1.11540E 01	0.00000E-01	0.00000E-01	0.00000E-01
6	2.65000E 01	0.00000E-01	0.00000E-01	0.00000E-01
7	1.31600E 01	0.00000E-01	0.00000E-01	0.00000E-01
8	5.17000E 00	0.00000E-01	0.00000E-01	0.00000E-01
9	7.13000E-01	0.00000E-01	0.00000E-01	0.00000E-01
10	1.27100E 00	0.00000E-01	0.00000E-01	0.00000E-01

I	C(I)	K(I)	U(I)
1	3.70920E 08	5.30000E 04	1.00000E 00
2	3.70920E 08	5.30000E 04	1.00000E 00
3	2.00500E 07	1.43000E 04	1.00000E 00
4	1.31000E 06	2.59000E 02	1.90480E-01
5	3.24000E 06	4.65000E 02	1.00000E 00
6	3.73100E 07	5.35000E 03	1.00000E 00
7	1.13000E 06	1.62000E 02	1.00000E 00
8	1.15300E 06	1.10000E 03	6.26690E-01
9	1.52000E 06	2.18000E 02	1.00000E 00

Eingabewerte für den Synchronmotor

NMS	=	2	-	:	Ort des Luftspaltmomentes (Masse)
MSN	=	76384.00	NM	:	Nennmoment
MSSTRN	=	60000.00	NM	:	dynamisches Anfahrmoment
PPS	=	2	-	:	Polpaarzahl
FS	=	50.00	HZ	:	Netzfrequenz
RHDS	=	3.00	1/S	:	Abklingkonstante
SKIPPS	=	0.10	-	:	Kippschlupf

Koeffizienten und Exponenten des Polynomansatzes:

AS = 0.240 BS = 0.820 CS = 1.060 ES1 = 5.0 ES2 = 50.0
AD = 0.070 BD = 0.240 CD = 0.310 ED1 = 5.0 ED2 = 50.0

Auf das Nennmoment bezogene Momente des Polynomansatzes:

MSS(1) = 0.240 MSS(2) = 0.719 MSS(3) = 0.000
MDS(1) = 0.070 MDS(2) = 0.210 MDS(3) = 0.000

Daten zur Steuereung des Berechnungsverfahrens

DD	=	30.00	-	:	Zeitschrittfaktor
FMAX	=	365.67	HZ	:	Maximale Frequenz im System
DT	=	9.1157E-05	S	:	Zeitschrittweite
ITE	=	6.0000E 05	-	:	Anzahl der Zeitschritte pro Folge
TEND	=	4.00	S	:	Simulationszeit pro Folge
IFORM	=	2	-	:	Steuerung der Eigenfrequenzberechnung
IFOLGE	=	5	-	:	Anzahl der Folgerechnungen
LZEIT	=	1	-	:	Berechnung der Zeitverläufe

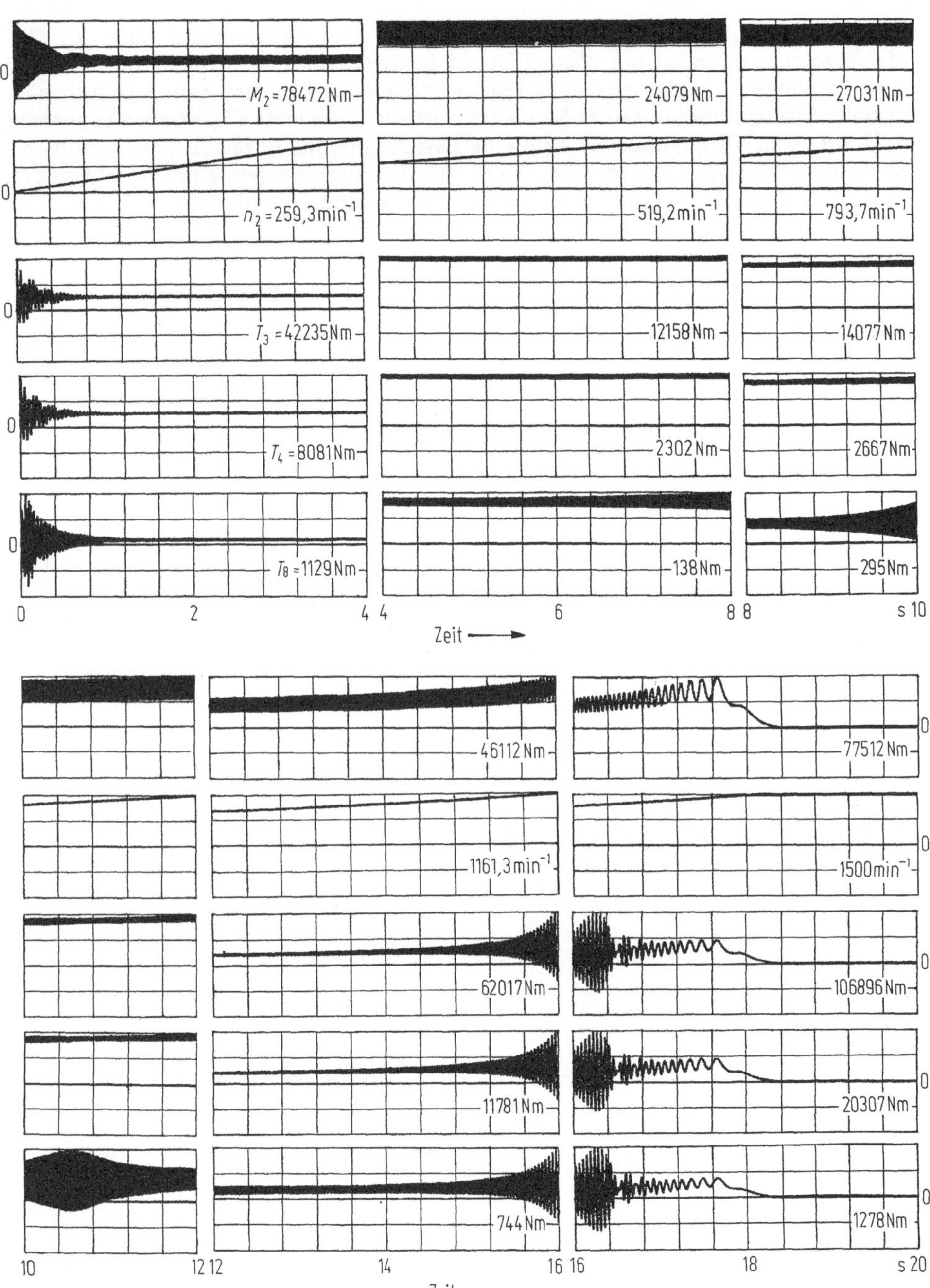

Bild 8.44. Simulation des Anlaufvorgangs

Kupplung befindet sich zwischen den Massenträgheitsmomenten J_3 und J_4. Das Massenträgheitsmoment des Motors ist als J_1 abgebildet und befindet sich z. B. für eine Schwingung in der ersten Systemeigenfrequenz in einem Schwingungsbauch. Daß der Motor aufgrund seines Momentenverlaufs diese erste Eigenfrequenz anregen wird, die in der Kupplung eine deutliche Lastüberhöhung erwarten läßt, kann damit schon jetzt abgesehen werden. Die Größe der sich ausbildenden Kupplungsbelastung sowie eine unter Umständen eintretende Eigenfrequenzverschiebung aufgrund eines nichtlinearen Steifigkeitsverhaltens der Kupplung ergibt sich dagegen erst aus einer Simulation des Hochlaufs.

Die Ergebnisse der Simulationsrechnung sind hinsichtlich einiger interessierender Momenten- und Drehzahlverläufe in Bild 8.44 dargestellt. Man erkennt auch hier deutlich die Anregungsbereiche beim Anlauf und bei der Resonanzdurchfahrt. Die Übereinstimmung zwischen Rechnung und Messung war im vorliegenden Fall für die benötigten Rückschlüsse auf die zu erwartenden Wirkungen von in Frage kommenden Änderungen ausreichend genau.

8.7.3 Untersuchung des Kupplungseinflusses auf das dynamische Verhalten eines Fahrantriebs

Gegenstand der Betrachtung ist in diesem Beispiel der Fahrantrieb eines Schienenfahrzeugs, dessen Schwingungsmodell in Bild 8.45 dargestellt ist. Besondere Beachtung findet diese Konstruktion durch die Art, wie das Antriebsmoment auf die Antriebswellen übertragen wird. Das abtreibende Kegelrad befindet sich dabei auf einer Hohlwelle (geschnitten dargestellt), die über die an den Enden der Hohlwelle befindlichen elastischen Kupplungen mit der durchgehenden Antriebswelle verbunden ist. Da diese Kupplungen die Kräfte zwischen Hohlwelle und Antriebswelle in allen Richtungen über den Elastomer-Kupplungskörper übertragen, wird auf diese Weise eine Isolation von Motor und Kegelradgetriebe auf der einen und Antriebswelle auf der anderen Seite erreicht.

In dem Ersatzmodell, welches der Berechnung zugrunde liegt, ist das elastische Verhalten der Kupplungen in den Hohlwellensteifigkeiten C_{13}, C_{14}, C_{31} und C_{32} enthalten und damit auch auf dem Bild 8.45 nicht gesondert zu erkennen. Dies ist möglich,

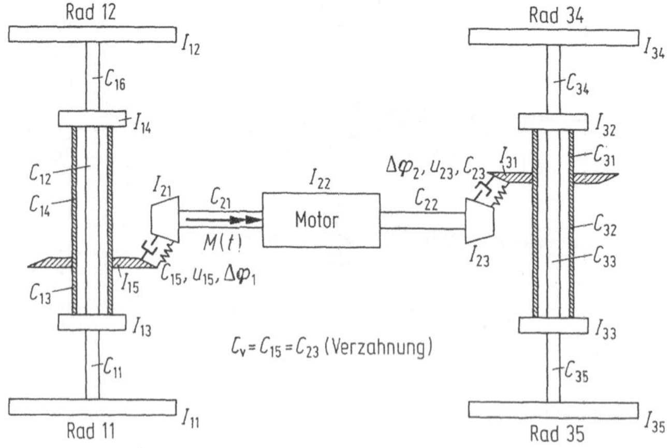

Bild 8.45. Simulationsmodell eines Fahrantriebs

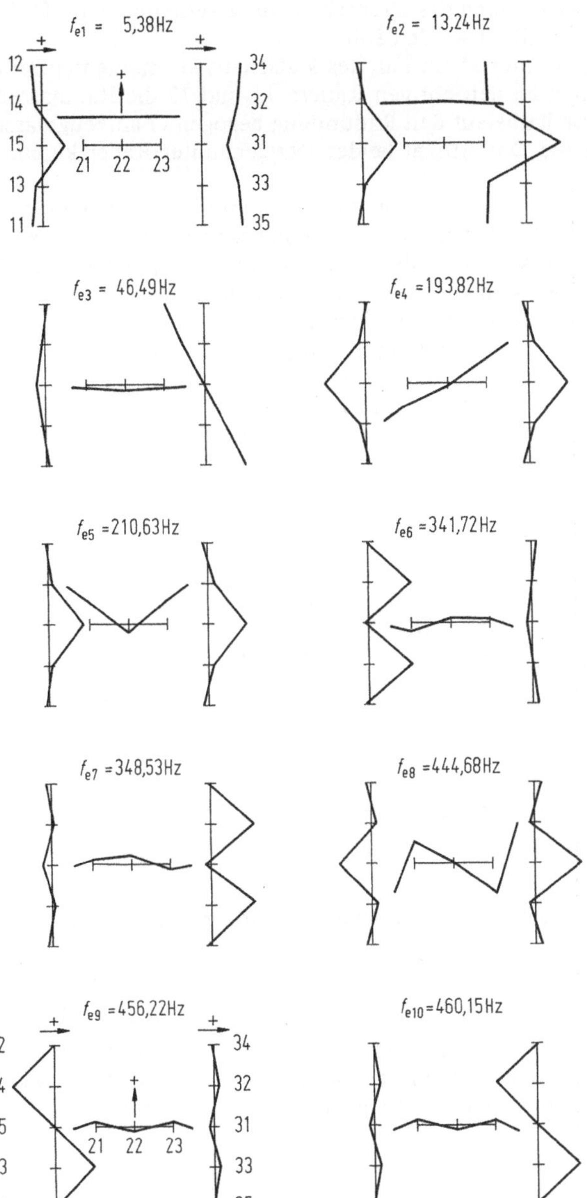

Bild 8.46. Eigenfrequenzen und Eigenformen des Fahrantriebs für momentenfreie (durchrutschende) Räder 34 und 35

da im vorliegenden Fall ausschließlich das Drehschwingungsverhalten beim Durchrutschen der Räder 34 und 35 ermittelt werden soll.

Während also die Räder 34 und 35 im Fall des Rutschens als momentenfrei angesehen werden können, werden an den übrigen Rädern 11 und 12 die Radmassenträgheitsmomente jeweils um die halbe auf den Radumfang bezogene Fahrzeugmasse vergrößert. Außerdem werden die Drehwinkel beider letztgenannter Räder kinematisch gekoppelt.

In Bild 8.46 sind die Ergebnisse einer Analyse des dynamischen Eigenverhaltens des betrachteten Modells aufgeführt. Sowohl die kinematische Kopplung wie auch die Wirkung der Fahrzeugmasse lassen sich anhand der Eigenformen gut erkennen. Auch die Wirkungen der Kupplungen sind wie zu erwarten in den unteren beiden Eigenfrequenzen und den zugehörigen Eigenformen widergegeben.

Das Fahrzeug wird durch einen Elektromotor angetrieben, dessen Verhalten aus einer Messung an einem ähnlichen Fahrzeug durch den Verlauf von Ankerstrom und Drehzahl während eines Anfahrvorgangs bekannt ist (Bild 8.47). Es wird davon ausgegangen, daß sich Ankerstrom und Antriebsmoment proportional zueinander verhalten. Die Ergebnisse einer digitalen Simulation des Anfahrverhaltens sind durch die entsprechenden Momenten- und Drehzahlverläufe in Bild 8.48 dargestellt.

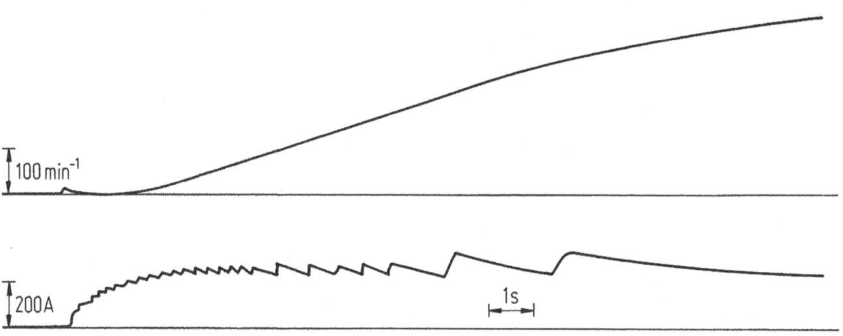

Bild 8.47. Ankerstrom und Drehzahl des Antriebsmotors während eines Anfahrvorgangs

Deutlich zu erkennen ist eine Unterteilung des Systems in einen vergleichsweise ruhigen Systemteil, der über die Räder 11 und 12 das Fahrzeug antreibt, und den unbelasteten Systemteil in dem sich aufgrund der niedrigen mittleren Belastung große Wechselmomente einstellen, die auch das Spiel in der Kegelradverzahnung sichtbar werden lassen.

8.7.4 Berechnung der Kupplungsbelastung beim Kurzschluß eines Generators im Leerlauf

In diesem Beispiel wird das Torsionsschwingungsverhalten einer Maschinenanlage bei Generatorkurzschluß in seiner Wirkung auf die im Strang befindlichen Kupplungen ▶

Bild 8.48. Simulationsergebnisse für den Fall der durchrutschenden Räder 34 und 35 anhand der Momenten- und Drehzahlverläufe

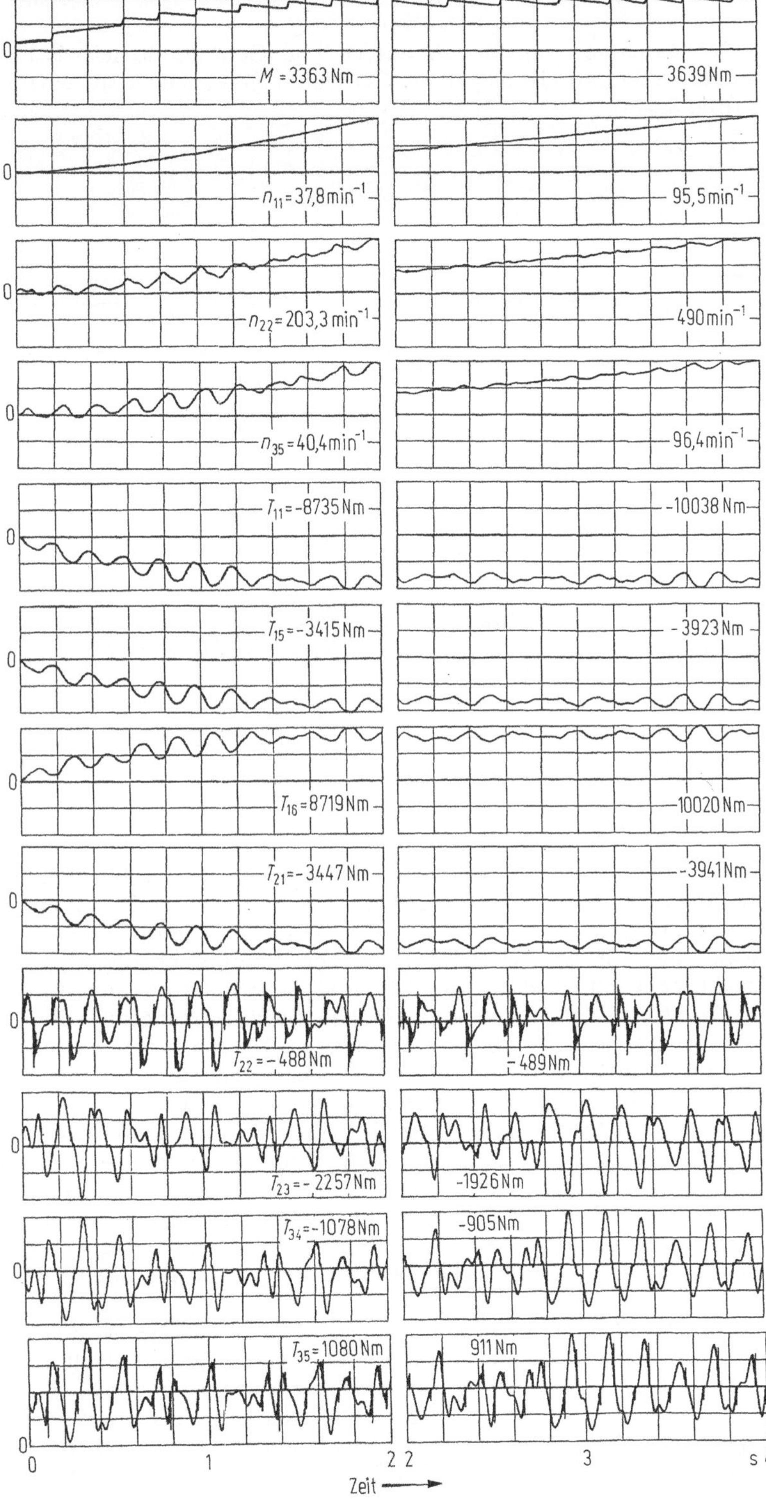

M = 3363 Nm
3639 Nm
n11 = 37,8 min-1
95,5 min-1
n22 = 203,3 min-1
490 min-1
n35 = 40,4 min-1
96,4 min-1
T11 = -8735 Nm
-10038 Nm
T15 = -3415 Nm
-3923 Nm
T16 = 8719 Nm
10020 Nm
T21 = -3447 Nm
-3941 Nm
T22 = -488 Nm
-489 Nm
T23 = -2257 Nm
-1926 Nm
T34 = -1078 Nm
-905 Nm
T35 = 1080 Nm
911 Nm
0
1
2
3
s 4
Zeit

berechnet. Der Maschinenstrang besteht aus Turbine, Getriebe, drehelastischer Kupplung, Generator, drehelastische Kupplung, Getriebe, Zahnkupplung und einem Turboverdichter (Bild 8.49a).

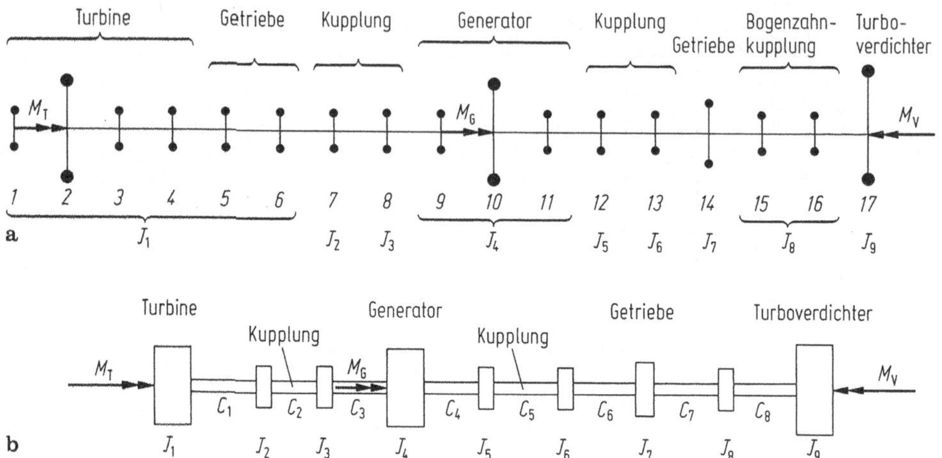

Bild 8.49 a u. b. Schwingungsmodell eines Antriebsstranges mit 17 und 9 Massen. a) Ersatzsystem mit 17 Massen; b) Ersatzsystem mit 9 Massen

In dem Schwingungsmodell sind als äußere Momente das Turbinenmoment M_T, das Generatormoment M_G und das Verdichtermoment M_V vorgesehen. Da das Modell mit 17 Massen infolge teilweiser kleiner Massen und hoher Drehsteifigkeiten der Wellen sehr hochfrequent ist, wird es auf 9 Massen verkleinert, wobei die hohen Eigenfrequenzen nicht mehr mit abgebildet werden (Bild 8.49b). Dazu werden die Massen 1 bis 6, 9 bis 11 sowie 15 und 16 jeweils zu einer Masse zusammengefaßt. Ein Vergleich der Eigenfrequenzen beider Systeme zeigt eine gute Übereinstimmung der Eigenfrequenzen bis zur 6. Ordnung. Dadurch ist gewährleistet, daß das 9-Massen-System das ursprüngliche 17-Massen-System ausreichend genau approximiert.

Für das reduzierte System sind in Bild 8.50 alle Schwingungsformen dargestellt. Nur die ersten beiden Eigenfrequenzen, die vornehmlich durch die relativ kleinen Drehsteifigkeiten der Kupplungen bestimmt werden, sind für das Torsionsschwingungsverhalten der Anlage und damit für die Kupplungsbelastung bei einem Kurzschlußfall von Bedeutung. In Bild 8.51 ist das Kurzschlußmoment des Generators für Leerlauf selbst, sowie eine analytische Näherung des Momentenverlaufs wiedergegeben.

Die Torsionsmomentenverläufe T_2 und T_5 in Bild 8.52 sind die zu erwartenden Belastungsmomente der Kupplungen für den untersuchten Kurzschlußfall. Durch Vergleich der Belastungsmomente mit den zulässigen Beanspruchungen der Kupplungen ist es unter Wahrung eines Sicherheitsabstands zwischen beiden Größen auf diese Weise möglich, eine Beurteilung der gewählten Kupplungsdimensionierung auch für einen instationären Belastungsfall durchzuführen.

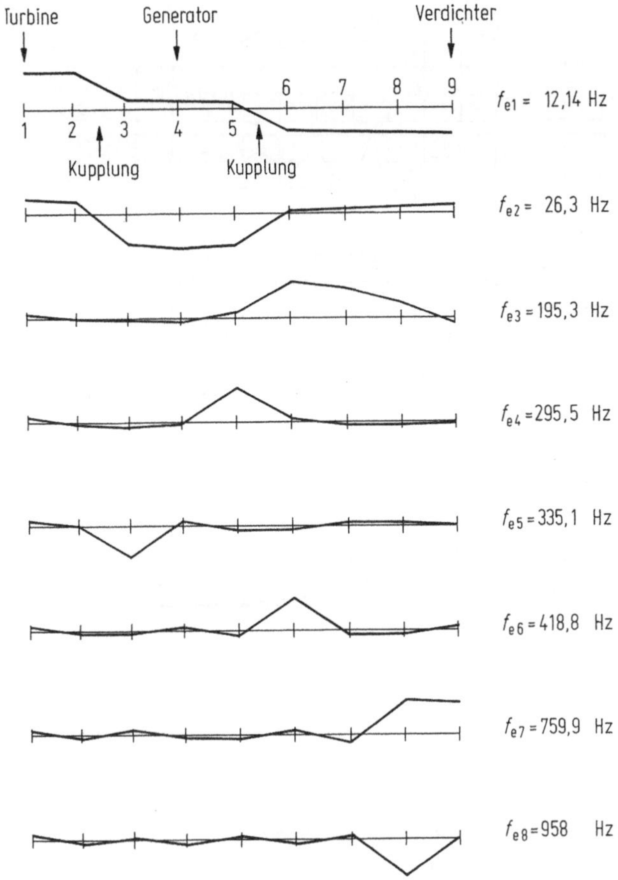

Turbine
Generator
Verdichter
1 2 3 4 5 6 7 8 9
Kupplung
Kupplung
f_{e1} = 12,14 Hz
f_{e2} = 26,3 Hz
f_{e3} = 195,3 Hz
f_{e4} = 295,5 Hz
f_{e5} = 335,1 Hz
f_{e6} = 418,8 Hz
f_{e7} = 759,9 Hz
f_{e8} = 958 Hz

Bild 8.50. Schwingungsformen des Antriebsstranges für das 9-Massen-Modell

50 kNm
40
30
20
10
0
-10
-20
M_G
Näherung
Kurzschluß im Leerlauf
$M_G(\text{Nm}) = 5000\,(1 - t/0{,}3) + 5234 \cdot e^{-80{,}5t} \cdot \sin 2\pi \cdot 50t$
0 5 10 15 20 25 ms 30
t

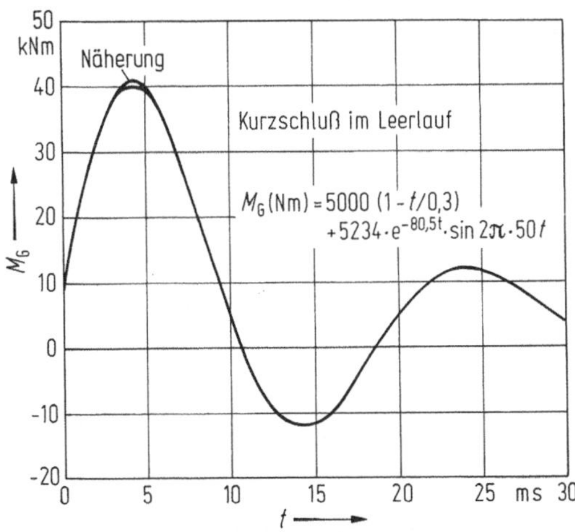

Bild 8.51. Kurzschlußmomentenverlauf des Generators bei Leerlauf mit der analytischen Näherung des Verlaufs

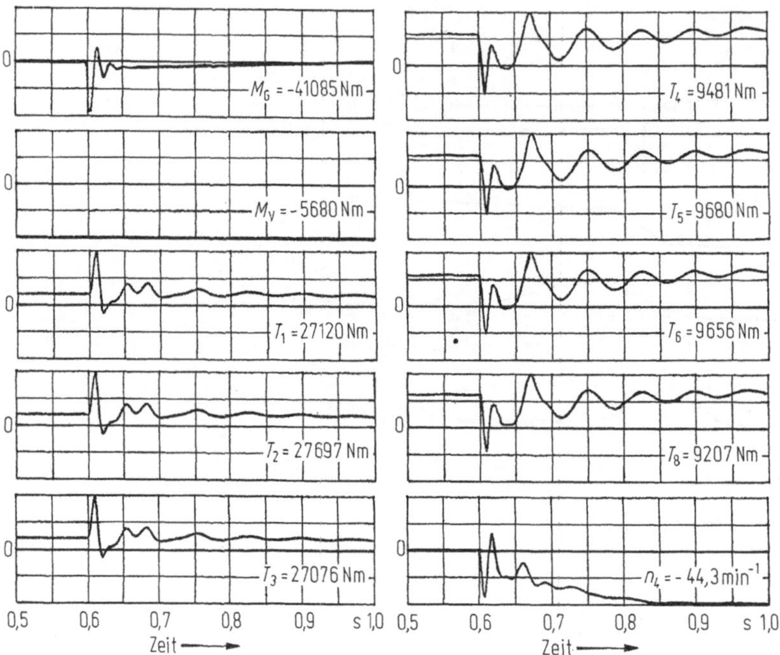

Bild 8.52. Zeitverläufe der Momente und Drehzahlen bei Kurzschluß des Generators

8.7.5 Berechnung der Kupplungsbelastung innerhalb eines verzweigten Antriebssystems

Der zugrundeliegende Anlagenstrang besteht aus einem Asynchronmotor, einer drehelastischen Kupplung und einer vierstufigen Verdichteranordnung entsprechend Bild 8.53. Das verteilende Getriebe auf die beiden Verdichterwellen übersetzt mit den Verhältnissen 1:6 und 1:9,3 ins Schnelle. Die Verdichter werden für die Drehschwin-

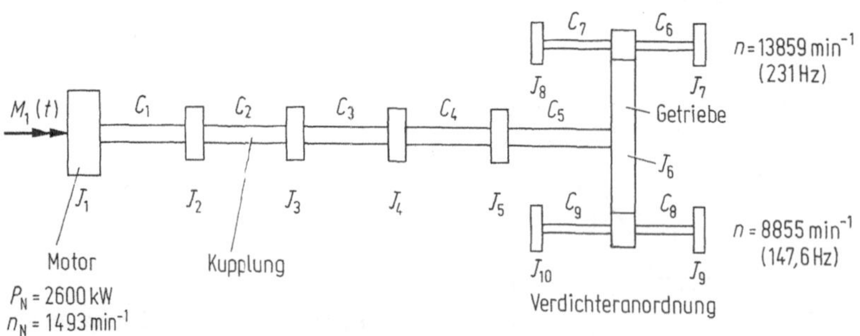

Bild 8.53. Verzweigtes Ersatzsystem eines mehrstufigen Verdichterantriebs

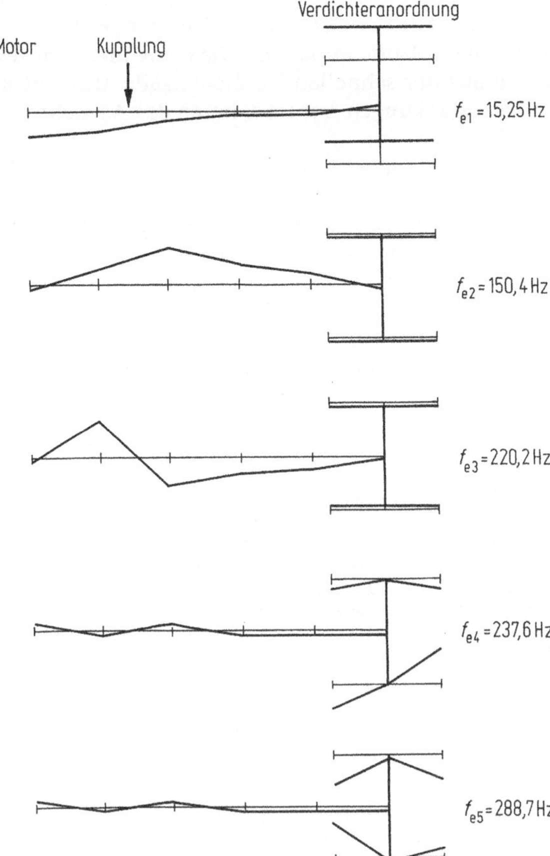

Bild 8.54. Schwingungsformen und Eigenfrequenzen der Ordnung 1 bis 5 des Verdichterantriebs

gungsanalyse auf ein Ersatzsystem mit zehn Freiheitsgraden unter Berücksichtigung der Verzweigungen abgebildet. Die Trägheitsmassen der Zahnräder im Getriebe werden auf die Motordrehzahl reduziert. Die Massenträgheitsmomente der Verdichterräder und die Drehsteifigkeiten der zugehörigen Wellen sind jedoch unreduzierte Größen.

Da die verwendete Kupplung eine nichtlineare Kennlinie besitzt, wird für die Eigenfrequenzberechnung eine mittlere Steifigkeit verwendet. Aufgrund einer Voruntersuchung ist bekannt, daß sich die Kupplungssteifigkeit im wesentlichen nur auf die erste Eigenfrequenz auswirkt, die entgegen der Darstellung der ersten fünf Eigenformen für die mittlere Kupplungssteifigkeit in Bild 8.54 nicht bei 15,25 Hz sondern bei 12,96 Hz liegt, wogegen die höheren Frequenzen nur relativ geringfügige oder keine Änderungen erfahren. Die Grundeigenfrequenz liegt also weit genug von der anregenden 50-Hz-Frequenz im Pendelmoment des anfahrenden Asynchronmotors entfernt, so daß keine größeren Resonanzüberhöhungen zu erwarten sind.

Wie sich aus Bild 8.54 ergibt, fällt die zweite Eigenfrequenz in den Bereich der Nenndrehzahl der langsamen Verdichterwellen (ca. 150 Hz). Allerdings ist diese Frequenzüberlappung unkritisch, da die Schwingungsform der zweiten Eigenfrequenz im

Bereich der langsamen Welle keine Auslenkungen zeigt. Die Nenndrehzahl der schnellen Verdichterwelle liegt mit etwa 230 Hz zwischen den Eigenfrequenzen 3. und 4. Ordnung. Auch die dritte Eigenfrequenz kann infolge der Schwingungsform nicht durch drehzahlperiodische Störungen aus der schnellen Verdichterseite angeregt werden, da die zugehörigen Schwingungsauslenkungen nur im Bereich des Asynchronmotors erfolgen.

Dagegen wird die vierte Eigenfrequenz hauptsächlich durch die langsamen Verdichterstufen, die gegeneinander schwingen, bestimmt. Die schnelle Seite der Verdichterstufe weist nur noch geringe Auslenkungen auf, die nur zu geringfügigen Anregungen führen können. Die Kupplung hat dabei keinerlei Auswirkungen auf diese Frequenzen, da die Frequenzen 4. bis 7. Ordnung ausschließlich durch die Verdichteranordnung bestimmt werden.

Die Ergebnisse der Anfahrsimulation mit dem Asynchronmotor in Bild 8.28 als Erregermoment sind in Bild 8.55 dargestellt. Durch das Einschalten des Motors wird die Schwingung der Grundfrequenz angestoßen, die durch die Dämpfungswirkung der

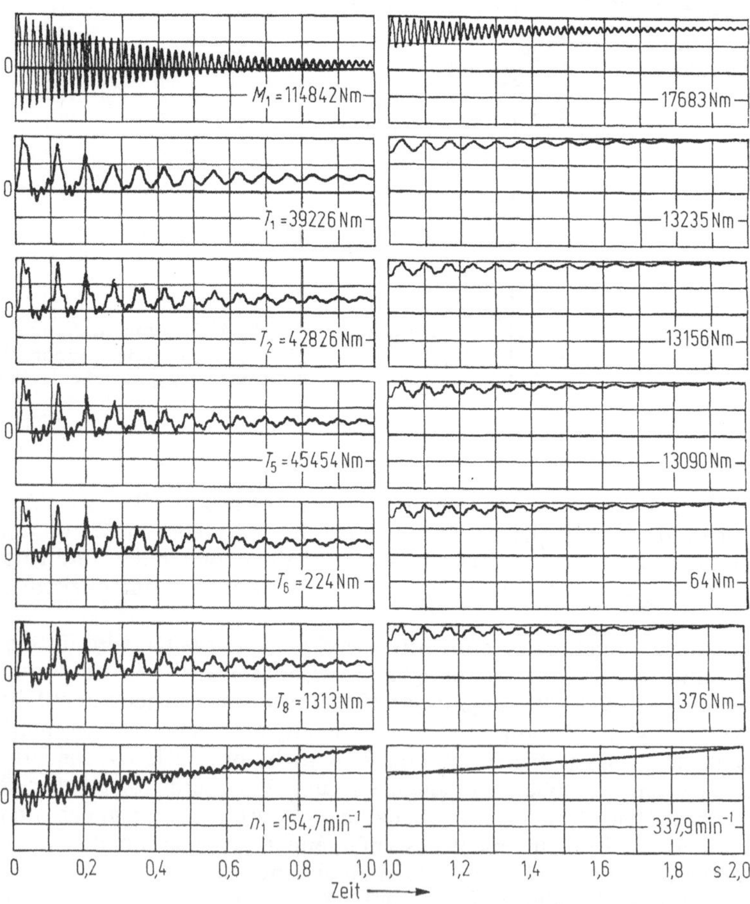

Bild 8.55. Anfahren des Verdichterantriebs mit dem Asynchronmotor

Kupplung nach etwa zehn Perioden abgeklungen ist. Die 50-Hz-Frequenz aus dem Pendelmoment zeigt sich infolge der tiefen Abstimmung nur noch als eine geringfügige Überlagerung in den Wellenmomenten. Das Belastungsmoment der eingebauten Kupplung ist als T_2 dargestellt und ermöglicht durch eine entsprechende Aufbereitung z. B. durch ein Klassierverfahren des Belastungsverlaufs eine Abschätzung der zu erwartenden Kupplungslebensdauer.

Die in diesem Abschnitt dargestellten Berechnungsergebnisse zeigen, daß mit den heute zur Verfügung stehenden Simulationsprogrammen eine sehr wirklichkeitsgetreue Abbildung des Betriebsverhaltens von Antriebssystemen möglich ist. Oft genügt aber auch die Anwendung einfacherer Verfahren, insbesondere dann, wenn die Reduktion des Antriebssystems auf einen Zwei-Massen-Schwinger möglich ist. Im folgenden Kapitel werden einige der bekannten Lösungsansätze wiedergegeben. Daß hierbei gerade das reale Dämpfungsverhalten der Kupplungen verfälscht behandelt wird, liegt in der Natur der möglichen Lösungen.

9 Analytische Berechnung der Drehschwingungsbeanspruchung elastischer Ausgleichskupplungen

Für den einfachen Fall des Zwei-Massen-Schwingers nach Bild 9.1 lassen sich analytische Lösungen für die Beanspruchung elastischer Ausgleichskupplungen angeben.

9.1 Elastische Ausgleichskupplung mit linearer Kennlinie

Der Zwei-Massen-Schwinger mit linear elastischer Kupplung und geschwindigkeitsproportionaler Dämpfung (Bild 9.1) läßt sich durch Einführung des relativen Verdrehwinkels $\varphi = \varphi_1 - \varphi_2$ und der Größe $J = J_1 J_2/(J_1 + J_2)$ als Ein-Massen-Schwinger behandeln. Es gilt die Bewegungsdifferentialgleichung

$$\ddot{\varphi} + \frac{d}{J}\dot{\varphi} + \frac{C_T}{J}\varphi = \frac{M_1(t)}{J_1} + \frac{M_2(t)}{J_2}. \tag{9.1}$$

C_T ist die Torsionssteifigkeit und d der Dämpfungskoeffizient der Kupplung. Mit $\hat{M}_1 = \hat{M}_2 = 0$ folgt aus der dann geltenden Differentialgleichung

$$J\ddot{\varphi} + \mathrm{d}\dot{\varphi} + C_T\varphi = 0 \tag{9.2}$$

die Resonanzfrequenz des ungedämpften Systems zu

$$\omega_0 = \sqrt{C_T/J}\,. \tag{9.3}$$

Wird (9.2) durch die Substitution $\tau = \omega_0 t$ in den Eigenzeitbereich überführt, so folgt mit Einführung des Lehrschen Dämpfungsmaßes

$$D = \omega_0 d/2C_T \tag{9.4}$$

die Lösung für (9.2) zu

$$\varphi(t) = A\,\mathrm{e}^{-D\omega_0 t}\cos\left(\sqrt{1-D^2}\,\omega_0 t - \zeta\right) \tag{9.5}$$

(A und ζ sind konstant). Für drehnachgiebige Kupplungen ist im allgemeinen $0 < D < 1$. Aus (9.5) folgt für die Schwingungszeit t_d der gedämpften Schwingung

$$t_d = \frac{2\pi}{\omega_0\sqrt{1-D^2}}\,. \tag{9.6}$$

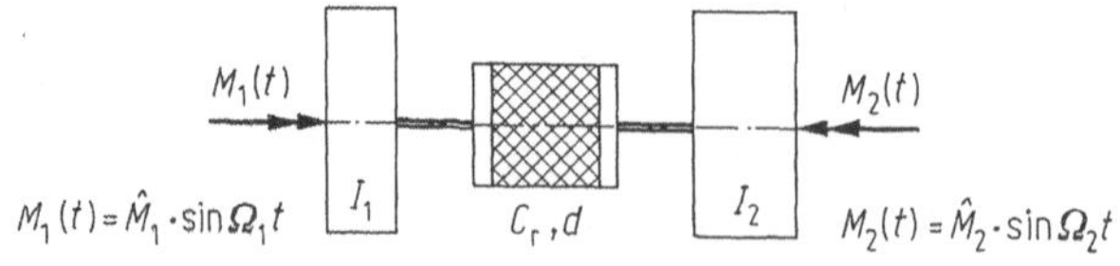

Bild 9.1. Zwei-Massen-Schwinger mit elastischer Ausgleichskupplung

Darin ist

$$\omega_d = \omega_0 \sqrt{1 - D^2} \tag{9.7}$$

die Resonanzkreisfrequenz des gedämpften Systems. Aus zwei aufeinanderfolgenden Maximalausschlägen läßt sich das logarithmische Dekrement ϑ bestimmen.

$$\left.\begin{aligned}\hat{\varphi}_n &= \hat{\varphi}\, e^{-D\omega_0 t_n}\\ \hat{\varphi}_{n+1} &= \hat{\varphi}\, e^{-D\omega_0 (t_n + t_d)}\end{aligned}\right\} \frac{\hat{\varphi}_n}{\hat{\varphi}_{n+1}} = e^{D\omega_0 t_d} = \text{const},$$
$$\ln\left(\frac{\hat{\varphi}_n}{\hat{\varphi}_{n+1}}\right) = D\omega_0 t_d = \frac{2\pi D}{\sqrt{1 - D^2}} = \vartheta. \tag{9.8}$$

Mit der in DIN 740 benutzten Definition der verhältnismäßigen Dämpfung ψ

$$\psi = A_D / A_{el} \tag{9.9}$$

$$A_D = \oint T_K \,d\varphi \tag{9.10}$$

$$A_{el} = C_T \hat{\varphi}^2 / 2 \tag{9.11}$$

kann der Zusammenhang mit dem Lehrschen Dämpfungsmaß bzw. dem logarithmischen Dekrement gefunden werden. Für die stationäre Schwingung mit der Resonanzkreisfrequenz des gedämpften Systems gilt

$$\varphi(t) = \hat{\varphi} \cos \omega_d t. \tag{9.12}$$

Daraus folgt

$$A_D = \pi d \omega_d \hat{\varphi}^2. \tag{9.13}$$

Mit (9.9) ergibt sich für ψ

$$\psi = \frac{2\pi d \omega_d}{C_T} = \frac{2\pi d \omega_0 \sqrt{1 - D^2}}{C_T} = 4\pi D \sqrt{1 - D^2}. \tag{9.14}$$

(9.8) liefert den gesuchten Zusammenhang mit ϑ:

$$\psi = 2\vartheta(1 - D^2). \tag{9.15}$$

Für den mit $M_1 = \hat{M}_1 \sin \Omega_1 t$ *zwangserregten linearen Schwinger* gelten mit $M_2(t) = 0$ die Bewegungsgleichungen

$$\begin{aligned} J_1 \ddot{\varphi}_1 &= C_T(\varphi_1 - \varphi_2) + d(\dot{\varphi}_1 - \dot{\varphi}_2) + \hat{M}_1 \sin \Omega_1 t,\\ J_2 \ddot{\varphi}_2 &= -C_T(\varphi_1 - \varphi_2) - d(\dot{\varphi}_1 - \dot{\varphi}_2).\end{aligned} \tag{9.16}$$

Die Lösung des Gleichungssystems für die Relativdrehwinkelamplitude $\hat{\varphi}$ lautet

$$\hat{\varphi} = \pm \frac{\hat{M}_1}{J_1 \omega_0^2} V_\varphi. \tag{9.17}$$

Darin ist V_φ die Vergrößerungsfunktion der Relativdrehwinkelamplitude

$$V_\varphi = \frac{1}{\sqrt{\left(1 - \frac{\Omega_1^2}{\omega_0^2}\right)^2 + \frac{\psi^2}{4\pi^2}}}. \tag{9.18}$$

Nach einigen Umformungen folgt für das maximale Kupplungsmoment

$$T_{K\,max} = \pm \hat{M}_1 \frac{J_2}{J_1 + J_2} V. \tag{9.19}$$

Hierin ist

$$V = \sqrt{\frac{1 + \frac{\psi^2}{4\pi^2}}{\left(1 - \frac{\Omega_1^2}{\omega_0^2}\right)^2 + \frac{\psi^2}{4\pi^2}}} \tag{9.20}$$

die Vergrößerungsfunktion für das Kupplungsmoment.

Aus der Auftragung von V in Bild 9.2 erkennt man, daß bei geschwindigkeitsproportionaler Dämpfung die Maximalwerte von V für $\Omega < \omega_0$ erreicht werden.

Für $\Omega_1 = \omega_0$ folgt aus (9.20) für den Höchstwert

$$V_{\max} = \sqrt{\frac{4\pi^2}{\psi^2} + 1}\,. \tag{9.21}$$

Mit $\psi \approx 1$ ergibt sich der geläufige Näherungsausdruck

$$V_{\max} \approx 2\pi/\psi. \tag{9.22}$$

Die mit $M_1 = \hat{M}_1 \sin \Omega_1 t$ zwangserregten linearen Schwinger ($M_2(t) = 0$) nach Bild 9.1 erzeugte Dämpfungsleistung P_D folgt aus

$$P_\mathrm{D} = A_\mathrm{D} \Omega_1 / 2\pi\,. \tag{9.23}$$

Mit $A_\mathrm{D} = \psi A_\mathrm{el}$ und (9.18) folgt

$$A_\mathrm{D} = \frac{\psi \hat{M}^2 J_2}{2(J_1 + J_2) J_1 \omega_0^2 \left[\left(1 - \frac{\Omega_1^2}{\omega_0^2}\right)^2 + \frac{\psi^2}{4\pi^2}\right]} \tag{9.24}$$

und mit $\Omega_1 = \omega_0$

$$P_\mathrm{D0} = \frac{\hat{M}_1^2 J_2 \pi}{(J_1 + J_2) J_1 \omega_0 \psi}\,. \tag{9.25}$$

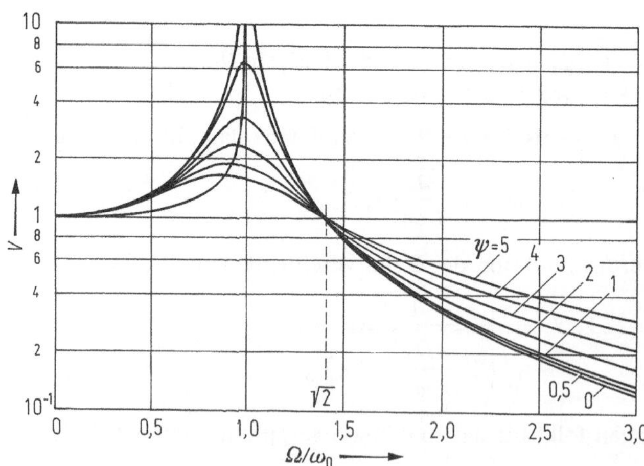

Bild 9.2. Vergrößerungsfunktion V

9.2 Elastische Ausgleichskupplung mit nichtlinearer Kennlinie

Für den einfachen Fall des Zwei-Massen-Schwingers mit kubischer Kupplungskennlinie und frequenzbezogener Dämpfung läßt sich nach Klingenberg [28] eine analytische Lösung für die Kupplungsbelastung angeben. In vielen Fällen läßt sich das elastische Rückstellmoment einer nichtlinearen Kupplung in Abhängigkeit vom relativen Verdrehwinkel $\varphi = \varphi_2 - \varphi_1$ durch den kubischen Ansatz

$$T_{\mathrm{K\,el}} = C_{\mathrm{T0}}(\varphi + \alpha\varphi^3) \tag{9.26}$$

erfassen. Mit dem an der Masse 1 (Bild 9.1) angreifenden äußeren Moment $M_1(t) = \hat{M}_1 \cos \Omega_1 t$ und dem frequenznormierten Dämpfungsbeiwert $d(\Omega)$ nach (8.34) lassen sich die Bewegungsgleichungen für die beiden Drehmassen aufstellen.

$$\begin{aligned} J_1\ddot{\varphi}_1 &= C_{\mathrm{T0}}[(\varphi_1 - \varphi_2) + \alpha(\varphi_1 - \varphi_2)^3] + d(\Omega_1)(\dot{\varphi}_1 - \dot{\varphi}_2) + \hat{M}_1 \cos \Omega_1 t \\ J_2\ddot{\varphi}_2 &= -C_{\mathrm{T0}}[(\varphi_1 - \varphi_2) + \alpha(\varphi_1 - \varphi_2)^3] - d(\Omega_1)(\dot{\varphi}_1 - \dot{\varphi}_2) \end{aligned} \tag{9.27}$$

und mit $\varphi = \varphi_1 - \varphi_2$ und $J = J_1 J_2/(J_1 + J_2)$

$$J\ddot{\varphi} = -C_{\mathrm{T0}}(\varphi + \alpha\varphi^3) - d(\Omega_1)\dot{\varphi} - \frac{\hat{M}_1 J}{J_1} \cos \Omega_1 t. \tag{9.28}$$

Wenn die äußere Drehmomentanregung am reduzierten System $(\hat{M}_1 J/J_1) \cos \Omega_1 t$ formal durch $C_{\mathrm{T0}}\hat{\varphi}_0 \cos \Omega_1 t$ ersetzt wird, dann läßt sich (9.28) mit $\omega_0^2 = C_{\mathrm{T0}}/J$ umschreiben in

$$\ddot{\varphi} + \frac{d(\Omega_1)}{J}\dot{\varphi} + \omega_0^2(\varphi + \alpha\varphi^3) = \omega_0^2 \hat{\varphi}_0 \cos \Omega_1 t. \tag{9.29}$$

ω_0 ist die Eigenkreisfrequenz des Schwingers bei unendlich kleinen Schwingungsausschlägen. Wird nun (9.29) mit $\tau = \omega_0 t$, $\eta = \Omega_1/\omega_0$ und $\dot{\varphi} = \omega_0\varphi'$, $\ddot{\varphi} = \omega_0^2\varphi''$ in den dimensionslosen Eigenzeitbereich transformiert, so folgt

$$\omega_0^2\varphi'' + \frac{d(\Omega_1)}{J}\omega_0\varphi' + \omega_0^2\varphi + \omega_0^2\alpha\varphi^3 = \omega_0^2\varphi_0 \cos \eta\tau. \tag{9.30}$$

Nach Division von (9.30) durch ω_0^2, Einführung des Lehrschen Dämpfungsmaßes

$$D(\Omega_1) = d(\Omega_1)/2J\omega_0$$

und Ersetzen des nichtlinearen Gliedes $a\varphi^3$ gemäß dem Verfahren der harmonischen Balance durch den linearen Ausdruck $a^*\varphi$ läßt sich (9.30) zur näherungsweisen Lösung umschreiben in

$$\varphi'' + 2D(\Omega_1)\varphi' + \varphi(1 + a^*) = \varphi_0 \cos \eta\tau. \tag{9.31}$$

Der Koeffizient a^* ist abhängig vom Winkelausschlag $\hat{\varphi}$ des Drehschwingers:

$$a^* = \frac{3\alpha\hat{\varphi}^2}{4}. \tag{9.32}$$

Den Ausdruck

$$1 + a^* = \eta_{\mathrm{A}}^2 \tag{9.33}$$

bezeichnet man als Quadrat der ausschlagsabhängigen Eigenfrequenz des nichtlinearen Schwingers im Eigenzeitbereich.

Nach Magnus [77] besitzt dann

$$\varphi'' + 2D(\Omega_1)\varphi' + \eta_{\mathrm{A}}^2\varphi = \hat{\varphi}_0 \cos \eta\tau \tag{9.34}$$

die periodische Lösung

$$\varphi(\tau) = \hat{\varphi}\cos(\eta\tau - \zeta) = \hat{\varphi}\cos(\Omega_1 t - \zeta) = \varphi(t), \tag{9.35}$$

mit dem Verlustwinkel

$$\zeta = \arctan\frac{2D(\Omega_1)\eta}{\eta_a^2 - \eta^2} \tag{9.36}$$

und der Verdrehwinkelamplitude $\hat{\varphi}$

$$\hat{\varphi} = \hat{\varphi}_0 V_\varphi = \frac{\varphi_0}{\sqrt{(\eta_a^2 - \eta^2) + 4D^2(\Omega_1)\eta^2}}. \tag{9.37}$$

Somit stellt sich die Aufgabe, $\hat{\varphi}$ als Funktion der Anregungsstärke $\hat{\varphi}_0$, des ausschlagsabhängigen Koeffizienten a^* (Einfluß der Drehfederkennlinienkrümmung), der frequenzbezogenen Dämpfung $D(\Omega_1)$ und der Erregerkreisfrequenz Ω_1 bzw. $\eta = \Omega_1/\omega_0$ zu bestimmen:

$$\hat{\varphi}_A = f(\varphi_0, a^*, D(\Omega_1), \eta) = \frac{\hat{\varphi}_0}{\sqrt{\left(1 - \frac{3\alpha\hat{\varphi}^2}{4} - \eta^2\right)^2 + 4D^2(\Omega_1)\eta^2}}. \tag{9.38}$$

Ausquadrieren, Umwandeln in Normalform und Lösen gemäß [60] nach der Methode der Verwendung von Hilfsgrößen liefert

$$\hat{\varphi} = f(\hat{\varphi}_0, a^*, D(\Omega_1), \eta).$$

Da nunmehr die Verdrehwinkelamplitude $\hat{\varphi}$ bekannt ist, kann auch das maximale Drehmoment $T_{K\max}$ in der Kupplung zwischen den beiden Drehmassen J_1 und J_2 berechnet werden.

Das Kupplungsdrehmoment $T_K(t)$ setzt sich nach [61] zusammen aus dem elastischen Rückstelldrehmoment $T_{K\,el}$ und dem dämpfenden Drehmoment T_{Kd}:

$$T_K(t) = T_{K\,el} + T_{Kd} = C_{T0}[\hat{\varphi} + \alpha\hat{\varphi}^3(\cos\Omega_1 t)^2]\cos\Omega_1 t - (\Omega_1)\Omega_1\hat{\varphi}\sin\Omega_1 t. \tag{9.39}$$

Nach weiteren Zwischenrechnungen [78] folgt für das Maximum des Kupplungsdrehmoments

$$\begin{aligned} T_{K\max} &= C_{T0}(\hat{\varphi} + \alpha\hat{\varphi}^3)\sqrt{1 + \left[\frac{d(\Omega_1)\Omega_1}{C_{T0}(1 + \alpha\hat{\varphi}^2)}\right]^2} \\ &= C_{T0}(\hat{\varphi} + \alpha\hat{\varphi}^3)\sqrt{1 + \frac{4D^2(\Omega_1)\eta^2}{(1 + \alpha\hat{\varphi}^2)^2}}. \end{aligned} \tag{9.40}$$

Bei bekannten Systemparametern können zu jeder Amplitude des anregenden Drehmoments $\hat{M}_1$ gemäß

$$T_{K\max} = \hat{M}_1\frac{J_2}{J_1 + J_2}V \tag{9.41}$$

die Werte der Drehmomentvergrößerungsfunktion V bei beliebigem η und kubischer Rückführfunktion (s. (9.29))

$$f(\varphi, \dot{\varphi}) = \frac{d(\Omega_1)}{J}\dot{\varphi} + \omega_0^2(\varphi + \alpha\varphi^3)$$

errechnet werden.

Um vergleichende Untersuchungen an Zwei-Massen-Systemen mit beliebigen anderen kubischen Drehfedern zu ermöglichen, soll die Drehfederkennlinie (ohne Dämpfungsanteil) auf das Nenndrehmoment T_{KN} und die Nennauslenkung φ_N normiert werden. Die normierte Form des elastischen Kupplungsdrehmoments lautet

$$T_{K\,el}/T_{KN} = c_{T0}(\varphi/\varphi_N + \alpha\varphi^3/\varphi_N^3)\,. \tag{9.42}$$

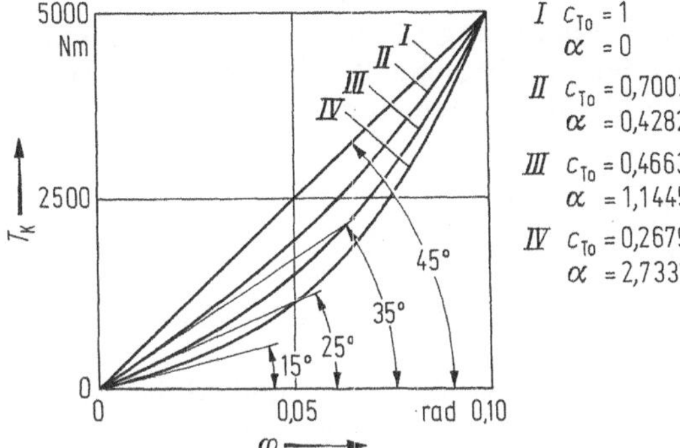

Bild 9.3. Kupplungsdrehfederkennlinien

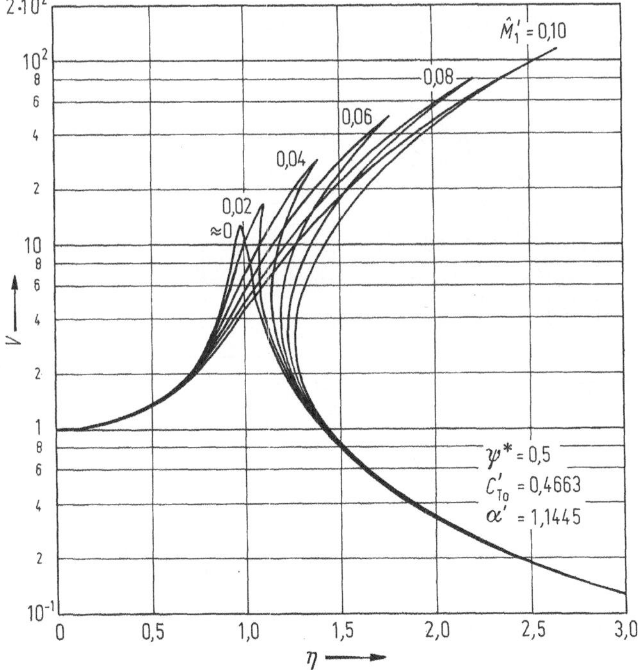

Bild 9.4. Vergrößerungsfunktion V des Schwingers nach Bild 9.1 (progressive Drehfederkennlinie) in Abhängigkeit der Anregungsstärke

Die Federsteifigkeit c_{T0} der normierten Drehfederkennlinie im Koordinatenursprung berechnet sich zu

$$c_{T0} = C_{T0}\varphi_N / T_{KN}, \tag{9.43}$$

Der Koeffizient α des kubischen Anteils zu

$$\alpha' = \frac{1}{c_{T0}} - 1; \qquad \alpha = \frac{\alpha'}{\varphi_N^2}. \tag{9.44}$$

Die Auswirkung der äußeren Drehmomentanregung ist außer von der Amplitude $\hat{M}_1$ unter anderem auch von der Massenverteilung abhängig. Wird die Anregungsstärke zu $\hat{M}_1'$ gemäß (9.45) definiert, so ist auch hier der Systemeinfluß eliminiert:

$$\hat{M}_1' = \frac{\hat{M}_1 \dfrac{J_2}{J_1 + J_2}}{T_{KN}} = \frac{\hat{M}_1}{T_{KN}} \frac{J_2}{J_1 + J_2}. \tag{9.45}$$

Bild 9.3 enthält die graphische Darstellung der Kupplungsdrehfederkennlinien. Die Daten wurden so gewählt, daß der Winkel zwischen der Tangente an die Drehfederkennlinie im Nullpunkt und der Abszisse jeweils 45°, 35°, 25° und 15° beträgt.

Die Bilder 9.4 bis 9.7 enthalten die Ergebnisse der Untersuchung zum Resonanzverhalten des Zwei-Massen-Drehschwingers mit kubisch-nichtlinearer Kennlinie im eingeschwungenen Zustand bei harmonischer Drehmomentanregung an Masse 1 in Abhängigkeit der Anregungsstärke $\hat{M}_1'$, der verhältnismäßigen Dämpfung ψ^* [28] und der Krümmung der Drehfederkennlinie im Bereich der Frequenzverhältnisse η zwischen 0 und 3. Das Frequenzverhältnis $\eta = 1$ wird erreicht, wenn die Anregungsfrequenz Ω_1 mit der Resonanzkreisfrequenz $\omega_0 = \sqrt{C_{T0}/J}$ übereinstimmt.

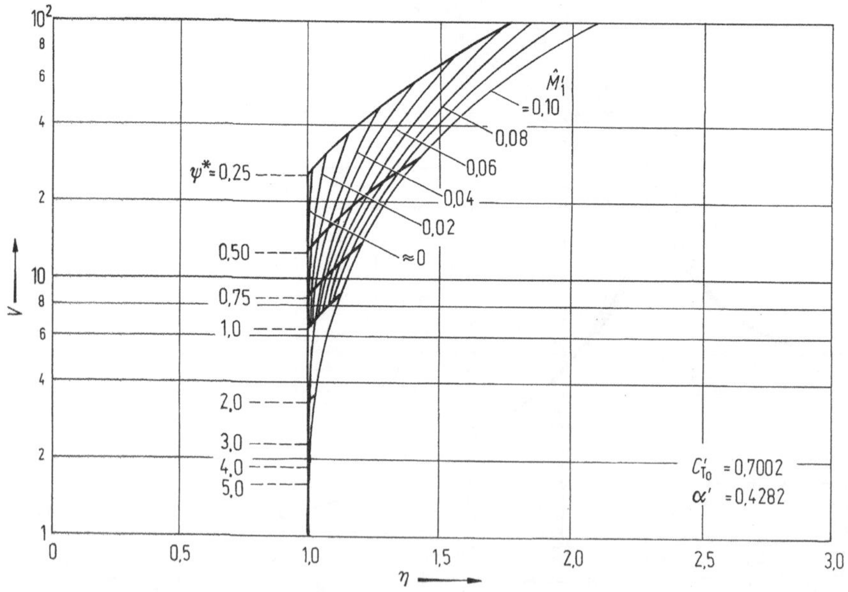

Bild 9.5. Abhängigkeit der Resonanzmaxima V von der Anregungsstärke $\hat{M}_1'$ und der Dämpfung ψ^* bei einem Zwei-Massen-Schwinger mit der Drehfederkennlinie II gemäß Bild 9.3

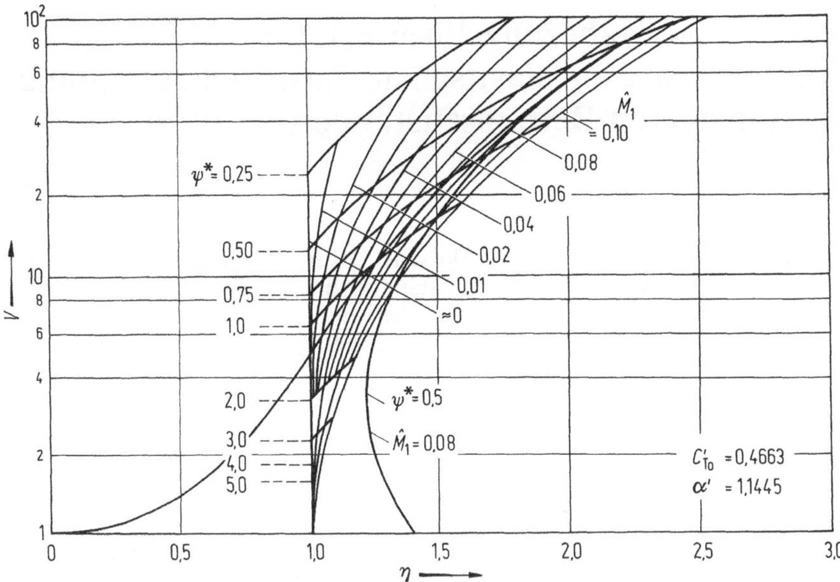

Bild 9.6. Abhängigkeit der Resonanzmaxima V von der Anregungsstärke $\hat{M}'_1$ und der Dämpfung ψ^* bei einem Zwei-Massen-Schwinger mit der Drehfederkennlinie III gemäß Bild 9.3

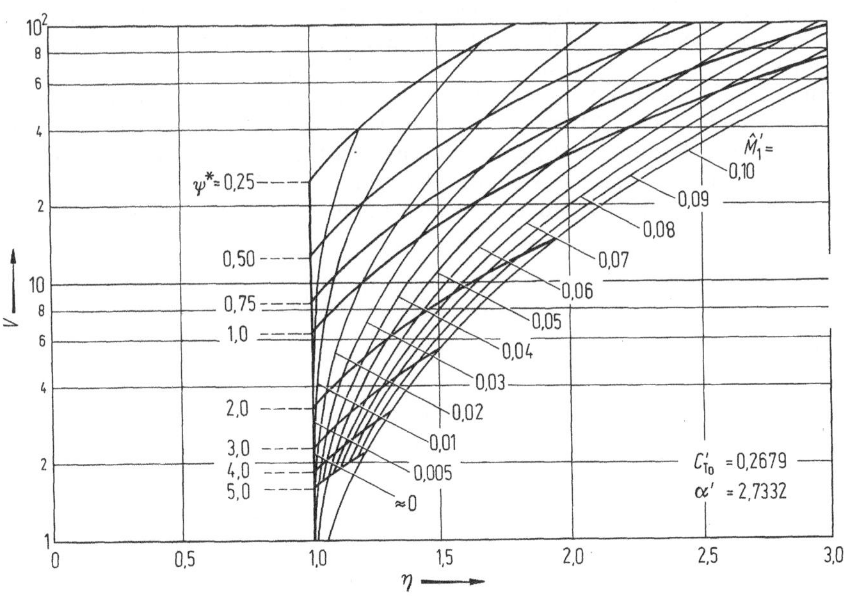

Bild 9.7. Abhängigkeit der Resonanzmaxima V von der Anregungsstärke $\hat{M}'_1$ und der Dämpfung ψ^* bei einem Zwei-Massen-Schwinger mit der Drehfederkennlinie IV gemäß Bild 9.3

10 Analytische Näherungslösungen für die Stoßmomente in elastischen Ausgleichskupplungen bei transienten Betriebszuständen

Der Versuch, möglichst einfache, geschlossene Lösungen für die Spitzenbelastung einer Kupplung bei transienten Betriebszuständen anzugeben, gelingt nur über eine Linearisierung der Kupplungskennlinie. Die Anwendungsbreite solcher Näherungslösungen ist deshalb begrenzt. Auch für die Kupplungsdämpfung müssen vereinfachende Annahmen getroffen werden.

Bei vielen drehnachgiebigen Kupplungen wird bei konstanten Belastungsgrößen wie Vorlast und überlagerter Wechsellast eine Frequenzabhängigkeit der Dämpfung nicht festgestellt. Das erlaubt die Einführung einer frequenznormierten geschwindigkeitsproportionalen Dämpfung. Dagegen beeinflußt die Größe der überlagerten Wechselmomente deutlich die Drehsteifigkeit einer Kupplung. Sie fällt mit steigender Amplitude des überlagerten Wechselmomentes z. T. stark ab. Diese Erscheinung läßt sich bei den einfachen Näherungslösungen nicht berücksichtigen.

Aus der Beschreibung und beispielhaften Darstellung typischer Funktionen von zeitabhängigen Antriebsmomenten geht hervor, daß sich die antreibenden Momentenverläufe durch einfache, der Berechnung leicht zugängliche äquivalente Momentenverläufe, wie sie in Bild 10.1 zusammengestellt sind, ersetzen lassen. Dabei handelt es sich um ein Rechteck-Stoßmoment, eine mit der Zeit abklingende Momentenschwingung, ein konstantes Moment mit veränderlicher Frequenz und ein konstantes Moment mit gleichbleibender Frequenz. Für diese einfachen Fälle, die in der Praxis bereits eine beträchtliche Zahl von transienten Belastungsvorgängen abdecken, lassen sich für das Zwei-Massen-Schwingungssystem nach Bild 9.1 die Spitzenmomente angeben. Da von einem linearen System ausgegangen wird, können die bei komplizierten Belastungsfunktionen auftretenden Spitzenmomente durch Superposition gefunden werden.

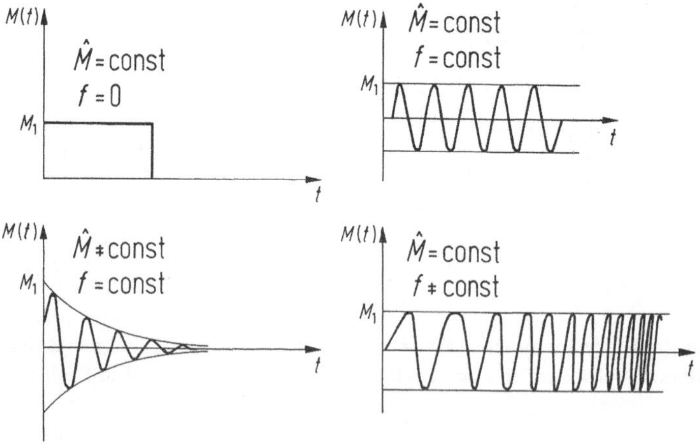

Bild 10.1. Mögliche Anregungsfunktionen

Die Bewegungsdifferentialgleichungen für das Zwei-Massen-Schwingungssystem nach Bild 9.1 lauten mit der Kupplungssteifigkeit C_T und dem als Dämpfungskoeffizienten d

$$J_1\ddot{\varphi}_1 + C_T(\varphi_2 - \varphi_1) + d(\dot{\varphi}_1 - \dot{\varphi}_2) = M_1(t), \tag{10.1}$$

$$J_2\ddot{\varphi}_2 - C_T(\varphi_2 - \varphi_1) - d(\dot{\varphi}_1 - \dot{\varphi}_2) = -M_2(t). \tag{10.2}$$

Unter der Voraussetzung $M_2 = 0$ können nun hieraus durch Integration für die einzelnen Störfunktionen nach Bild 10.1 die Momentenspitzenbelastungen $T_{K\,el}$ angegeben werden.

Rechteckstoß

Für $\bar{M}_1 = \text{const}$ gilt

$$T_{K\,el} = \bar{M}_1 \frac{J_2}{J_1 + J_2}\left\{1 - e^{-D\tau}\left[\cos\left(\sqrt{1-D^2}\,\tau\right) + \frac{D}{\sqrt{1-D^2}}\sin\left(\sqrt{1-D^2}\,\tau\right)\right]\right\} \tag{10.3}$$

mit dem Lehrschen Dämpfungsmaß D und

$$\omega_0 = \sqrt{C_T/J}\,; \qquad J = J_1 J_2/(J_1 + J_2); \qquad \tau = \omega_0 t.$$

Periodische Momentenanregung $\hat{M}_1 = \text{const}$ *mit konstanter Frequenz*

Für $M = \hat{M}_1 \sin \Omega t$ gilt

$$T_{K\,el} = \hat{M}_1 \frac{J_2}{J_1 + J_2}\,\frac{\sin(\Omega t + \zeta)}{\sqrt{(1-\eta^2)^2 + (2D\eta)^2}}\,; \qquad \tan\zeta = \frac{2D\cdot\eta}{1-\eta^2} \tag{10.4}$$

mit $\eta = \Omega/\omega_0$.

Anregung durch abklingendes Moment mit konstanter Frequenz

Für $M = \hat{M}_1 e^{-\varrho t} \sin \Omega t$ gilt

$$T_{K\,el} = \frac{J_2}{(J_1 + J_2)\varrho}\, e^{-D_s\tau} \sin(\eta\tau - \zeta) \tag{10.5}$$

Mit

$$D_s = \varrho'/\omega_0; \qquad \gamma = \Omega/\omega_0; \qquad \tan\vartheta = \frac{2\eta(D - D_s)}{(D - D_s)^2 + 1 - D^2 - \eta^2}$$

$$\varrho = \sqrt{\left((D - D_s)^2 - \eta^2 + 1 - D^2\right)^2 + 4\eta^2(D - D_s)^2}\,.$$

Nichtperiodische Anregung durch ein konstantes Moment $M_1 = \text{const}$ *mit variabler Frequenz*

Dieser Fall ist mathematisch sehr anspruchsvoll und erstmalig von Pöschl für den Sonderfall einer proportionalen Zeitabhängigkeit der Frequenz gelöst worden. Für den praktischen Anwendungsfall kann eine Näherungslösung nach [79] angewendet werden, mit der die Schwingungsamplituden beim Durchfahren von Resonanzstellen abgeschätzt werden können. Für den Zwei-Massen-Schwinger folgt das maximale Kupplungsmoment mit diesem Verfahren zu

$$T_{K\,el} = \hat{M}_1 \frac{J_2}{J_1 + J_2}\,\frac{1}{2D}\left(1 - \exp\left[-D\omega_0\sqrt{\frac{2\pi}{d\Omega/dt}}\right]\right) \tag{10.6}$$

Die hierin enthaltene mittlere Winkelbeschleunigung $\mathrm{d}\Omega/\mathrm{d}t$ ergibt sich aus der Differenz der an Antriebs- und Abtriebsmaschine wirksamen mittleren Momente $\bar{M}_1$ und $\bar{M}_2$ nach

$$\frac{\mathrm{d}\Omega}{\mathrm{d}t} = \frac{\bar{M}_1 - \bar{M}_2}{J_1 + J_2}. \tag{10.7}$$

Mit diesen einfachen Beziehungen gelingt es, die Kupplungsbeanspruchung für viele Antriebssituationen abzuschätzen.

Für komplexe Antriebssysteme kommt man allerdings ohne genauere Berechnungen nicht aus. Das gilt um so mehr, als reale Kupplungen fast immer nichtlineare Kennlinien aufweisen.

11 Näherungsweise Bestimmung der Drehmomentenspitzen beim Anfahren mit Asynchronmotoren aus berechneten Lastvergrößerungsfunktionen

Beim direkten Anfahren von Drehschwingungssystemen mit Asynchron-Elektromotoren treten in drehelastischen Kupplungen und angeschlossenen Aggregaten Drehmomentenspitzen auf, die das Nennmoment des antreibenden Motors um ein Vielfaches überschreiten können. Ursache für die hohe Anfahrbelastung im Drehschwingungssystem ist der instationäre, schwingende Verlauf des Luftspaltmomentes nach Bild 8.20 während der ersten Zeit nach dem Einschalten, der durch elektrische Ausgleichsvorgänge im Motor hervorgerufen wird. Neben dem Luftspaltmoment des Motors wirken sich aber auch Kupplungskennlinie, Dämpfung, Massenverhältnis und die Abstimmung des Systems gegenüber der Erregerfrequenz (Netzfrequenz) auf die Drehmomentenspitzen aus.

Besonders hohe Belastungsspitzen treten in Drehschwingungssystemen mit stark nichtlinear-progressiven Kupplungen auf, wenn die Kupplungskennlinie bis in den stark nichtlinearen Bereich belastet wird. In vielen Fällen lassen sich Mehrmassensysteme mit nichtlinearen Kupplungskennlinien auf Zwei-Massen-Systeme zurückführen, so daß hier der einfachere Weg beschritten wird, die Vergrößerungsfunktionen für das Zwei-Massen-System nach Bild 9.1 zu berechnen. Dabei können die die Vergrößerungsfunktion beeinflussenden Parameter in genügender Breite variiert werden.

Das in Bild 9.1 gezeigte Zwei-Massen-Drehschwingungssystem besteht aus dem Motorläufer J_1, der nichtlinearen elastischen Kupplung und der Schwungmasse J_2. Der Motorläufer wird durch das Luftspaltmoment $M_1(t)$ angetrieben. $M_2(t)$ wird Null gesetzt.

Das System läßt sich durch die Bewegungsgleichungen mit der Relativkoordinate $\varphi = \varphi_1 - \varphi_2$

$$\begin{aligned} J_1\ddot{\varphi}_1 + d(\varphi)\,(\dot{\varphi}_1 - \dot{\varphi}_2) + C_T(\varphi)\,(\varphi_1 - \varphi_2) &= M_1(t), \\ J_2\ddot{\varphi}_2 - d(\varphi)\,(\dot{\varphi}_1 - \dot{\varphi}_2) - C_T(\varphi)\,(\varphi_1 - \varphi_2) &= 0 \end{aligned} \tag{11.1}$$

beschreiben. Der Dämpfungskoeffizient und die Verdrehsteifigkeit der Kupplung sind winkelabhängig und somit implizit zeitabhängig.

$$\begin{aligned} C_T(\varphi) &= C_T(\varphi(t)) \\ d(\varphi) &= d(\varphi(t)) \end{aligned} \tag{11.2}$$

Für Kupplungen mit linearen Kennlinien sind C_T und d Konstante. Da das Differentialgleichungssystem (11.1) nichtlinear ist, kann nach dem heutigen Stand der Mathematik keine analytische Lösung angegeben werden. Deshalb wird die Lösung durch Einsatz des in Abschn. 8 beschriebenen numerischen Integrationsverfahrens mit Hilfe von Taylor-Entwicklungen [58] gefunden. Dazu müssen das Luftspaltmoment des Motors $M_1(t)$, die Verdrehsteifigkeit $C_T(\varphi)$ und die Dämpfung der elastischen Kupplung $d(\varphi)$ durch differenzierbare, analytische Ausdrücke angenähert werden. Wie schon gezeigt, läßt sich das Luftspaltmoment eines direkt (Dreieck-Einschaltung) anfahrenden Asynchron-Elektromotors mit (8.38) und (8.39) vereinfacht analytisch darstellen. Die mathematische Beschreibung der Kupplungskennlinie erfolgt mit einem linearen und einem exponentiellen Anteil entsprechend Bild 8.17 nach (8.23) und (8.24). Der Exponent E (Gl. (8.25)) ist entscheidend für den Verlauf der Kupplungskennlinie (Bild 8.10).

Auf der Basis der in Abschnitt 8.4 beschriebenen Zusammenhänge berechnet sich der amplitudenabhängige Dämpfungskoeffizient $d(\varphi)$ nach Gl. 11.3. Dabei wurde für jeden Punkt der nichtlinearen Kupplungskennlinie konstante verhältnismäßige Dämpfung ψ bzw. konstante Lehrsche Dämpfung D voraus gesetzt.

$$d(\varphi) = 2D \sqrt{C_T(\varphi) \frac{J_1 J_2}{J_1 + J_2}} . \tag{11.3}$$

Zwischen der für elastische Ausgleichskupplungen gebräuchlichen verhältnismäßigen Dämpfung ψ und der Lehrschen Dämpfung D besteht der Zusammenhang nach (9.14). Diese Gleichung gilt jedoch nur für lineare Kennlinien mit elliptischer Hysteresefläche. Für nichtlineare Kennlinien und größere Dämpfungen gibt sie nur eine Näherung.

11.1 Ähnlichkeitsbetrachtung

Ziel der Ähnlichkeitsbetrachtungen ist es, allgemeine Aussagen über die beim Anfahren auftretenden Drehmomentenspitzen T_S und die beeinflussenden Parameter zu erhalten. Durch die Einführung von Kenngrößen wird die Anzahl der Parameter um die Zahl der Bezugsgrößen reduziert, womit eine übersichtlichere Darstellungsform der Ergebnisse ermöglicht wird. Voraussetzung für die Ähnlichkeitsbetrachtung ist es jedoch, daß sich die physikalischen Beziehungen zwischen den Anfahrdrehmomentenspitzen und den beeinflussenden Parametern durch dimensionshomogene Gleichungen beschreiben lassen, was für das anstehende Problem erfüllt wird.

Ähnlichkeit zwischen zwei Drehschwingungsanordnungen liegt dann vor, wenn die beeinflussenden Kenngrößen gleich sind. Die dimensionslosen Kenngrößen stellen die Verbindung zwischen den berechneten Diagrammen und den wirklichen Antriebssystemen her.

11.1.1 Einflußgrößen des Schwingungssystems

Alle Parameter, die das dynamische Moment T_K in der Kupplung des Schwingungssystems unabhängig beeinflussen, werden in den Ansatz aufgenommen. Die Parameter ergeben sich aus dem Schwingungssystem, der Kupplungskennlinie und der Motorkennlinie.

$$T_S = f(J_1, J_2, T_{K0}, T_{K1}, E, d, M_N, M_A, M_A^*, M_{Kipp}, \varrho, \Omega, t, t_1, t_2, t_3, \ldots) . \tag{11.4}$$

Das Motornennmoment M_N wird als Bezugsgröße zusätzlich im Ansatz aufgenommen. Das Winkelverhältnis φ/φ_0 erscheint nicht im Ansatz, da es vom Drehmoment nicht unabhängig ist.

11.1.2 Dimensionslose Kenngrößen

Als Bezugsgrößen werden das Motornennmoment M_N und das Massenträgheitsmoment J_1 gewählt. Mit den beiden Größen lassen sich alle Einflußgrößen in dimensionslose Kenngrößen umformen.

$$\frac{T_S}{M_N} = f\left(\frac{J_2}{J_1}, \frac{T_{K0}}{M_N}, \frac{T_{K1}}{M_N}, E, \frac{d}{\sqrt{J_1 M_N}}, \frac{M_A}{M_N}, \frac{M_A^*}{M_N}, \frac{M_{Kipp}}{M_N}, \varrho\sqrt{\frac{J_1}{M_N}}, \right.$$
$$\left. \Omega\sqrt{\frac{J_1}{M_N}}, t\sqrt{\frac{M_N}{J_1}}, t_1\sqrt{\frac{M_N}{J_1}}, t_2\sqrt{\frac{M_N}{J_1}}, t_3\sqrt{\frac{M_N}{J_1}}, \ldots\right). \tag{11.5}$$

Einige der hier angegebenen Kenngrößen sind unbedeutend für das Schwingungssystem, während andere eine ungeläufige Form besitzen. Der Kenngrößenanteil $\sqrt{M_N/J_1}$ ist gleichbedeutend mit einer Kreisfrequenz, wenn einige andere Kenngrößen und Konstanten hinzugefügt werden:

$$\sqrt{\frac{M_N}{J_1}} \triangleq \sqrt{\frac{T_{K1}}{\varphi_0}\frac{J_1 + J_2}{J_1 J_2}} = \sqrt{\frac{T_{K1}}{\varphi_0 J_1}\left(1 + \frac{1}{m}\right)} = \omega_0 \tag{11.6}$$

mit $m = J_2/J_1$ als dem Massenverhältnis. ω_0 ist die Eigenkreisfrequenz des Schwingungssystems für kleine Winkelauslenkungen um den Nullpunkt, die sich aus der Anfangssteifigkeit T_{K1}/φ_0 berechnet.

Die Kenngröße der Dämpfung läßt sich schreiben als

$$\frac{d\omega_0}{\sqrt{J_1 M_N}}\sqrt{\frac{J_1}{M_N}} = \frac{d\omega_0}{M_N} \triangleq D \triangleq \psi \tag{11.7}$$

und umwandeln in die Lehrsche Dämpfung D sowie über (9.14) in die verhältnismäßige Dämpfung ψ.

Vernachlässigt man die Kenngrößen der Zeiten t, t_1, t_2, t_3 und die Kenngröße der Motordämpfung ϱ, so ergeben sich aus (11.5) nach einigen Umformungen die endgültigen Kenngrößen

$$\frac{T_S}{M_N} = f\left(m = \frac{J_2}{J_1}, \frac{T_{K1}}{M_N}, \frac{T_{K0}}{Md_1}, E, \psi \triangleq D \triangleq \sqrt{J_1 M_N}, \frac{M_A}{M_N}, \frac{M_A^*}{M_N}, \frac{M_{Kipp}}{M_N}, \frac{\Omega}{\omega_0} = \frac{F}{f_0}\right). \tag{11.8}$$

Diese Kenngrößen müssen für ähnliche Beanspruchungen zweier Systeme gleich sein.

11.1.3 Variation der Parameter

Von den neun Kenngrößen, die die Spitzendrehmomente T_S des Drehschwingungssystems beeinflussen, werden die drei Verhältnisse der Motorkennlinie M_A/M_N, M_A^*/M_N und M_{Kipp}/M_N fest vorgegeben, da sich für Asynchron-Elektromotoren der Leistungsklasse bis 100 kW die Werte dieser Kenngrößen kaum ändern, wie den Katalogen der Motorenhersteller zu entnehmen ist.

Für die eigentliche Variation verbleiben die Parameter $m = J_2/J_1$; T_{K1}/M_N; T_{K0}/T_{K1}; E; ψ. Die festen Werte betragen $M_A/M_N = 2{,}2$; $M_A^*/M_N = 4{,}0$; $M_{Kipp}/M_N = 2{,}5$. Für die Dämpfung des Luftspaltmoments ϱ und die Zeiten t_1, t_2, t_3 werden die Werte $\varrho = 14\,s^{-1}$; $t_1 = 0{,}005$ s; $t_2 = 0{,}4$ s; $t_3 = 0{,}15$ s angenommen, die für alle Berechnungen konstant gehalten werden. Eine Variation dieser Werte wurde nicht vorgenommen, da sie die Spitzendrehmomente nur sehr wenig beeinflussen.

Für das in den Ergebnisdiagrammen (Bilder 11.1 bis 11.13) als Abszisse verwendete Frequenzverhältnis $\Omega/\omega_0 = F/f_0$ wird unter Zugrundelegung der Erregerfrequenz von $F = 50$ Hz die Eigenfrequenz f_0, die sich aus der Anfangssteigung T_{K1}/φ_0 berechnet, in folgenden Stufen

$$f_0 = 10;\ 15;\ 17{,}5;\ 20;\ 22{,}5;\ 25;\ 27{,}5;\ 30;\ 32{,}5;\ 35;\ 40;\ 45;\ 50;\ 60;\ 70;\ 80\ \text{Hz}$$

variiert. Die Diagramme zeigen die Vergrößerungsfunktionen in Gestalt des bezogenen Maximalmoments T_S/M_N über F/f_0 mit dem Massenverhältnis $m = J_2/J_1$ als Parameter. In [65] wurden 223 derartige Vergrößerungsfunktionen in Diagrammform veröffentlicht.

11.2 Schematischer Ablauf der Berechnung

Die Berechnung der Vergrößerungsfunktionen erfolgt numerisch für jede Kombination der angegebenen Parameter. Da die numerische Berechnung jeweils mit einem realen Drehschwingungssystem durchgeführt wird, müssen einige Einflußgrößen zahlenmäßig vorgegeben werden. Die übrigen Einflußgrößen werden dann über die dimensionslosen Kenngrößen berechnet. Folgende Werte wurden angenommen:

$$J_1 = 0{,}1\,\text{kgm}^2; \qquad \Omega = 314{,}159\,\text{s}^{-1} \quad (F = 50\,\text{Hz}); \qquad \varphi_0 = 6{,}0°.$$

Ebenso wird die Frequenz f_0 und das Massenverhältnis m vorgegeben. Aus

$$f_0 = \frac{1}{2\pi}\sqrt{\frac{T_{K1}}{\varphi_0 J_1}\left(1 + \frac{1}{m}\right)} \tag{11.9}$$

wird dann das Moment T_{K1} der Kupplungskennlinie bestimmt. Aus T_{K1} werden über die frei vorgegebenen Motorkenngrößen die Momente M_N, T_{K0}, M_A, M_A^* und M_{Kipp} bestimmt. Als weitere Kenngrößen werden noch der Exponent E und die verhältnismäßige Dämpfung ψ vorgegeben. Aus dem Massenverhältnis m und dem Massenträgheitsmoment des Motors J_1 wird die Schwungmasse J_2 berechnet.

Mit den aus den Kenngrößen bestimmten dimensionsbehafteten Einflußgrößen läßt sich das Differentialgleichungssystem (11.1) schrittweise lösen (Verfahren in Abschn. 8). Die Berechnung wird bei $t = 0{,}1$ s abgebrochen, da die Maximalmomente in der Regel in den ersten Schwingungsperioden auftreten und der weitere Momentenverlauf für die Vergrößerungsfunktionen nicht interessiert.

Die berechneten Maximalmomente T_S werden auf das jeweilige Nennmoment M_N des Motors bezogen und über die Eigenfrequenz f_0 der Anfangssteigung für die Erregerfrequenzen $F = 50$ Hz und $F = 60$ Hz aufgetragen. Das Zeichen der Vergrößerungsfunktionen erfolgt mit Hilfe eines Plotters. Die Bilder 11.1 bis 11.9 zeigen eine Auswahl der berechneten Vergrößerungsfunktionen. Die Bilder 11.10 bis 11.13 geben die Vergrößerungsfunktionen für lineare Kupplungskennlinie für $T_{K1}/M_N = 2$ unter Variation der verhältnismäßigen Dämpfung $\psi = 0{,}4$; 0,7; 1,0; 1,5; 2,0 mit dem Massenverhältnis als Parameter wieder.

11.3 Einschränkung der Ergebnisse

Die berechneten Vergrößerungsfunktionen gelten streng nur für Drehschwingungssysteme, die durch die angegebenen Parameter beschrieben werden. Das gleiche gilt für die Parameter der Motorkennlinie, für die jedoch nur Mittelwerte nach Katalogangaben für die Leistungsklasse bis 100 kW angenommen und keine Variation vorgenommen wurde. Abweichungen der berechneten Maximalwerte zu den Meßwerten sind besonders durch die Kenngrößen M_A/M_N und M_A^*/M_N zu erwarten, während die Kenngrößen M_{Kipp}/M_N und die Dämpfung ϱ auf die anfängliche Motorkennlinie nur wenig Einfluß haben. Die größte Abweichung ist durch die Kenngröße des dynamischen Anfahrmomentes M_A^*/M_N zu erwarten, für die der Wert $M_A^*/M_N = 4{,}0$ der Rech-

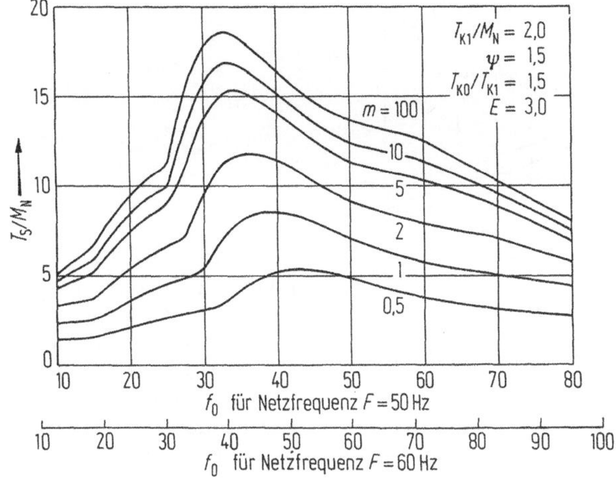

Bild 11.1. Vergrößerungsfunktionen T_S/M_N beim Anfahren mit Asynchronmotor für $T_{K1}/M_N = 2{,}0$; $\psi = 1{,}5$; $T_{K0}/T_{K1} = 1{,}5$; $E = 3{,}0$ abhängig von der Netzfrequenz und dem Massenverhältnis m als Parameter

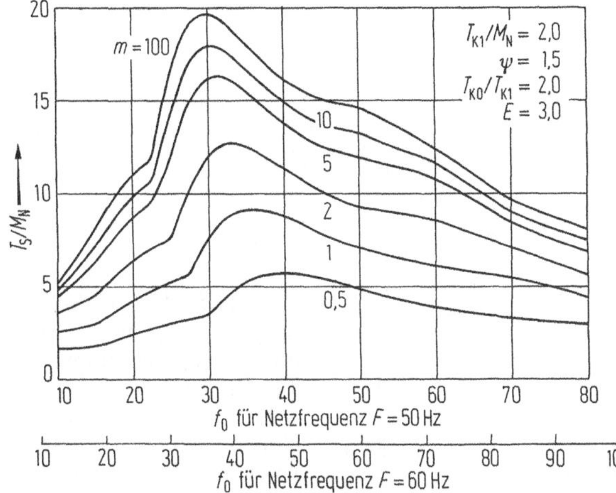

Bild 11.2. Vergrößerungsfunktionen T_S/M_N beim Anfahren mit Asynchronmotor für $T_{K1}/M_N = 2{,}0$; $\psi = 1{,}5$; $T_{K0}/T_{K1} = 2{,}0$; $E = 3{,}0$ abhängig von der Netzfrequenz und dem Massenverhältnis m als Parameter

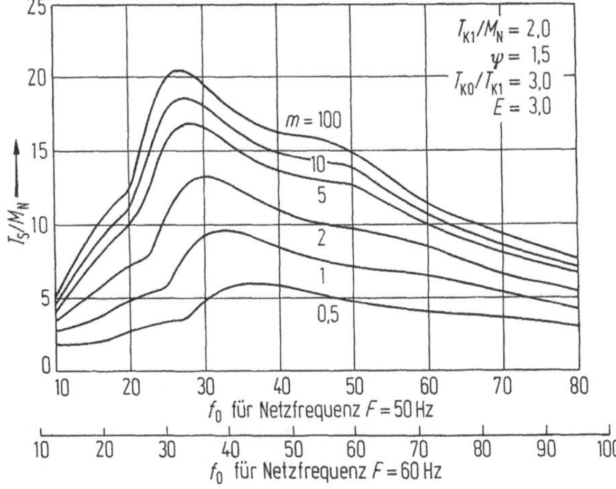

Bild 11.3. Vergrößerungsfunktionen T_S/M_N beim Anfahren mit Asynchronmotor für $T_{K1}/M_N = 2{,}0$; $\psi = 1{,}5$; $T_{K0}/T_{K1} = 3{,}0$; $E = 3{,}0$ abhängig von der Netzfrequenz und dem Massenverhältnis m als Parameter

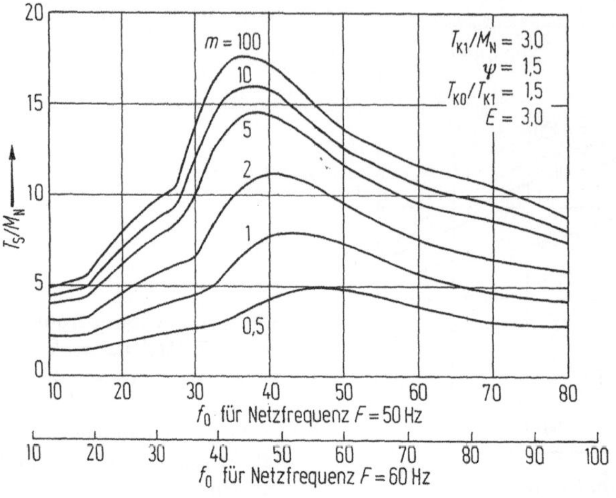

Bild 11.4. Vergrößerungsfunktionen T_S/M_N beim Anfahren mit Asynchronmotor für $T_{K1}/M_N = 3,0$; $\psi = 1,5$; $T_{K0}/T_{K1} = 1,5$; $E = 3,0$ abhängig von der Netzfrequenz und dem Massenverhältnis m als Parameter

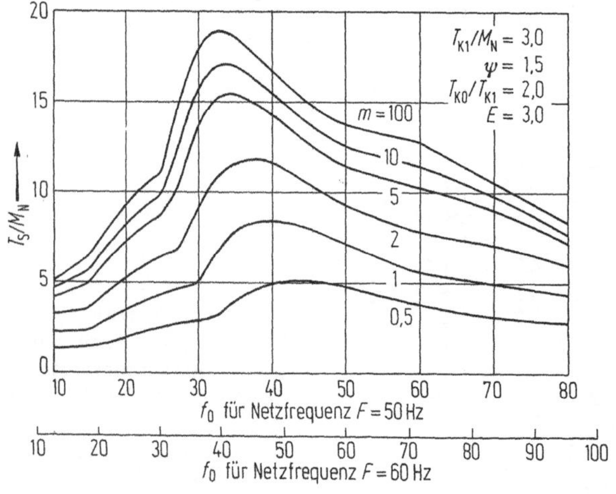

Bild 11.5. Vergrößerungsfunktionen T_S/M_N beim Anfahren mit Asynchronmotor für $T_{K1}/M_N = 3,0$; $\psi = 1,5$; $T_{K0}/T_{K1} = 2,0$; $E = 3,0$ abhängig von der Netzfrequenz und dem Massenverhältnis m als Parameter

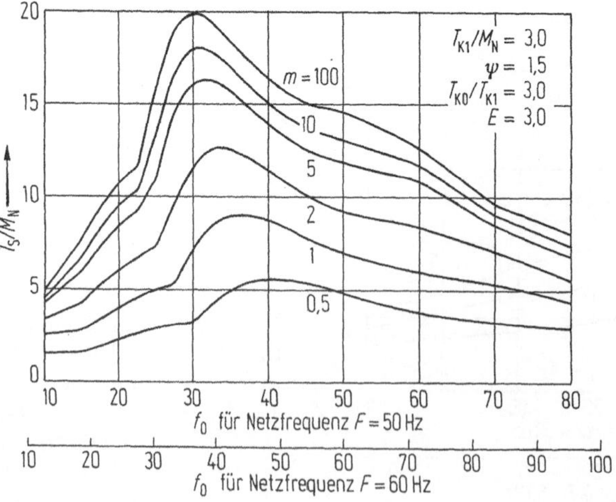

Bild 11.6. Vergrößerungsfunktionen T_S/M_N beim Anfahren mit Asynchronmotor für $T_{K1}/M_N = 3,0$; $\psi = 1,5$; $T_{K0}/T_{K1} = 3,0$; $E = 3,0$ abhängig von der Netzfrequenz und dem Massenverhältnis m als Parameter

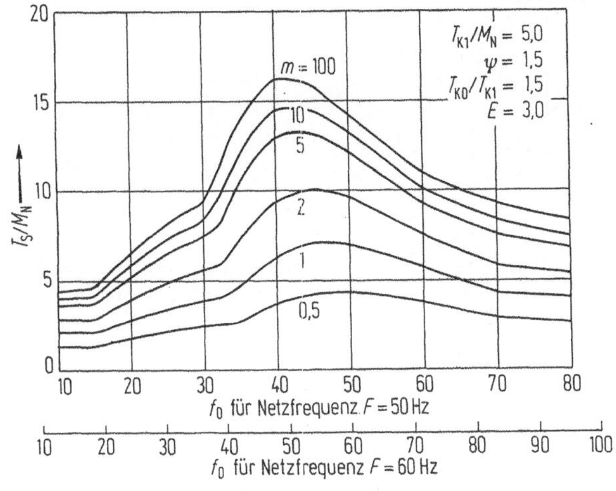

Bild 11.7. Vergrößerungsfunktionen T_S/M_N beim Anfahren mit Asynchronmotor für $T_{K1}/M_N = 5{,}0$; $\psi = 1{,}5$; $T_{K0}/T_{K1} = 1{,}5$; $E = 3{,}0$ abhängig von der Netzfrequenz und dem Massenverhältnis m als Parameter

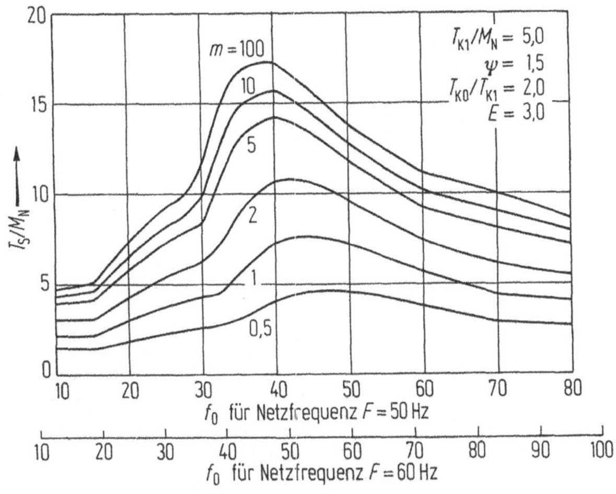

Bild 11.8. Vergrößerungsfunktionen T_S/M_N beim Anfahren mit Asynchronmotor für $T_{K1}/M_N = 5{,}0$; $\psi = 1{,}5$; $T_{K0}/T_{K1} = 2{,}0$; $E = 3{,}0$ abhängig von der Netzfrequenz und dem Massenverhältnis m als Parameter

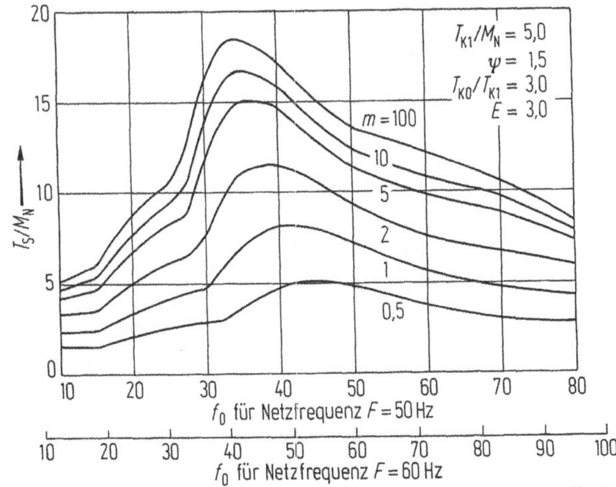

Bild 11.9. Vergrößerungsfunktionen T_S/M_N beim Anfahren mit Asynchronmotor für $T_{K1}/M_N = 5{,}0$; $\psi = 1{,}5$; $T_{K0}/T_{K1} = 3{,}0$; $E = 3{,}0$ abhängig von der Netzfrequenz und dem Massenverhältnis m als Parameter

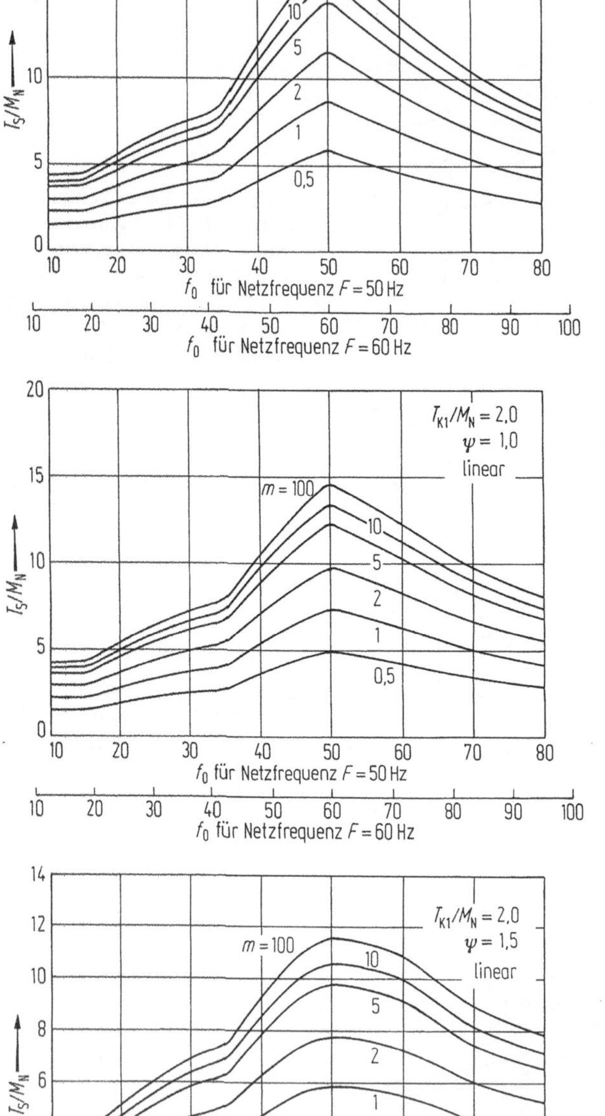

Bild 11.10. Vergrößerungsfunktionen T_S/M_N beim Anfahren mit Asynchronmotor für $T_{K1}/M_N = 2,0$; $\psi = 0,7$; einer linearen Kupplung in Abhängigkeit von der Netzfrequenz und dem Massenverhältnis m als Parameter

Bild 11.11. Vergrößerungsfunktionen T_S/M_N beim Anfahren mit Asynchronmotor für $T_{K1}/M_N = 2,0$; $\psi = 1,0$; einer linearen Kupplung in Abhängigkeit von der Netzfrequenz und dem Massenverhältnis m als Parameter

Bild 11.12. Vergrößerungsfunktionen T_S/M_N beim Anfahren mit Asynchronmotor für $T_{K1}/M_N = 2,0$; $\psi = 1,5$; einer linearen Kupplung in Abhängigkeit von der Netzfrequenz und dem Massenverhältnis m als Parameter

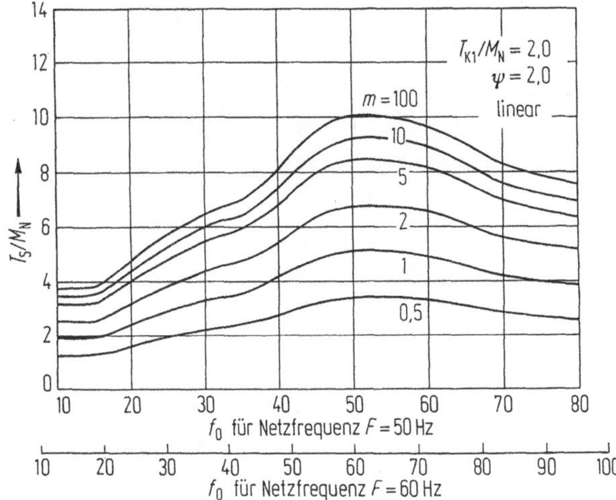

Bild 11.13. Vergrößerungsfunktionen T_S/M_N beim Anfahren mit Asynchronmotor für $T_{K1}/M_N = 2,0$; $\psi = 2,0$; einer linearen Kupplung in Abhängigkeit von der Netzfrequenz und dem Massenverhältnis m als Parameter

nung zugrunde liegt. Messungen haben jedoch ergeben, daß diese Kenngröße für Motoren unterschiedlicher Nenndrehzahl und Nennleistung Werte von 2,0 bis 6,0 annehmen kann, wobei für kleine Nenndrehzahlen der untere Bereich gilt. Genaue Angaben über das dynamische Anfahrmoment M_A^* können nicht gemacht werden, da das Schwingungssystem die Motorkennlinie beeinflußt.

Als weiteren Grund für die Abweichungen ist die verhältnismäßige Dämpfung ψ zu sehen, die sich bei drehelastischen Kupplungen mit zunehmender Nichtlinearität vergrößert. Andererseits stimmt der geschwindigkeitsproportionale Ansatz für große Dämpfungen nur näherungsweise mit den physikalischen Vorgängen überein.

Abweichungen zwischen den Meß- und Rechenergebnissen lassen sich oft auch damit erklären, daß die Drehmomentenmessung nicht in der Kupplung selbst, sondern in vor- oder nachgeschalteten Meßwellen erfolgt. Wie rechnerische Untersuchungen gezeigt haben, sind die Drehmomentenspitzen in der Meßwelle meistens größer (bis 30 %) als in der drehelastischen Kupplung, wenn die Messung zwischen der Kupplung und der Schwungmasse erfolgt; andererseits ergeben sich in der Regel kleinere Drehmomentenspitzen, wenn die Messung zwischen dem Motorläufer und der drehelastischen Kupplung durchgeführt wird. Es ist also ein Anstieg der Drehmomentenspitzen im Schwingungssystem ausgehend vom Motorläufer bis hin zur Schwungmasse zu beobachten.

11.4 Anwendung der Diagramme (Bilder 11.1 bis 11.13)

11.4.1 Ermittlung der Kenngrößen des realen Schwingungssystems

Zur Ermittlung der Drehmomentenspitzen beim Anfahren müssen zunächst die Kenngrößen des Schwingungssystems bestimmt werden, um die zugehörige Vergrößerungsfunktion aufzufinden. Das geschieht am besten in folgender Reihenfolge:

1. Rückführung des zu untersuchenden Schwingungssystems auf einen Zwei-Massen-Drehschwinger. Das Massenträgheitsmoment des Motorläufers J_1 (Antriebsseite) und der Schwungmasse J_2 (Abtriebsseite) wird bestimmt, womit das Massenverhältnis $m = J_2/J_1$ gegeben ist. Beim Mehrmassensystem werden, soweit eine Rückfüh-

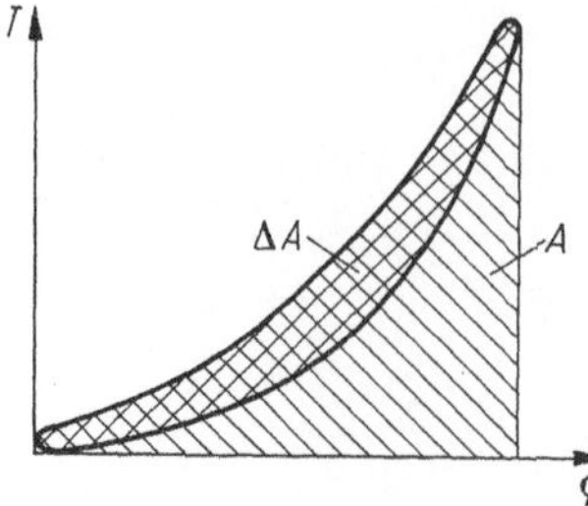

Bild 11.14. Ermittlung der verhältnismaßigen Dämpfung für eine schwellend belastete Kupplung

rung auf einen Zwei-Massen-Drehschwinger dynamisch sinnvoll ist, die mittleren Drehmassen den Massenträgheitsmomenten J_1 und J_2 anteilmäßig zugeschlagen.

2. Das Motornennmoment M_N, das Anfahrmoment M_A und das Kippmoment M_{Kipp} werden dem Katalog des Motorenherstellers entnommen und die Netzfrequenz des Stromnetzes ermittelt (in der Regel $F = 50$ Hz oder $F = 60$ Hz). Mit den Motormomenten können die Kenngrößen $M_A/M_N = 2{,}2$ und $M_{Kipp}/M_N = 2{,}5$, die der Berechnung der Vergrößerungsfunktionen zugrunde liegen, kontrolliert werden.
3. Auswahl einer drehelastischen Kupplung für das Schwingungssystem. Die statisch ermittelte Kupplungskennlinie und die verhältnismäßige Dämpfung ψ nach DIN 740 müssen gegeben sein. Da Kupplungen bei Anfahrvorgängen in der Regel nur schwellend belastet werden, ist die verhältnismäßige Dämpfung ψ aus dem positiven Teil der statischen Kupplungskennlinie zu ermitteln, wobei die Hystereseschleife im positiven Quadranten als eine Schwingungsperiode zu betrachten ist.

Die verhältnismäßige Dämpfung ψ aus dem positiven Teil der Kupplungskennlinie läßt sich nach Bild 11.14 mit der Beziehung

$$\Psi = \frac{\Delta A}{(A - \Delta A/2)/4} \tag{11.10}$$

bestimmen. Bei linearen Kupplungskennlinien entspricht der so berechnete ψ-Wert der Definition nach DIN 740. Bei nichtlinearen Kupplungskennlinien ist diese Berechnungsmethode vorzuziehen, da sie im Gegensatz zu DIN 740 die wirkliche elastische Formänderungsarbeit einer Schwingungsperiode berücksichtigt. Wird eine Kupplung im Anregungsbereich überlastet, so empfiehlt sich eine Überprüfung der verhältnismäßigen Dämpfung ψ, da diese in der Regel mit wachsender Kupplungsbelastung zunimmt und somit die Anfahrmomente stärker dämpft.

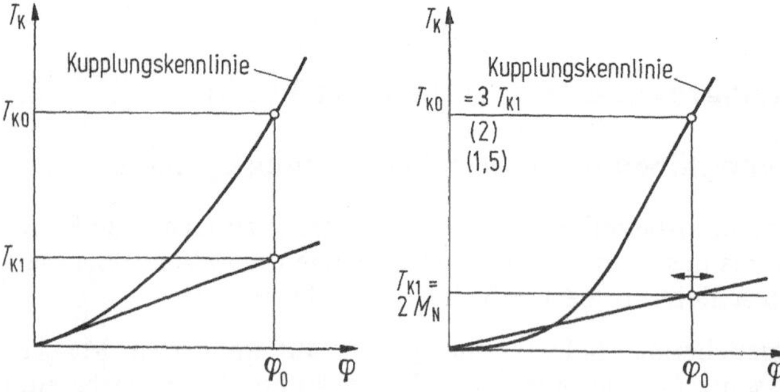

Bild 11.15 a u. b. Ermittlung der Kupplungsparameter. a) Kennlinie ohne Spiel; b) Kennlinie mit Spiel

4. An den oberen Ast der Kupplungskennlinie wird im Nullpunkt die Tangente gelegt. Über die Kenngröße T_{K1}/M_N, die die Zuordnung der Kupplungskennlinie zum Motornennmoment herstellt, wird das Moment T_{K1} und der Bezugswinkel φ_0 bestimmt (Bild 11.15a).
   Es liegen drei Verhältnisse für T_{K1}/M_N vor, nämlich $T_{K1}/M_N = 2$; 3; 5, wobei das Verhältnis gewählt wird, mit dem sich die Kupplungskennlinie am günstigsten beschreiben läßt. Die Steigung der Anfangstangente des mathematischen Ansatzes muß nicht unbedingt exakt der gemessenen Anfangssteigung entsprechen, sondern der ganze Ansatz, bestehend aus linearem und exponentiellem Anteil, sollte die gemessene Kennlinie gut annähern.
   Läßt sich der Kennlinienverlauf einer Kupplung im oberen Bereich infolge von Unstetigkeiten, wie degressive Krümmungen oder Knicke, nur schwer mit (8.5) beschreiben, so zeichnet man eine Ersatzkennlinie, die den oberen Ast der gemessenen Kennlinie unter Vernachlässigung der Unstetigkeiten in etwa annähert. Eine Ersatzkennlinie ist manchmal ebenso für Kupplungen mit sehr starken Dämpfungen erforderlich, wobei immer der obere Ast, der bei der ersten Belastung erzeugt wurde, anzunähern ist. Diese Ersatzkennlinie wird dann mit dem mathematischen Ansatz beschrieben.
   Für Kupplungen, die im Nullpunkt Spiel oder eine Tangente mit der Steigung Null besitzen, lassen sich die Kupplungsparameter nicht ohne weiteres bestimmen. Da das Berechnungsverfahren im Nullpunkt der Kupplungskennlinie immer eine Tangente größer Null erfordert, wird diese anhand der gegebenen Kenngrößenliste so flach wie möglich konstruiert. Damit soll erreicht werden, daß der gemessene Kennlinienverlauf trotz der Unstetigkeiten im Nullpunkt noch möglichst gut durch den mathematischen Ansatz genähert wird. Die Kupplungsparameter werden folgendermaßen aus dem oberen Ast der Kennlinie bestimmt (Bild 11.15b). Man legt parallel zur Abszisse die Gerade $T_{K1} = 2M_N$ und bestimmt dann den Bezugswinkel φ_0, für den sich das Verhältnis $T_{K0}/T_{K1} = 3$; 2 oder 1,5 ergibt. Dabei ist $T_{K0}/T_{K1} = 3$ zu bevorzugen, da dieses Verhältnis die Tangente mit der geringsten Steigung ergibt. Die Bestimmung des Exponenten E erfolgt dann analog zu Punkt 6 (Punkt 5 entfällt).
5. Senkrecht über φ_0 wird im Schnittpunkt mit der Kupplungskennlinie das Bezugsmoment T_{K0} ermittelt (Bild 11.15a). Aus T_{K1} und T_{K0} wird die Kenngröße T_{K0}/T_{K1} berechnet.
6. Der Exponent E des nichtlinearen Anteils ist so zu bestimmen, daß (8.5) die gemessene Kupplungskennlinie möglichst gut annähert. Zur leichteren Abschätzung des Exponenten E kann die Strecke auf $T_{K1} = \text{const}$ zwischen den begrenzenden

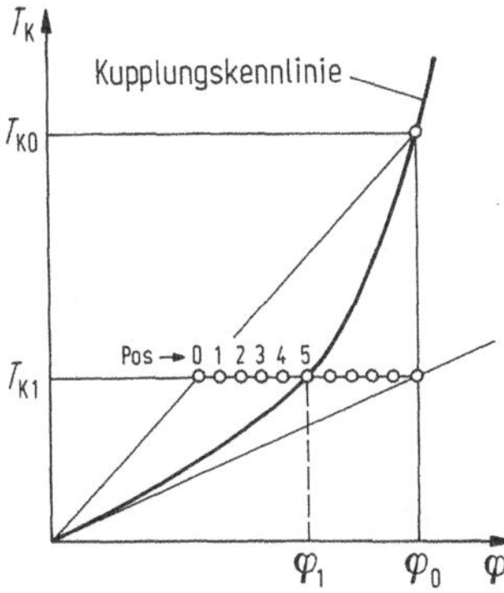

Bild 11.16. Ermittlung des Exponenten E der Kupplungskennlinie

Geraden in zehn gleiche Teile — gekennzeichnet durch Positionen — geteilt und zu jedem dieser Punkte der sich ergebende Exponent abhängig von der Kenngröße T_{K0}/T_{K1} wie folgt berechnet werden (Bild 11.16).

$$E = \frac{\log\left(1 - \frac{\varphi_1}{\varphi_0}\right) - \log\left(\frac{T_{K0}}{T_{K1}} - 1\right)}{\log\left(\frac{\varphi_1}{\varphi_0}\right)}. \tag{11.11}$$

In Tab. 8.2 sind die Ergebnisse einer Auswertung der Gl. (11.11) für die Positionen 1 bis 5, abhängig von den Kenngrößen $T_{K0}/T_{K1} = 1{,}5;\ 2;\ 3$, angegeben.

7. Aus der Anfangssteigung der Kupplungskennlinie und den Massenträgheitsmomenten J_1 und J_2 ergibt sich die Eigenfrequenz f_0 des Schwingungssystems für kleine Auslenkungen um den Nullpunkt zu

$$f_0 = \frac{1}{2\pi}\sqrt{\frac{T_{K1}}{\varphi_0}\,\frac{J_1 + J_2}{J_1 J_2}} = \frac{1}{2\pi}\sqrt{\frac{T_{K1}}{\varphi_0 J_1}\left(1 + \frac{1}{m}\right)}. \tag{11.12}$$

Sie ist eine Rechengröße und entspricht nur für lineare Systeme der wirklichen ungedämpften Eigenfrequenz. Für nichtlinear-progressive Systeme liegt die wirkliche Eigenfrequenz, die abhängig von dem Verdrehwinkel φ ist, immer über der Rechengröße f_0.

8. Sind in einem Schwingungssystem weitere Federelemente vorhanden, deren Drehfedersteifigkeiten in der Größenordnung der Kupplungssteifigkeit liegen, so muß eine resultierende Kupplungskennlinie mit diesen Drehfedersteifigkeiten gezeichnet werden. Die Schwingungskenngrößen werden dann ab Punkt 4. mit dieser resultierenden Kupplungskennlinie ermittelt. Dagegen brauchen Federelemente, deren Drehsteifigkeiten sehr viel größer als die Kupplungssteifigkeit sind, nicht berücksichtigt zu werden.

Bild 11.17 zeigt ein Flußdiagramm, das in übersichtlicher Form die Vorgehensweise bei der Ermittlung der maximalen Kupplungsmomente beim Anfahren mit Asynchron-Elektromotoren erklärt. Ausgehend vom Aufbau des Drehschwingungssystems, der Auswahl des Asynchron-Elektromotores und der drehelastischen Kupplung werden die Kenngrößen bestimmt, mit deren Hilfe die maximale Anfahrbelastung in der Kupplung aus den Vergrößerungsfunktionen bestimmt wird.

11.4.2 Bestimmung der Spitzendrehmomente aus den Diagrammen

Mit den ermittelten Kenngrößen ψ, T_{K1}/M_N, T_{K0}/T_{K1} und E wird das entsprechende Diagramm (Bilder 11.1 bis 11.13) aufgesucht. Mit dem Massenverhältnis m und der Eigenfrequenz f_0 der Anfangssteigerung wird das Verhältnis T_S/M_N aus dem Diagramm ermittelt. Je nach der Netzfrequenz des Stroms wird dabei für f_0 die 50-Hertz- oder 60-Hertz-Skala benutzt. Aus dem Verhältnis T_S/M_N wird mit dem Motornennmoment der Maximalwert T_S des Anfahrdrehmoments ermittelt (Beispiel in Bild 11.18).

Liegt eine der ermittelten Kenngrößen ψ, T_{K0}/T_{K1} oder E zwischen den Werten der angegebenen Parameterliste, so wird zwischen zwei Diagrammen interpoliert. Besitzen zwei Kenngrößen Zwischenwerte, so muß zwischen vier Diagrammen interpoliert wer-

▶

Bild 11.17. Flußdiagramm zur Ermittlung der maximalen Kupplungsmomente beim Anfahren mit Asynchron-Elektromotoren

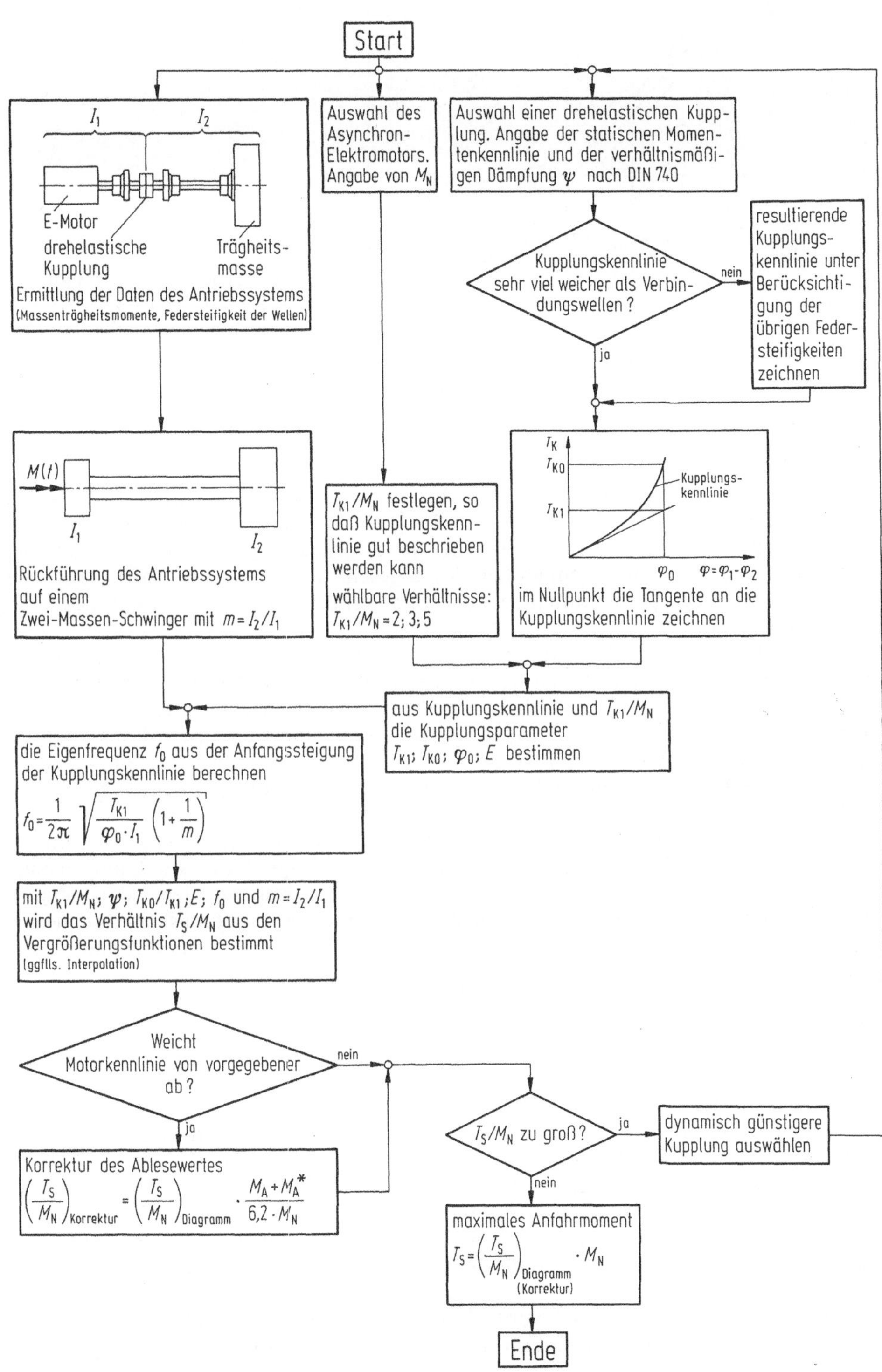
Start
I_1
I_2
E-Motor
drehelastische Kupplung
Trägheitsmasse
Ermittlung der Daten des Antriebssystems
(Massenträgheitsmomente, Federsteifigkeit der Wellen)
Auswahl des Asynchron-Elektromotors. Angabe von M_N
Auswahl einer drehelastischen Kupplung. Angabe der statischen Momentenkennlinie und der verhältnismäßigen Dämpfung ψ nach DIN 740
Kupplungskennlinie sehr viel weicher als Verbindungswellen?
nein
ja
resultierende Kupplungskennlinie unter Berücksichtigung der übrigen Federsteifigkeiten zeichnen
$M(t)$
I_1
I_2
Rückführung des Antriebssystems auf einem Zwei-Massen-Schwinger mit $m = I_2/I_1$
T_{K1}/M_N festlegen, so daß Kupplungskennlinie gut beschrieben werden kann
wählbare Verhältnisse: $T_{K1}/M_N = 2; 3; 5$
T_K
T_{K0}
T_{K1}
Kupplungskennlinie
φ_0
$\varphi = \varphi_1 - \varphi_2$
im Nullpunkt die Tangente an die Kupplungskennlinie zeichnen
aus Kupplungskennlinie und T_{K1}/M_N die Kupplungsparameter T_{K1}; T_{K0}; φ_0; E bestimmen
die Eigenfrequenz f_0 aus der Anfangssteigung der Kupplungskennlinie berechnen
$f_0 = \frac{1}{2\pi}\sqrt{\frac{T_{K1}}{\varphi_0 \cdot I_1}\left(1 + \frac{1}{m}\right)}$
mit T_{K1}/M_N; ψ; T_{K0}/T_{K1}; E; f_0 und $m = I_2/I_1$ wird das Verhältnis T_S/M_N aus den Vergrößerungsfunktionen bestimmt
(ggflls. Interpolation)
Weicht Motorkennlinie von vorgegebener ab?
nein
ja
Korrektur des Ablesewertes
$\left(\frac{T_S}{M_N}\right)_{Korrektur} = \left(\frac{T_S}{M_N}\right)_{Diagramm} \cdot \frac{M_A + M_A^*}{6{,}2 \cdot M_N}$
T_S/M_N zu groß?
ja
nein
dynamisch günstigere Kupplung auswählen
maximales Anfahrmoment
$T_S = \left(\frac{T_S}{M_N}\right)_{Diagramm\ (Korrektur)} \cdot M_N$
Ende

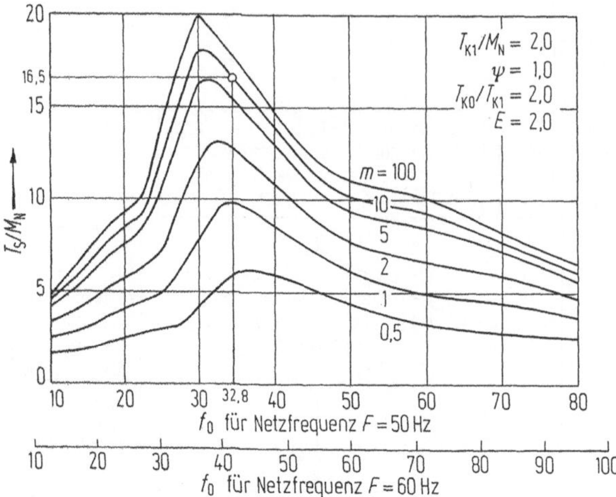

Bild 11.18. Vergrößerungsfunktion T_S/M_N beim Anfahren mit Asynchronmotor für $T_{K1}/M_N = 2{,}0$; $\psi = 1{,}0$; $T_{K0}/T_{K1} = 2{,}0$; $E = 2{,}0$ abhängig von der Netzfrequenz und dem Massenverhältnis m als Parameter

den. Besitzen alle drei Kenngrößen Zwischenwerte, so ist eine Interpolation zwischen acht Diagrammen notwendig. Man sieht also, daß sich der Arbeitsaufwand stark vergrößert, wenn die Kenngrößen als Zwischenwerte vorliegen. Es ist deshalb ratsam, bei der Ermittlung dieser drei Kenngrößen durch geschicktes Legen der Anfangstangente das Verhältnis T_{K0}/T_{K1} der vorhandenen Parameterliste anzupassen, soweit dies überhaupt möglich ist.

Ist der Exponent $E > 3$, so wird das Diagramm mit dem höchsten vorhandenen Exponenten ($E = 3$) benutzt. Diese Begrenzung der Exponenten nach oben wurde deshalb durchgeführt, um die Zahl der Vergrößerungsfunktionen in Grenzen zu halten. Kupplungskennlinien mit $E > 3$ treten nur selten auf und werden oft durch Formbegrenzung der elastischen Elemente im Überlastungsbereich hervorgerufen. Aussagen über die Anfahrbelastungen solch nichtlinearer Kupplungen lassen sich auch mit dem größten vorhandenen Exponenten $E = 3$ machen.

Liegt das Verhältnis des Maximalmoments T_S/M_N für eine stark nichtlineare Kupplung in der Nähe oder im Anregungsbereich der Vergrößerungsfunktion, so empfiehlt es sich immer, eine Nachrechnung unter Berücksichtigung aller Federsteifigkeiten des Antriebssystems durchzuführen. Die resultierende Kupplungskennlinie besitzt immer einen kleineren Exponenten, wenn die überlagerten Federsteifigkeiten linear sind.

11.4.3 Korrektur der Spitzenwerte

Wie schon erwähnt, liegt der Berechnung der Anfahrdrehmomente immer eine Motorkennlinie mit denselben Kenngrößen zugrunde, um die Parametervielfalt in Grenzen zu halten. Der verwendeten Motorkennlinie liegen die Mittelwerte der Kenngrößen ($M_A/M_N = 2{,}2$ und $M_A^*/M_N = 4{,}0$) zugrunde. Da die Motorkennlinie auf die Drehmomentenspitzen einen entscheidenden Einfluß ausübt, können bei Anfahrvorgängen mit Asynchron-Elektromotoren, die im Gegensatz zu den benutzten Kennlinien abweichende Kenngrößen besitzen, große Differenzen zwischen den gemessenen und den aus den Diagrammen ermittelten Maximalwerten der Anfahrdrehmomente auftreten.

Wie in Messungen ermittelt wurde, besitzt die Kenngröße M_A^*/M_N für Motoren mit unterschiedlicher Nenndrehzahl und Nennleistung Werte zwischen $M_A^*/M_N = 2{,}0$ bis

$M_A^*/M_N = 6{,}0$, wobei das kleinere Verhältnis für Motoren des unteren Nenndrehzahlbereichs gilt. Die Abweichungen für M_A^*/M_N sind entsprechend den Herstellerangaben in der Regel nur gering. Ist die wirkliche Motorkennlinie bekannt, so kann mit den realen Motorparametern M_A und M_A^* eine Korrektur des aus den Diagrammen ermittelten Maximalwerts nach (11.13) vorgenommen werden.

$$\left(\frac{T_S}{M_N}\right)_{\text{Korr}} = \left(\frac{T_S}{M_N}\right)_{\text{Diagr}} \frac{M_A + M_A^*}{6{,}2 \cdot M_N}. \tag{11.13}$$

Die Korrekturformel kann nur eine Näherung darstellen, da nichtlineare Systeme weitaus komplexer reagieren. Korrekturen sind nach oben und unten möglich.

Falls die Anfahrmomente trotz der Korrektur zu hoch sind, muß eine dynamisch günstigere Kupplung gewählt werden. Unter dem Begriff „dynamisch günstig" ist die Abstimmung des Antriebssystems zu verstehen. In jedem Fall ist der Anregungsbereich in den Vergrößerungsfunktionen zu meiden, was sich entweder mit einer nachgiebigeren Kupplung (unterkritische Abstimmung) oder mit einer steiferen Kupplung (überkritische Abstimmung) erreichen läßt.

11.5 Beispiel zur Anwendung

Als Beispiel zur Anwendung der Vergrößerungsfunktionen wird ein Antriebssystem, bestehend aus Asynchron-Elektromotor, drehelastischer Kupplung, Meßwelle und Schwungmasse betrachtet, von dem Meß- und Rechenergebnisse vorliegen (Bild 11.19). Dazu werden zunächst die Kenngrößen bestimmt.

1. Massenträgheitsmomente: $J_1 = 0{,}056\,\text{kg}\,\text{m}^2$; $J_2 = 0{,}56\,\text{kg}\,\text{m}^2$, Massenverhältnis, also $m = J_2/J_1 = 10$.
2. Motordaten: Nennleistung 7,5 kW; $n_N = 1440\,\text{min}^{-1}$; $F = 50\,\text{Hz}$; $M_N = 50\,\text{Nm}$; $M_A = 125\,\text{Nm}$; $M_{\text{Kipp}} = 140\,\text{Nm}$; $M_A^* \approx 200\,\text{Nm} = 4M_N$.
3. Kupplungskennlinie nach Bild 11.20 (s. S. 177) mit stark progressiver Kennlinie; verhältnismäßige Dämpfung $\psi = 1{,}0$.
4./5. Das Verhältnis $T_{K1}/M_N = 2{,}0$ ergibt mit dem Motornennmoment M_N das Moment $T_{K1} = 100\,\text{Nm}$, den Bezugswinkel $\varphi_0 = 2{,}65°$ und das Bezugsmoment $T_{K0} = 200\,\text{Nm}$. Aus T_{K0} und T_{K1} folgt die Kenngröße $T_{K0}/T_{K1} = 2{,}0$.
6. Der Exponent E ergibt sich für die Position 4,8 im Bild 11.20 aus Tab. 8.2 zu $E = 1{,}95$. Die ausgewählte Kennlinie mit $E = 2{,}0$ ersetzt die gemessene Kennlinie recht gut, wie Bild 11.20 zu entnehmen ist.
7. Mit (11.12) wird die Eigenfrequenz der Anfangssteigung berechnet:

$$f_0 = \frac{1}{2\pi}\sqrt{\frac{100\,\text{Nm}\cdot 57{,}3°}{2{,}65°\cdot 0{,}056\,\text{kgm}^2}\left(1+\frac{1}{10}\right)} = 32{,}8\,\text{Hz}.$$

Mit den ermittelten Kenngrößen $\psi = 1{,}0$; $T_{K1}/M_N = 2{,}0$; $T_{K0}/K_{K1} = 2{,}0$; $E = 2{,}0$; $m = 10$; $f_0 = 32{,}8\,\text{Hz}$; $F = 50\,\text{Hz}$ wird die entsprechende Vergrößerungsfunktion aufgesucht und das Verhältnis $T_S/M_N = 16{,}5$ aus Bild 11.18 bestimmt.

$$T_S = 16{,}5 M_N = 825\,\text{Nm}.$$

Der entsprechende Zeitverlauf des Kupplungsmoments in der Prüfanordnung ergibt ein Maximalmoment von 789 Nm. Das Meßergebnis von 947 Nm in der Meßwelle wird durch den rechnerischen Maximalwert von 904 Nm recht gut angenähert (Bild 11.19). Die Abweichungen lassen sich durch die Dämpfung erklären, die bei sehr pro-

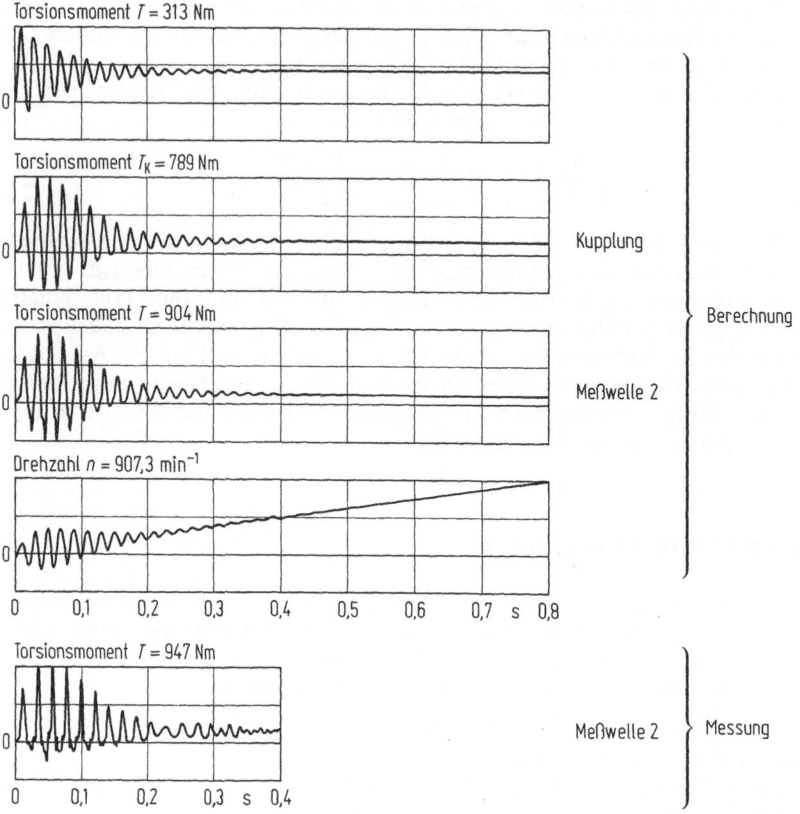

Bild 11.19. Gemessene und gerechnete Wellen- und Kupplungsmomente bei einem Anlaufvorgang

gressiven Kupplungen stark zunimmt. Außerdem kann eine geringe Frequenzverschiebung durch die Anfangssteigung das Ergebnis, das im Resonanzbereich der Vergrößerungsfunktion ermittelt wird, beeinflussen.

11.6 Näherungsweise Bestimmung der Drehmomentspitzen beim Anfahren mit Synchronmotoren

Ein ähnliches Verfahren, wie es im vorigen Abschnitt vorgestellt wurde, das den gesamten Hochlauf in Form von Diagrammen das für die auftretenden Drehmomentspitzen den gesamten Hochlauf in Form von Diagrammen wiedergibt, ist zwar denkbar, aber aufgrund der Parametervielzahl noch aufwendiger. Wie wir bereits sahen, wird das Verhalten der Synchronmaschine durch praktisch zwei Arten von Anregungsfunktionen beschrieben. Beim Einschalten entstehen mit der Zeit abklingende Pendelmomente mit einfacher und doppelter Netzfrequenz. Die sich daraus ergebenden Kupplungsbelastungen sind mit dem Verfahren, das für die Asynchronmaschine entwickelt wurde, beherrschbar.

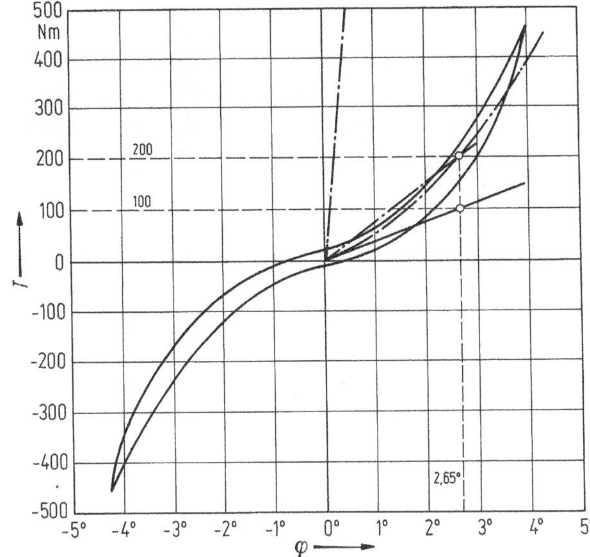

Bild 11.20. Gemessene und angenäherte Kupplungskennlinie

Weiter entstehen Pendelmomente mit doppelter Schlupffrequenz, die mindestens eine Torsionseigenfrequenz resonanzartig anregen. Da die Resonanzstellen meistens sehr langsam durchfahren werden und damit quasistationäre Schwingungszustände eintreten, kann die Resonanzamplitude mit den in diesem Abschnitt angegebenen stationären Lösungen abgeschätzt werden. Im Einzelfall empfiehlt sich jedoch die Anwendung eines Simulationsprogramms. Die folgenden Beispiele sollen das beschriebene Vorgehen verdeutlichen.

11.7 Vergleich von experimentellen Untersuchungen mit Simulationsrechnungen und Abschätzungen

Zur Überprüfung der Rechenergebnisse wurden mit Asynchron- und Synchronmotoren an fünf Großanlagen Drehmoment- und Drehbeschleunigungsmessungen durchgeführt, die zur Ermittlung der motorseitigen Erregermomente (Luftspaltmomente) herangezogen wurden. In Bild 11.21 wurden die Maximalwerte der für die Simulationsrechnung verwendeten Luftspalt- und Kupplungsmomente bei Anlauf und Resonanzdurchfahrt gegenübergestellt und mit Meßergebnissen verglichen. Man erkennt, daß beim Synchronmotor die Resonanzdurchfahrt zu den höchsten Belastungen führt. Die Vergrößerung beträgt zwischen 6 und 10 entsprechend der der Grundschwingung zugeordneten Dämpfung.

Anhand der im Rahmen des Forschungsvorhabens [76] untersuchten Anlagen kann beispielhaft überprüft werden, wie sich die Reduktion komplexer Antriebssysteme auf Zwei-Massen-Systeme bei Anfahrvorgängen auswirkt. Als Vergleichsmaßstab dienen dabei die Ergebnisse der digitalen Simulation.

Zur Ermittlung der Anlagenbelastung beim Anfahren und Resonanzdurchlauf werden, da die Anlagen tief abgestimmt sind, einfache Ansätze nach Abschn. 10 gewählt (Gl. (11.14) und (11.15)):

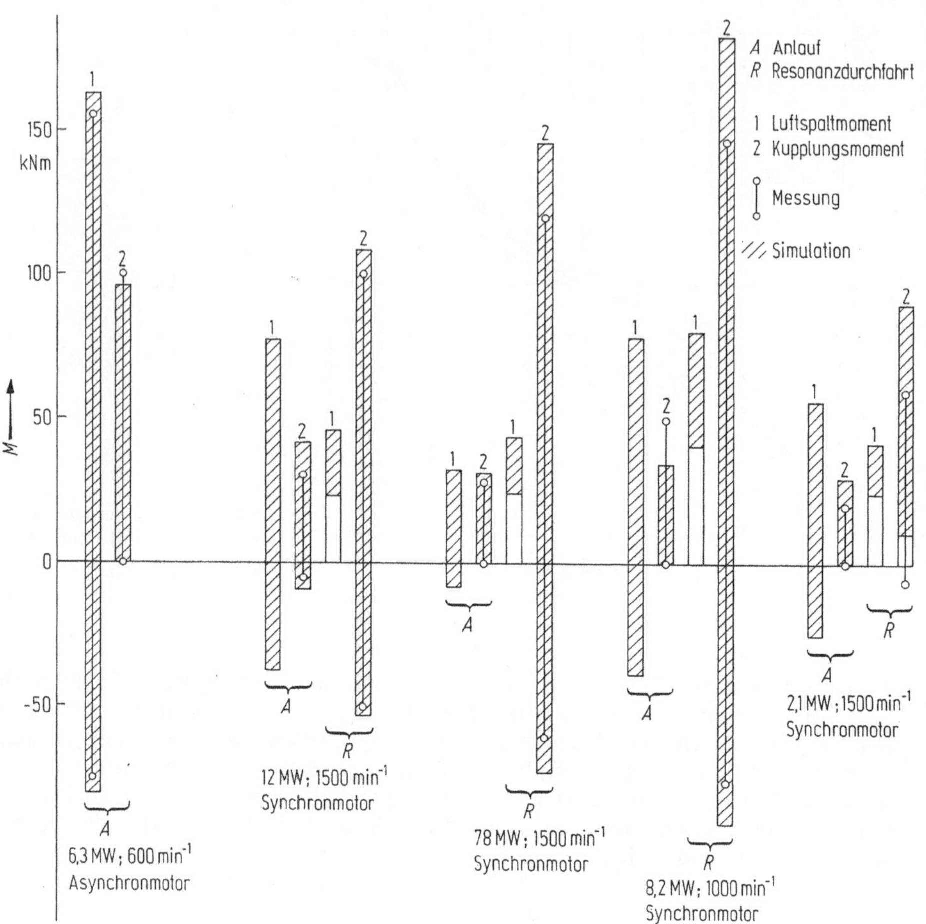

Bild 11.21. Luftspalt- und Kupplungsmomente verschiedener Anlagen

Anlauf:

$$T_S = M_A \frac{J_2}{J_1 + J_2}\left(1 - \frac{e^{-D\tau}}{\sqrt{1 - D^2}} \cos\left(\sqrt{1 - D^2}\,\tau - \delta\right)\right) + M_A^* \frac{J_2}{(J_1 + J_2)} \varrho e^{-D_S\tau} \sin(\eta\tau - \zeta)$$
$$\sim M_A \frac{J_2}{J_1 + J_2}(1 - \cos\omega_0 t) \quad \text{für} \quad D \ll 1 \quad \text{und} \quad \omega_0 < \Omega = 50\,\text{Hz}. \tag{11.14}$$

Resonanz:

$$T_S = \left(M_R + M_R^* \frac{1}{2D}\right) \frac{J_2}{J_1 + J_2}. \tag{11.15}$$

Dies kann bereits als unzulässige Vereinfachung angesehen werden, wenn der Frequenzabstand zwischen Netz- und Grundfrequenz 10 bis 15 Hz beträgt. In diesem Fall sind noch die erzwungenen Schwingungen infolge der Pendelmomente zu berücksichtigen, was aber bereits zu größeren rechnerischen Schwierigkeiten führt [78].

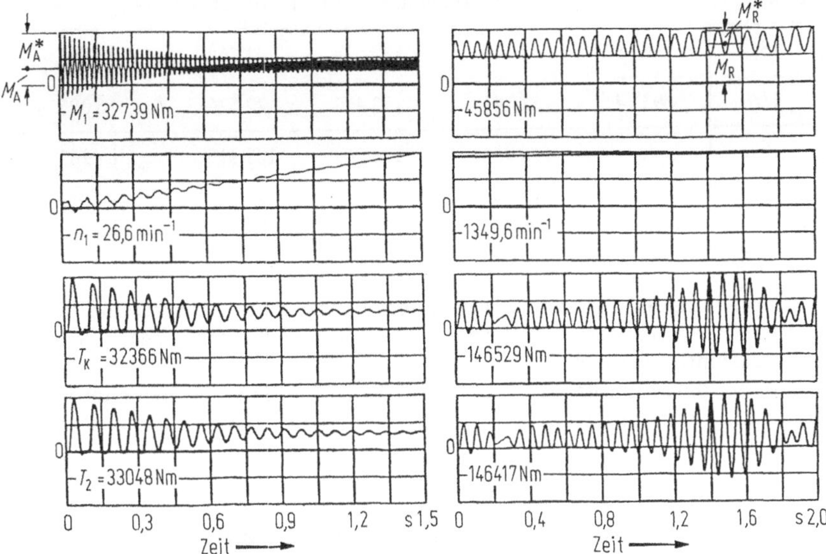

Bild 11.22. Erregermomente bei Anlauf und Resonanzdurchgang

Beim Resonanzdurchlauf, der bei Anlagen mit Synchronmotoren auftritt, wird davon ausgegangen, daß ein eingeschwungener Zustand vorliegt, da die Frequenzänderungsgeschwindigkeit bei den hier betrachteten großen Anlagen relativ gering ist. Aus dem mittleren Moment M_R und dem überlagerten Pendelmoment M_R^* (Bild 11.22) bei Resonanzdurchgang folgt (11.15).

Die Daten der reduzierten Systeme, die aus dem komplexen Modell, das für die digitale Simulation verwendet wurde, hergeleitet wurden, und die aus den Zeitverläufen ermittelten äußeren Erregermomente sind in Tab. 11.1 zusammengestellt. Die Ergebnisse nach (11.14) und (11.15) wurden anschließend in Tab. 11.2 den Ergebnissen aus der Simulationsrechnung gegenübergestellt. Die Gegenüberstellung zeigt, daß teil-

Tabelle 11.1 Motor- und Systemdaten

		Asynchronmotoren		Synchronmotoren		
P	kW	6300	7800	8200	12000	2100
n_N	min^{-1}	600	1500	1000	1500	1500
T_{KN}	Nm	102270	49656	78304	76439	13369
M_A^*	Nm	40908	12258	19684	18253	9970
M_A	Nm	122724	20430	59052	6000	43181
T_R^*	Nm	–	34246	60225	34572	35132
T_R	Nm	–	10072	20075	11524	11710
J_1	kgm^2	2316	762	1600	1026	95
J_2	kgm^2	23632	5661	7534	1673	296
C	Nm/rad	$4{,}35 \cdot 10^6$	$0{,}54 \cdot 10^7$	$5{,}99 \cdot 10^6$	$1{,}4 \cdot 10^7$	$7{,}25 \cdot 10^5$
D	–	0,021	0,03	0,05	0,05	0,05
f_A	Hz	7,28	14,3	10,6	22,2	15,9

Tabelle 11.2 Gegenüberstellung von Simulationsrechnung (S) und Abschätzung (A)

Anf	T_S	(S)	95 783	32 344	34 534	41 763	23 744
	T_S	(A)	93 141	21 141	32 471	22 620	15 095
Res	T_S	(S)	–	146 954	183 761	107 319	81 263
	T_S	(A)	–	118 770	214 003	92 827	115 244

weise große Abweichungen auftreten, insbesondere dann, wenn der Spieleinfluß und nichtlineare Kennlinien bei der einfachen Berechnung und die erzwungene Schwingung nicht berücksichtigt wurden.

Man kann daher davon ausgehen, daß der Rückgriff auf einfache Berechnungsansätze, die eine starke Kondensation des komplexen Modells erfordern, als zusätzliche Fehlerquelle anzusehen ist.

11.8. Näherungsweise Bestimmung der Drehmomente beim Betrieb mit Kolbenmaschinen

Drehschwingungsuntersuchungen an Antriebssystemen mit Kolbenmaschinen haben aufgrund gesteigerter Leistung bei gleichzeitig besserer Werkstoffausnutzung und der Verwendung von Dämpfern und Kupplungen mit nichtlinearem Verhalten und bei zusätzlicher Berücksichtigung der zeitlich veränderlichen Massenträgheitsmomente der Kolbentriebwerke an Bedeutung gewonnen. Dabei muß das im Betrieb zu erwartende Schwingungsverhalten, das die Beanspruchungen bestimmt, möglichst schon in der Entwicklungs- und Konstruktionsphase unter Berücksichtigung aller Systemeigenschaften und Betriebszustände vorausberechnet werden können.

Beim Betrieb von Anlagen mit Kolbenmaschinen sind zwei Betriebsarten zu unterscheiden. Die ersten Betriebsart wird durch instationäre Zustände wie An- und Hochlauf auf Betriebsdrehzahl einschließlich des Durchlaufens von Resonanzstellen und Belastungswechsel von Voll- auf Teillast u.ä. gekennzeichnet. Die zweite Betriebsart umfaßt den stationären Zustand der Anlage bei Voll- oder Teillast.

Bei der Untersuchung des Drehschwingungsverhaltens von Anlagen, d. h. bei der Ermittlung der dynamischen Belastung, war es vor wenigen Jahren noch üblich, davon auszugehen, daß alle Zylinder des Antriebsmotors gleichmäßig arbeiten bzw. – genau genommen – anzunehmen, daß alle Zylinder den gleichen Tangentialkraftverlauf aufweisen. Bei dieser Arbeitsweise des Motors spricht man von seinem „Normalzustand" bzw. dem „Normzustand".

Um eine betriebssichere Anlage zu erhalten, ist es deshalb unabdingbar, daß man sich darüber im klaren ist, welche Betriebszustände des Motors zusätzlich zu dem Normalbetrieb erwartet werden müssen, welche zusätzlichen Beanspruchungen hierdurch erzwungen werden und welche Maßnahmen ergriffen werden können bzw. müssen, um alle Anlagenteile bei derartigen anomalen Betriebszuständen vor Schäden infolge Drehschwingungsüberlastung zu schützen. Eine ausführliche Darstellung dieser Probleme wurde in [74] gegeben. Im Rahmen dieses Abschnitts kann auf eine ausführliche Behandlung des maschinendynamischen Verhaltens von Anlagen mit Kolbenmaschinen mit drehelastischen Kupplungen verzichtet werden, weil im Hinblick auf die

Kupplungsbelastung eine Reduktion des Antriebsstranges auf ein Zwei-Massen-System zulässig ist.

Die Berechnung des Schwingungs- und Beanspruchungsverhaltens von Anlagen mit Kolbenmaschinen unter Berücksichtigung aller ihrer wirklichen Eigenschaften kann bei weitergehender Fragestellung auf der Grundlage eines der beschriebenen numerischen Integrationsverfahrens erfolgen. Die heute verfügbaren Simulationsprogramme erlauben sehr genaue Berechnungen des Betriebsverhaltens von Anlagen mit Kolbenmaschinen.

Das aus einzelnen Drehmassen bestehende Motortriebwerk wird zu einer einzigen Größe J_1, und ebenso die von z Zylindern herrührenden Erregeramplituden zu einer Größe $\hat{M}_\mathrm{i}$ zusammengefaßt, die wiederum aus den einzelnen Harmonischen aller Zylinder gebildet wird.

Dieses Vorgehen ist nur dann zulässig, wenn die Eigenfrequenz des Motortriebwerkes stark verschieden von der des betrachteten Zwei-Massen-Systems ist. Mit dieser Voraussetzung kann das Motortriebwerk wie ein starres System behandelt werden. Unter Anwendung der in Abschn. 8.1 dargestellten Näherungsbeziehungen folgt dann mit der Eigenfrequenz des Zwei-Massen-Systems

$$\omega_0 = \sqrt{\frac{C_\mathrm{T}(J_1 + J_2)}{J_1 J_2}} \tag{11.16}$$

die Kupplungsbelastung bei harmonischer Erregung durch die i-te Harmonische $\hat{M}_\mathrm{i} \cos \Omega_\mathrm{i} t$ des Erregermoments $\hat{M}_\mathrm{i}$.

$$T_\mathrm{K} = \frac{\hat{M}_\mathrm{i} J_2}{J_1 + J_2} \underbrace{\frac{\sqrt{1 + (2D\eta)^2}}{\sqrt{(1-\eta^2)^2 + (2D\eta)^2}}}_{V} \tag{11.17}$$

mit $\eta = \Omega_\mathrm{i}/\omega_0$; $D = \psi \cdot 4\pi$.

Wie hieraus für das Torsionsmoment des Zwei-Massen-Schwingers hervorgeht, ist die Torsionsbelastung von drei Faktoren abhängig: der Amplitude des Erregermomentes,

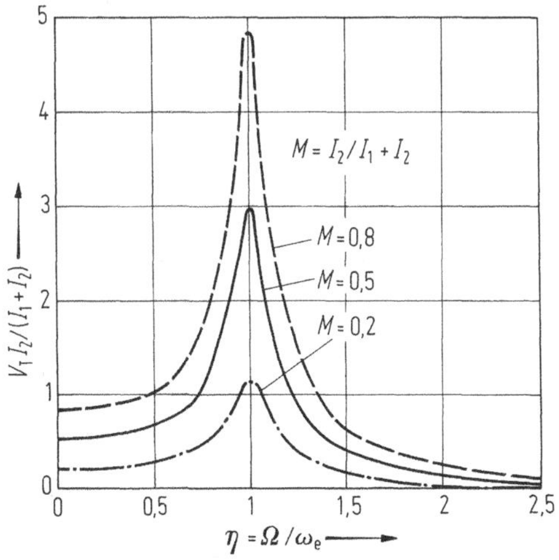

Bild 11.23. Vergrößerungsfunktion des Kupplungsmoments für unterschiedliche Drehmassenverhältnisse

dem Massenverhältnis und der Vergrößerungsfunktion. Bild 11.23 zeigt die Auswertung für drei unterschiedliche Massenverhältnisse.

Das vorgestellte Verfahren zur Abschätzung der Kupplungsbelastung darf im Hinblick auf den gesamten Antriebsstrang zur Beanspruchungsermittlung nicht herangezogen werden. Die Ermittlung einer wirklichkeitsnahen Torsionsbeanspruchung der Kurbelwelle erfordert die Überlagerung aller relevanten harmonischen Anteile in ihrer richtigen Phasenlage zueinander.

12 Temperaturbelastung elastischer Ausgleichskupplungen

Elastische Ausgleichskupplungen erfahren während des Betriebs eine mehr oder weniger große Erwärmung. Sie entsteht durch innere Walkarbeit in den Elastomerelementen bei nicht fluchtender Ausrichtung der Kupplung und durch die sich dem statischen Kupplungsmoment überlagernden Wechselmomente. Dabei wird ein von der örtlichen verhältnismäßigen Dämpfung bestimmter Anteil der in einem Momentenzyklus in jedes Volumenelement des Elastomers eingebrachten Arbeit in Wärme umgesetzt. Um die dabei entstehende Kupplungstemperatur in Grenzen zu halten, ist für eine gute Wärmeabfuhr aus der Kupplung zu sorgen. Eine Kupplungserwärmung kann selbstverständlich auch durch Wärmezufluß und durch Wärmestrahlung von außen eintreten.

Die Betriebstemperatur einer Kupplung wird vom Elastomervolumen, der wärmeabgebenden Oberfläche sowie von den realen Wärmeleitungs- und Wärmeübergangsverhältnissen beeinflußt. Die maximal zulässige Dauertemperatur für Elastomerelemente liegt bei etwa 80 °C. Bei Temperaturen über den üblichen Umgebungstemperaturen von 0 bis 30 °C treten Veränderungen im elastischen Verhalten der Elastomerwerkstoffe auf, die sich in einer Änderung der Kupplungskennwerte auswirken. Mit zunehmender Betriebstemperatur nehmen statische Drehfedersteife, dynamische Drehfedersteife und verhältnismäßige Dämpfung ab.

Diese Veränderungen sind bei der Kupplungsauslegung zu berücksichtigen, da eine Veränderung der Steifigkeit zu einer Veränderung der Eigenfrequenzen der Anlage führt und eine Verkleinerung des Resonanzabstandes – mit der Folge einer Vergrößerung der Kupplungsbeanspruchung – bewirken kann.

Eine Kupplungsdimensionierung sollte deshalb sowohl für den kalten Anfahrzustand als auch für den Betriebszustand bei Betriebstemperatur vorgenommen werden.

Mit steigender Betriebstemperatur tritt auch eine verstärkte Alterung der gummielastischen Elemente mit der Folge einer abnehmenden Lebensdauer auf. Bei der Kupplungsauslegung nach DIN 740 (Abschn. 5) wird die Auswirkung einer erhöhten Betriebstemperatur durch den Temperaturfaktor S_ϑ, der die Festigkeitsabnahme der Elastomere erfaßt, berücksichtigt. Als Richtwert für die Wärmezufuhr je Kilogramm Elastomermasse gilt in der Praxis 35 bis 60 W/kg.

Zur Senkung der auftretenden Betriebstemperatur wird man bei einer Kupplungskonstruktion versuchen, die wärmeabgebende Oberfläche möglichst groß auszuführen und außerdem eine möglichst gute Wärmeleitung zwischen den Elastomerkörpern und den Stahlteilen durch innige Berührung anzustreben. Als weitere Maßnahme kann mit einer Verrippung von Elastomeroberflächen eine größere Verwirbelung der Umgebungsluft und dadurch eine Steigerung der Wärmeübergangszahl erreicht werden. Konstruktive Ausführung nach Bild 12.1. Bei dieser Kupplung (Bild 12.1) wird mittels zusätzlicher Nuten in der Kupplungsnabe eine Verbesserung der Luftzirkulation und damit der Wärmeabfuhr erreicht [20]. Eine Nut nimmt die Paßfeder auf, während durch die anderen bei Rotation Luft eintritt und durch den mit axialen und radialen Öffnungen versehenen Anschlußring wieder nach außen gelangt.

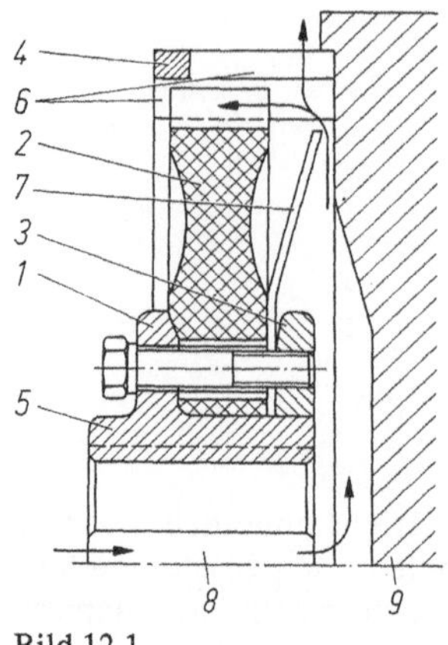

Bild 12.1

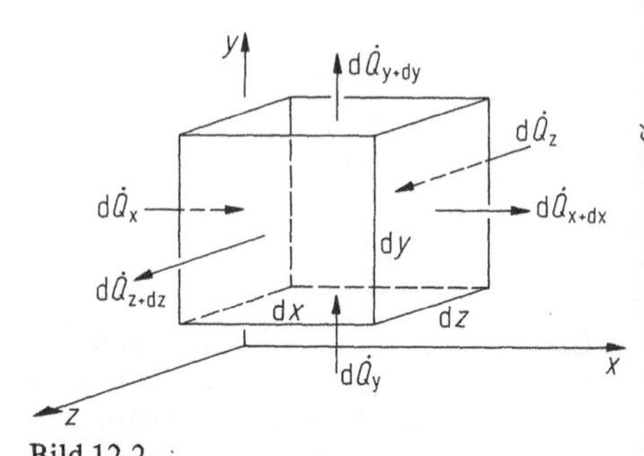

Bild 12.2

Bild 12.1. Periflex-Scheibenkupplung, Baureihe PS, mit Belüftung (Stromag, Unna). *1* Kupplungshälfte, *2* Scheibenreifen, *3* Druckring, *4* Anschlußring, *5* zusätzliche Nut in der Bohrung, *6* axiale und radiale Öffnungen im Anschlußring, *7* Luftleitblech, *8* Axialnut, *9* Schwungrad
Bild 12.2. Kupplungselement mit Wärmeströmen

Das vorgesehene Luftleitblech hat mehrere Funktionen: Es erhöht die Wirkung des Luftstromes, es schirmt den Scheibenreifen gegen eventuelle Wärmestrahlungen, z.B. vom Schwungrad ab, in Ausführung mit Rippen oder Schaufeln wird es zum Ventilator, und es wirkt außerdem als Kühlkörper für den Scheibenreifen, wenn im Einspannbereich durch die Einwirkung von Wechselmomenten Wärme entsteht, die abgeführt werden muß.

In anderen Fällen kann eine Fremdbelüftung durch einen zusätzlichen auf die Kupplung geleiteten Kühlstrom zur Temperatursenkung erforderlich werden. Gegen auftretende Strahlungswärme hilft nur eine Abschirmung durch eine gut belüftete Schutzhaube.

12.1 Berechnung der Temperatur in Elastomerelementen von Ausgleichskupplungen

Drehnachgiebige Wellenkupplungen vermögen aufgrund ihrer hohen Eigendämpfung mechanische Schwingungsenergien zu absorbieren. Dabei wird die aufgenommene Energie in den elastischen Elementen der Kupplung irreversibel in Wärme umgewandelt. Diese Wärmeenergien führen in Verbindung mit der schlechten Wärmeleitfähigkeit der Elastomere bei der geforderten kompakten Bauweise häufig in den Kupplungen zu lokalen Wärmestauungen, die je nach Temperaturhöhe und Belastungszeit thermisch bedingte Versagensprozesse einleiten können.

Diesen Prozeß beeinflussende Größen sind:
- Wärmeübergangszahl,
- das Material der Kupplung in Form von Wärmeleitfähigkeit,
- Elastizitätsmodul (Dämpfungsleistung),
- Belastung,
- Umgebungstemperatur.

Um die Wärmebelastung einer Kupplung bereits in der Konstruktionsphase beurteilen und im Betrieb thermische Schädigung vermeiden zu können, sind Kenntnisse über die Temperaturverteilung in einer dynamisch belasteten Kupplung erforderlich.

Dies setzt die Lösung des dreidimensionalen Wärmeleitungsproblems mit lokalen Wärmequellen in Verbindung mit der dreidimensionalen Spannungsberechnung voraus.

Diese komplexe Aufgabenstellung kann heute rechnerunterstützt mit Hilfe der Methode der Finiten Elemente oder für geometrisch einfache Bauformen unter starker Vereinfachung der Randbedingungen analytisch gelöst werden. Da beide Verfahren auf denselben Grundlagen beruhen, wird im folgenden zunächst das grundsätzliche Vorgehen beschrieben. Nach der Darstellung einer analytischen Näherungslösung am Beispiel einer Scheibenkupplung wird die Anwendung der Methode der Finiten Elemente für ein dreidimensionales Kupplungselement gezeigt.

12.1.1 Theorie der Wärmeleitung

Das Temperaturfeld einer Kupplung, in dem auch Wärmequellen in Form von Dissipationsenergie (Dämpfungsarbeit) vorhanden sind, wird durch die Energiebilanz an einem Kontrollvolumen beschrieben [12, 14] (Bild 12.2).

Da in einem Festkörper selbst keine Konvektion herrscht, ist der z.B. in die Fläche $dy\,dz$ eintretende Energiestrom ein reiner Wärmeleitungsstrom $d\dot{Q}_x$. Mit dem Fourierschen Gesetz ergibt sich für den eintretenden Wärmeleitungsstrom in x-Richtung

$$d\dot{Q}_x = -\lambda \frac{\delta\vartheta}{\delta x}\, dy\, dx \tag{12.1}$$

und für den austretenden Wärmeleitungsstrom in x-Richtung

$$\begin{aligned} d\dot{Q}_{x+dx} &= d\dot{Q}_x + \frac{\partial}{\partial x}(d\dot{Q}_x)\, dx \\ &= d\dot{Q}_x + \frac{\partial}{\partial x}\left(-\lambda \frac{\partial\vartheta}{\partial x}\right) dx\, dy\, dz. \end{aligned} \tag{12.2}$$

Entsprechende Ausdrücke gelten für die beiden anderen Koordinatenrichtungen.
Die im Volumenelement produzierte Wärme ist

$$\dot{Q} = \Phi'''\, dx\, dy\, dz \tag{12.3}$$

mit der Quellstärke

$$\Phi''' \text{ in W/m}^3 \tag{12.4}$$

Die zeitliche Änderung der inneren Energie des Elements kann in diesem Fall, wenn keine Massenänderung im Volumenelement vorausgesetzt wird, geschrieben werden als

$$\frac{dU}{dt} = \frac{d(mu)}{dt} = \varrho\, c_v\, dx\, dy\, dz \frac{\partial\vartheta}{\partial t}. \tag{12.5}$$

Dabei sind ϱ [kg/m³] die Dichte und c_v [J/kgK] die spezifische Wärmekapazität bei konstantem Volumen, deren Index v bei Festkörper (z. B. Kupplungen) entfällt.
Daraus erhält man nach dem Energiesatz die Differentialgleichung für das Temperaturfeld im rechtwinkligen Koordinatensystem.

$$\varrho c \frac{\partial\vartheta}{\partial t} = \left(\frac{\partial}{\partial x}\left(\lambda \frac{\partial\vartheta}{\partial x}\right) + \frac{\partial}{\partial y}\left(\lambda \frac{\partial\vartheta}{\partial y}\right) + \frac{\partial}{\partial z}\left(\lambda \frac{\partial\vartheta}{\partial z}\right)\right) + \Phi'''. \tag{12.6}$$

Als erste Vereinfachung setzten wir voraus, daß die Wärmeleitfähigkeit im vorkommenden Temperaturbereich annähernd konstant bleibt. Daher vereinfacht sich (12.6) zu

$$\varrho \frac{c}{\lambda} \frac{\partial \vartheta}{\partial t} = \left(\frac{\partial^2 \vartheta}{\partial x^2} + \frac{\partial^2 \vartheta}{\partial y^2} + \frac{\partial^2 \vartheta}{\partial z^2} \right) + \frac{\Phi'''}{\lambda}. \tag{12.7}$$

Bei stationären Betrachtungen, wie wir sie im weiteren Verlauf durchführen, entfällt auch der instationäre Term $\varrho c/\lambda \cdot \partial\vartheta/\partial t$. Dies führt zu einer weiteren Vereinfachung unseres Problems. Aus (12.7) folgt

$$\left(\frac{\partial^2 \vartheta}{\partial x^2} + \frac{\partial^2 \vartheta}{\partial y^2} + \frac{\partial^2 \vartheta}{\partial z^2} \right) + \frac{\Phi'''}{\lambda} = 0. \tag{12.8}$$

In Zylinderkoordinaten lautet die entsprechende Differentialgleichung:

$$\frac{1}{r} \frac{\partial}{\partial r} \left(r \frac{\partial \vartheta}{\partial r} \right) + \frac{1}{r^2} \frac{\partial}{\partial \gamma} \left(\frac{\partial \vartheta}{\partial \gamma} \right) + \frac{\partial}{\partial z} \left(\frac{\partial \vartheta}{\partial z} \right) + \frac{\Phi'''}{\lambda} = 0. \tag{12.9}$$

Da auch diese Gleichungen analytisch nicht zu lösen sind, müssen weitere Vereinfachungen für jede Kupplung durchgeführt werden.

12.1.2. Bestimmung der lokalen Wärmequellen

Die pro Volumenelement in Wärme umgesetzte mechanische Verformungsleistung Q muß als Eingangsgröße zur Berechnung des Temperaturfeldes in einer Kupplung bekannt sein. Um diese Wärmemenge abzuschätzen, wird von der verhältnismäßigen Dämpfung ψ ausgegangen, die das Verhältnis von Dämpfungsenergie zu elastischer Verformungsenergie angibt. In einem Körperelement, in dem nur die Hauptspannung σ wirkt (z. B. Zugstab), ist die elastische Verformungsenergie W_{el} gespeichert. Unter der Voraussetzung der Gültigkeit des Hookeschen Gesetzes gilt für W_{el}:

$$W_{el} = V \frac{\sigma^2}{2E} \tag{12.10}$$

mit V als Körpervolumen und E als Elastizitätsmodul.

Der in Wärme umgesetzte Teil der elastischen Verformungsenergie pro Körperelement errechnet sich über die verhältnismäßige Dämpfung ψ. Nach DIN 740 ist ψ definiert als

$$\psi = A_D / A_{el}, \tag{12.11}$$

wobei A_{el} nicht die gesamte elastisch aufgenommene Arbeit beschreibt, sondern – entsprechend der Definition – nur 1/4 (Bild 12.3). Somit ist

$$W_{el} = 4 A_{el} \tag{12.12}$$

und

$$A_D = \psi A_{el} = \psi W_{el}/4. \tag{12.13}$$

Zur Bestimmung der Wärmeleistung Φ pro Körperelement wird die Wärmemenge pro Belastungszyklus A_D noch mit der Belastungsfrequenz F multipliziert.

$$\Phi = A_D F = V \psi \frac{\sigma^2}{8E} F. \tag{12.14}$$

Die mechanischen Spannungen hängen je nach Belastungsfall von der örtlichen Geometrie ab. Bei den Kupplungen sind auftretende Spannungen in den meisten Fällen vom Radius r abhängig.

$$\sigma = f(r). \tag{12.15}$$

Daher folgt für die Wärmequellen

$$\Phi = K\,(f(r))^2 \tag{12.16}$$

(K Proportionalitätsfaktor).

12.1.3 Analytische Näherungslösung für eine Scheibenkupplung

Betrachtet man ein differentiell kleines Scheibenelement (Bild 12.4), so läßt sich für die Summe der Wärmeströme folgende Gleichung aufstellen:

$$\dot{Q}_r - \dot{Q}_{r+dr} + \dot{Q}_x - \dot{Q}_{x+dx} + \Phi'''\,dV = 0 \tag{12.17}$$

$\dot{Q}_r$ eintretender Wärmestrom in r-Richtung, $\dot{Q}_{r+dr}$ austretender Wärmestrom in r-Richtung, $\dot{Q}_x$ eintretender Wärmestrom in x-Richtung, $\dot{Q}_{x+dx}$ austretender Wärmestrom in x-Richtung, Φ Quellenstärke $dV = 2\pi r\,dr\,dx$.

Weiter gilt:

$$\dot{Q}_r = -\lambda \cdot 2\pi r\,dx \frac{\partial \vartheta}{\partial r}, \tag{12.18}$$

$$\dot{Q}_{r+dr} = \dot{Q}_r + \frac{\partial \dot{Q}_r}{\partial r}\,dr, \tag{12.19}$$

$$= \dot{Q}_r - 2\pi\lambda\,dx \frac{\partial}{\partial r}\left(r \frac{\partial \vartheta}{\partial r}\right) dr, \tag{12.20}$$

$$\dot{Q}_x = -\lambda \cdot 2\pi r dr \frac{\partial \vartheta}{\partial x}, \tag{12.21}$$

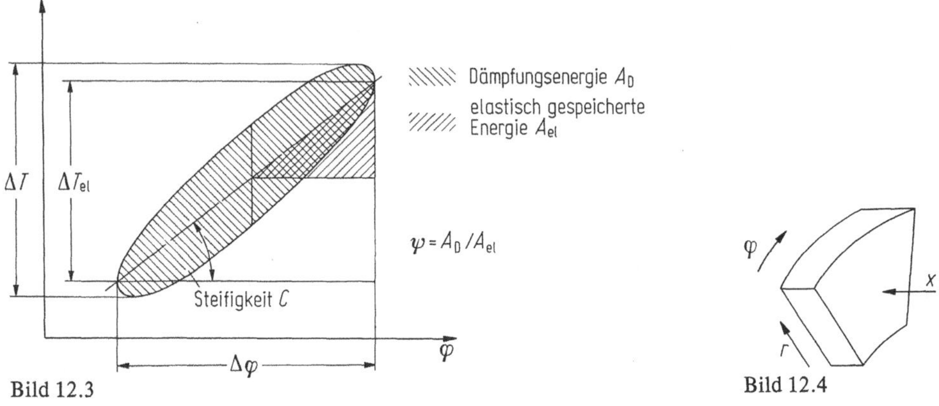

Bild 12.3

Bild 12.4

Bild 12.3. Hystereseschleife für einen viskoelastischen Federwerkstoff mit geschwindigkeitsproportionaler Dämpfung

Bild 12.4. Scheibenelement einer rotationssymmetrischen Kupplung

$$Q_{x+dx} = Q_x + \frac{\partial Q_x}{\partial x} dx, \tag{12.22}$$

$$= \dot{Q}_x - 2\pi\lambda r \, dr \frac{\partial}{\partial x}\left(\frac{\partial \vartheta}{\partial x}\right) dx \tag{12.23}$$

(λ Wärmeleitfähigkeit, ϑ Temperatur in der Kupplung).

Die Quellenstärke $\dot{\Phi}'''$ hängt – wie schon erwähnt – von den Spannungen im belasteten Objekt ab. Bei Scheiben, die mit Torsion beaufschlagt werden, zeigt die analytische Lösung, daß die Spannungen wiederum umgekehrt proportional zum Quadrat des Radius sind:

$$\sigma = K \frac{1}{r^2}. \tag{12.24}$$

Daraus folgt für die Energie

$$W_{el} \sim \frac{1}{r^4}. \tag{12.25}$$

Für die Wärmequellen läßt sich formulieren

$$\dot{\Phi}''' = K \frac{1}{r^4}. \tag{12.26}$$

(K Proportionalitätskonstante).

Die Proportionalitätskonstante K wird bestimmt durch die Integration über das Kupplungsvolumen

$$\dot{Q} = \int_V \dot{\Phi}''' \, dV \tag{12.27}$$

$dV = 2\pi r B \, dr$

$\dot{Q}$ gemessen Dämpfungsleistung in W.

$$\dot{Q} = K 2\pi B \int_R \frac{1}{r^3} dr, \tag{12.28}$$

$$K = \frac{\dot{Q}}{\pi B} \frac{R_2^2 R_1^2}{R_2^2 - R_1^2}. \tag{12.29}$$

Vernachlässigt man in (12.17) den Ausdruck

$$\dot{Q}_r - \dot{Q}_{r+dr}$$

unter der Voraussetzung

$$\partial\vartheta/\partial r \approx 0,$$

so folgt

$$2\pi r \lambda \, dr \, dx \frac{d^2\vartheta}{dx^2} = -K r^{-4} \cdot 2\pi r \, dr \, dx. \tag{12.30}$$

Nach Kürzen des Volumens kommt man zu:

$$\frac{d^2\vartheta}{dx^2} = -\frac{K}{\lambda r^4}. \tag{12.31}$$

Diese Gleichung ergibt nach Trennung der Variablen und zweifacher Integration

$$\vartheta = -\frac{1}{2}\frac{K}{\lambda r^4}x^2 + Ax + C. \tag{12.32}$$

Mit den Randbedingungen:

$$\begin{aligned} &1.\; x = 0 \quad \frac{\mathrm{d}\vartheta}{\mathrm{d}x} = 0 \quad \text{(kein Temperaturgradient)}, \\ &2.\; x = \frac{B}{2} \quad \vartheta = \vartheta_{\mathrm{Ob}} \quad \text{(Oberflächentemperatur)} \end{aligned} \tag{12.33}$$

werden die Konstanten A und C bestimmt. Mit der ersten Randbedingung gilt

$$A = 0. \tag{12.34}$$

Mit Hilfe der zweiten Randbedingung läßt sich formulieren:

$$\vartheta_{\mathrm{Ob}} = -\frac{1}{2}\frac{K}{\lambda r^4}\frac{B^2}{4} + C. \tag{12.35}$$

Das Wärmegleichgewicht an der Oberfläche liefert

$$-\lambda \left.\frac{\mathrm{d}\vartheta}{\mathrm{d}x}\right|_{x = B/2} = \alpha(\vartheta_{\mathrm{Ob}} - \vartheta_{\mathrm{u}}). \tag{12.36}$$

Mit (12.32) folgt

$$\vartheta_{\mathrm{Ob}} = \vartheta_{\mathrm{u}} + \frac{K}{\alpha r^4}\frac{B}{2}. \tag{12.37}$$

Aus (12.35) und (12.37) folgt für die Konstante C

$$C = \vartheta_{\mathrm{u}} + \frac{KB}{2r^4}\left(\frac{1}{\alpha} + \frac{B}{4\lambda}\right). \tag{12.38}$$

Die Lösung der Differentialgleichnis (12.30) läßt sich dann formulieren zu:

$$\vartheta = \vartheta_{\mathrm{u}} + \frac{K}{2r^4}\left(\frac{B}{\alpha} + \frac{B^2}{4\lambda} - \frac{x^2}{\lambda}\right). \tag{12.39}$$

Bild 12.5 zeigt fünf Temperaturverläufe an der Oberfläche, die mit verschiedenen Wärmeübergangskoeffizienten berechnet sind. Der an der Scheibenkupplung gemessene Kurvenzug paßt sich quantitativ und qualitativ der analytischen Lösung in einem großen Gebiet an. Die Abweichung im Bereich des Innenradius ist durch die über den Flansch abfließende Wärme eindeutig erklärbar. Die Differentialgleichung, die diesen Wärmefluß mitberücksichtigt, hat die Form einer inhomogenen Besselschen Differentialgleichung, deren Lösung in Form einer Reihenentwicklung nur numerisch erfaßt werden kann.

Aus Bild 12.5 ergibt sich der globale Wärmeübergangskoeffizient zu:

$$\alpha = 35\ \mathrm{Wm^2K}.$$

Überschlagsrechnungen für isotherme, senkrechte Platten mit natürlicher Konvektion ergeben einen Wert von

$$\alpha = 15\ \mathrm{Wm^2K}.$$

Bedenkt man, daß das Wärmeübergangsgesetz [80], mit dem die Überschlagsrechnung

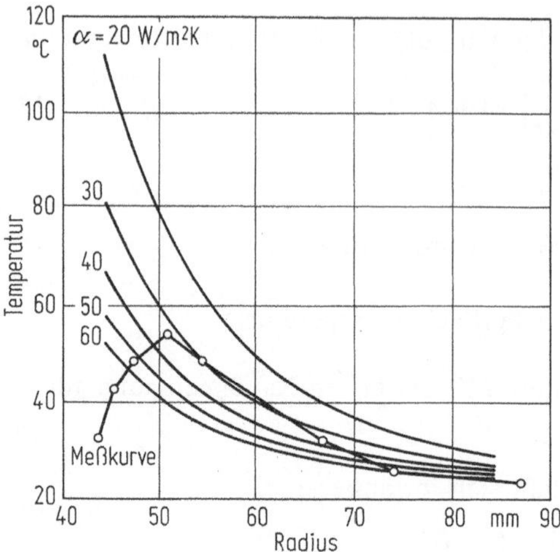

Bild 12.5. Temperaturverteilung auf der Oberfläche des betrachteten Elastomerelements nach Bild 12.4. $\dot{Q}$ = 16 W bei 10 Hz; K = 0,8176 Wm; λ = 0,23 W/mK; B = 18 mm

durchgeführt wird, keinem direkten Vergleich standhält und die Wärmestrahlung in dem ermittelten Wert mit 20 % anteilmäßig erfaßt wird, ist das Ergebnis trotz dieser Abweichungen zufriedenstellend.

Bild 12.6 zeigt die Innentemperaturverteilung der Scheibenkupplung bei $x = 0$ in der Mitte der Scheibenkupplung.

Mit den Ergebnissen aus Bild 12.5 liegt die höchste Kupplungstemperatur bei r = 50,5 mm und α = 35 Wm²K und läßt sich daher aus Bild 12.6 zu

$$\vartheta_{max} = 73°C$$

ablesen. Die an dieser Stelle gemessene maximale Temperatur beträgt

$$\vartheta_{mess} = 64\,°C.$$

Die Abweichung liegt in erster Linie an der bei Elastomeren recht schwierig durchzu-

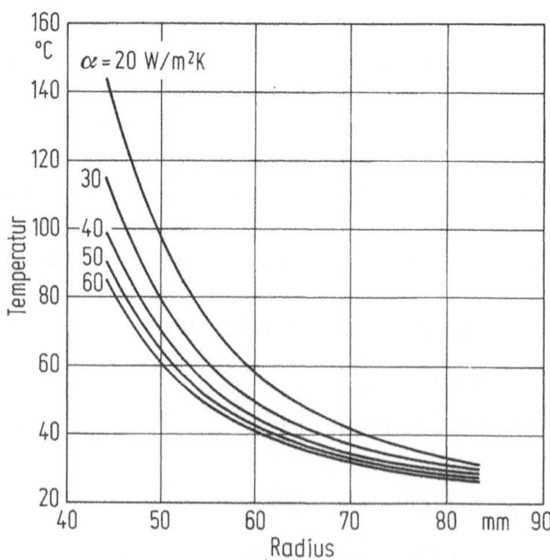

Bild 12.6. Temperaturverteilung im Schnitt des betrachteten Elastomerelements nach

führenden Temperaturmessung, die wegen der geringen Wärmeleitfähigkeit des Elastomers nie die wahre Temperatur erreichen kann.

12.1.4 Wärmeübergangszahl

Von entscheidendem Einfluß auf das Temperaturniveau eines Körpers ist die Wärmeübergangszahl α. Sie kann nach dem derzeitigen Stand der Forschung nur experimentell ermittelt werden. Für rotierende Scheiben, Zylinder und Kegel liegen im „Wärmeatlas" [80] und in „Adv. Heat Transfer" [81] Erfahrungswerte vor, wobei bei komplizierter Oberflächenstruktur die Frage nach der Übertragbarkeit auf reale Kupplungen von Fall zu Fall zu entscheiden sein wird. Für die numerische Berechnung der Temperaturen wird daher vorerst auf die in der Literatur angegebenen α-Werte für ideale geometrische Körper zurückgegriffen werden müssen.

12.2. Finite-Elemente-Berechnung

Als erster Schritt zur Bestimmung der Wärmequellenverteilung ist eine Spannungsanalyse auf der Basis einer FE-Berechnung erforderlich. Die daraus für jedes Element und jeden Knotenpunkt resultierenden Normal- und Schubspannungen müssen in eine Vergleichsspannung σ_v umgewandelt werden. Diese Umwandlung ist notwendig, um aus den einzelnen Spannungen die für das zugehörige Element relevante elastische Verformungsenergie zu berechnen. Als hierfür geeignete Hypothese bietet sich die Formänderungsenergiehypothese an. Mit dieser Vergleichsspannung kann mit (12.14) die in den betrachteten Elementen erzeugte Wärmeleistung berechnet werden.

12.2.1 Verformungen und Spannungen

Zur Berechnung der Verformungen und Spannungen ist das Gleichungssystem

$$[C]\{\delta\} = \{F\} \tag{12.40}$$

zu lösen, worin $\{\delta\}$ der Verschiebungsvektor, $\{F\}$ der Vektor der äußeren Kräfte und

$$[C] = \sum_{e} [B]_e^T [D]_e [B]_e \tag{12.41}$$

die Gesamtsteifigkeitsmatrix ist, die sich als Summe über die Elementsteifigkeitsmatrizen ergibt. Bisher durchgeführte Voruntersuchungen setzten lineares Verhalten des Gesamtsystems voraus. Für das reale Elastomerverhalten gelten jedoch die Beziehungen

$$[B] = [B](\{\delta\}) \quad \text{und} \quad [D] = [D](\{\sigma\}), \tag{12.42}$$

d. h., die Matrix $[B]$ der Ansatzfunktionen ist von den Verformungen abhängig, da hierbei die geometrischen Daten mit einfließen und die Verformungen im allgemeinen nicht als klein angesehen werden können. Ebenso ist für den allgemeinen Fall des nichtlinearen Materialverhaltens die Elastizitätsmatrix $[D]$ von den momentanen Spannungen abhängig, so daß (12.40) iterativ gelöst werden muß.

12.2.2 Temperaturen

Mit den im ersten Schritt ermittelten Spannungen wird die Bestimmung des stationären Temperaturfeldes in der Kupplung möglich. Das lineare Gleichungssystem hat wiederum die Gestalt

$$[K]\{\vartheta\} = \{f\}, \tag{12.43}$$

worin

$\{\vartheta\}$ der Vektor der Knotenpunkttemperaturen,

$[K]$ die für das Gesamtsystem aufsummierte Wärmeleitungs- und Gestaltfunktionsmatrizen für die Konvektion und

$\{f\}$ der Vektor der Wärmequellen, -flüsse und umgebungsabhängiger Konvektion bedeuten.

Eingabegrößen für die Lösung des Gleichungssystems sind die Wärmeleitfähigkeit im Innern des Körpers, der Wärmefluß über den Rand und die Wärmeübergangszahlen. Diese sollten in erster Näherung abhängig von der Strömungsgeschwindigkeit getrennt für jedes Oberflächenelement bestimmt werden.

12.2.3 Temperaturabhängige Spannungen

Bei weitergehenden Untersuchungen läßt sich die Abhängigkeit

$$\sigma = \sigma(\vartheta) \tag{12.44}$$

berücksichtigen und damit folgt dann auch mit (12.41) und (12.42)

$$[K] = f(\vartheta). \tag{12.45}$$

Das Problem läßt sich iterativ durch abwechselnde Lösung des Gleichungssystems zur Verformungs- und Spannungsberechnung und des stationären Temperaturproblems berechnen. Eine andere Möglichkeit zur Lösung des Problems wäre über einen Ansatz für das Finite Element gegeben, der sowohl Verformungen als auch Temperaturen erfaßt. Damit wird eine iterative, simultane Lösung ermöglicht. Als Beispiel zeigen die

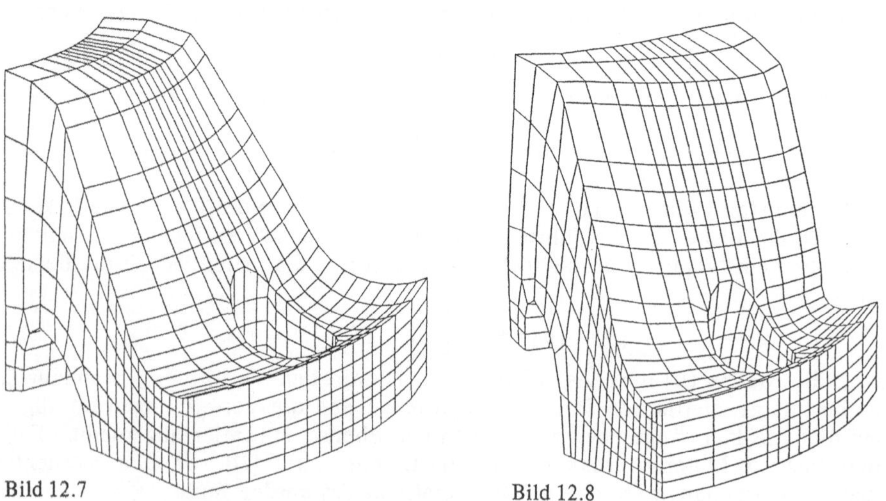

Bild 12.7 Bild 12.8

Bild 12.7. Finite Elemente Struktur des Elastomerelements einer schubbeanspruchten Kupplung nach Bild 3.27 (Kegelflex, Kauermann, Düsseldorf)

Bild 12.8. Verformte Teilstruktur des Elastomerelements nach Bild 12.7

Bilder 12.7 und 12.8 die unverformte und verformte Teilstruktur (Segment) des Elastomerelements einer schubbeanspruchten Kupplung nach Bild 3.27 (Kegelflex, Kauermann, Düsseldorf). Die Bilder 12.9 und 12.10 zeigen die Spannungsverteilung auf der Oberfläche des betrachteten Segmentes dieser Kupplung unter der Einwirkung eines Belastungsmoments von $T = 1\,\mathrm{Nm}$, während die Bilder 12.11 und 12.12 die Temperaturverteilungen in zwei verschiedenen Schnitten des betrachteten Segments angeben. Bereits aus diesen Überschlagsrechnungen wird erkennbar, daß in den Elastomerelementen von elastischen Ausgleichskupplungen mit der Bildung von Wärmenestern gerechnet werden muß.

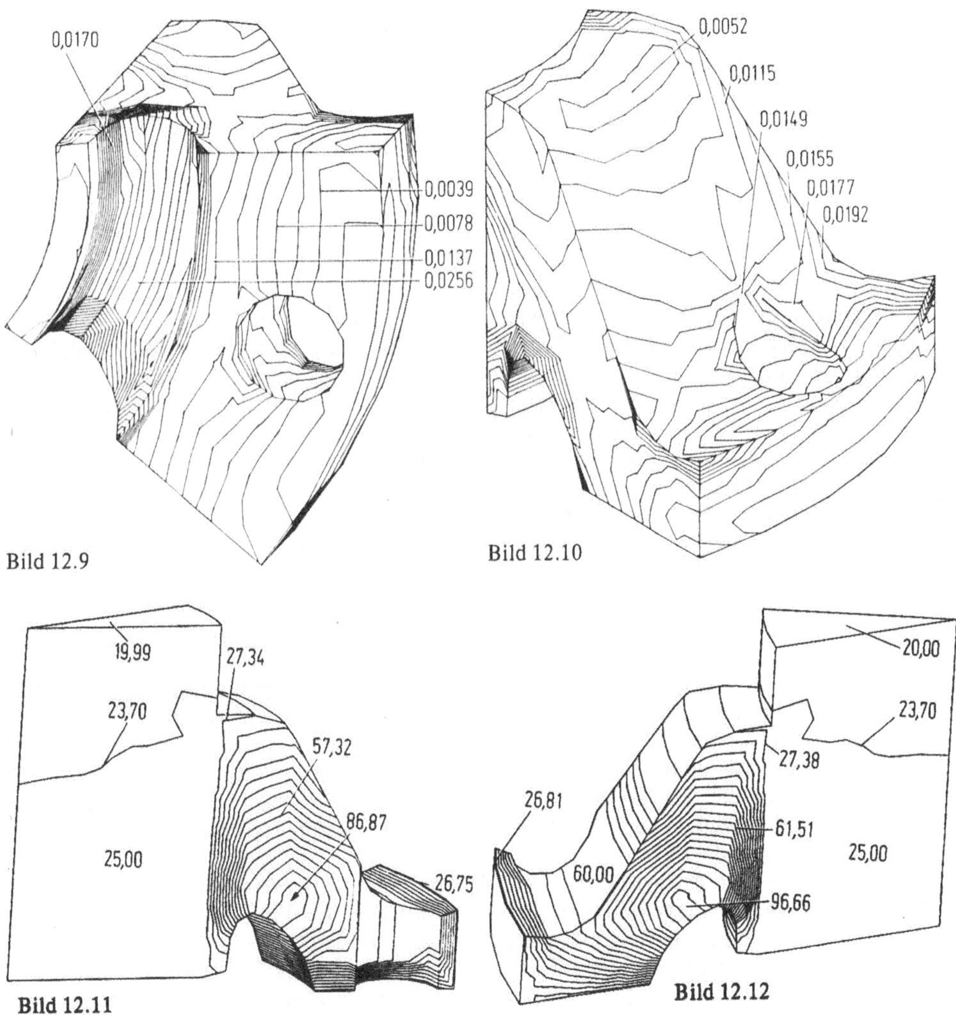

Bild 12.9. Vergleichsspannungen (GEH) σ_v auf der Oberfläche des Elastomerelements der betrachteten Kupplung nach Bild 12.3

Bild 12.10. Vergleichsspannung (GEH) σ_v auf der Oberfläche des Elastomerelements (Aufsicht)

Bild 12.11. Temperaturverteilung im Schnitt durch die Bohrung für die Flanschschrauben

Bild 12.12. Temperaturverteilung im Schnitt zwischen den Bohrungen

13 Dynamische Festigkeitsgrenzen, Lebensdauer und Versagenskriterien von Elastomerwerkstoffen

13.1 Makroskopisches Versagen

In der Praxis wird die Schädigung der Elastomerelemente in einer elastischen Kupplung mit Hilfe makroskopischer Kriterien abgeschätzt. Zu diesen Kriterien gehören erste Anrisse an der Oberfläche der Elemente, sowie bei fortgeschrittener Schädigung Änderungen des Steifigkeits- und Dämpfungsverhaltens, die die vorgegebenen Toleranzgrenzen überschreiten. Veränderungen des Steifigkeits- und Dämpfungsverhaltens einer Kupplung können sich durch die damit verbundenen Veränderungen der Systemdaten sehr negativ auf das Verhalten einer Maschinenanlage auswirken und beispielsweise die dynamische Kupplungsbelastung weiter erhöhen.

Für den Anwender elastischer Ausgleichskupplungen sind daher sowohl Angaben der zulässigen Lastwechselzahlen, abhängig von der Temperatur bei vorgegebener Belastungshöhe und -art, als auch Angaben über die gleichzeitige Veränderung des Steifigkeits- und Dämpfungsverhaltens von Bedeutung.

In [82] wurden deshalb an verschiedenen elastischen Kupplungen, deren Bauarten sich mit denen der Praxis vergleichen lassen („Vergleichskupplungen", Bild 13.1) Dauerversuche mit stoßartiger Belastung ausgeführt. Die Verwendung sogenannter Vergleichskupplungen läßt produktneutrale Aussagen zu. Aus den statischen Kennlinien der Vergleichskupplungen erkennt man, daß sich bei den Bauarten 4 bis 6 Spiel zwischen den elastischen Elementen und den Umbauteilen einstellt. Diese Erscheinung tritt bei den Kupplungen 1 bis 3 nicht auf, da hier die Elastomerelemente unter Vorspannung in die Kupplung eingebracht werden.

Das Schema des Prüfstandes (Bild 13.2) läßt die Art der Kupplungsprüfung – nicht umlaufend und stoßartig mit konstantem Drehwinkel bei verschiedenen Umgebungstemperaturen – erkennen.

Die Stoßbelastung wird sowohl schwellend als auch wechselnd mit einer Hubzahl von 600/h aufgebracht. Dabei wird während der Versuchszeit der eingestellte Verdrehwinkel φ, die Versuchstemperatur und fortlaufend das Kupplungsmoment T_K und die Lastspielzahl N registriert.

Als Kriterien zur Erfassung der mit zunehmender dynamischer Beanspruchung auftretenden Veränderungen in der Kupplung wurden die Veränderungen der statischen Kupplungskennlinie und darin die Steifigkeit C_0 nach Bild 13.3 als Vergleichsgröße sowie die verhältnismäßige Dämpfung ψ gewählt. Diese Festlegung hat sich als sehr geeignet erwiesen, zumal sich die statische Kennlinie mit stets gleichbleibender, kleiner Verformungsgeschwindigkeit ohne großen Aufwand aufnehmen und beliebig oft reproduzieren läßt.

Versuchsdurchführung, registrierte Größen und ihre Verbindung untereinander sind in Bild 13.4 dargestellt. Zunächst wird im statischen Verdrehversuch (Versuch 1, Bild 13.4) die Kupplungskennlinie in mehreren Belastungsstufen bis zur vorgesehenen Anfangsbelastung $T_{K0} = n\,T_{KN}$ aufgenommen. Danach schließt sich die Stoßprüfung

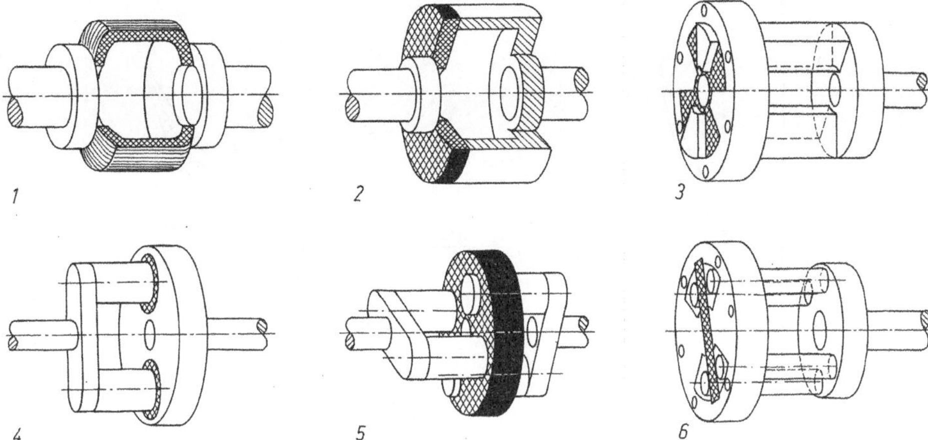

Bild 13.1. Vergleichskupplungen verschiedener Bauarten

Kupplungstyp	1	2	3	4	5	6
Beanspruchungsart	Schub	Schub (Scheibe)	Druck	Druck	Zug/Druck wechselnd	Druck/Schub kombiniert
Verformbarkeit	frei	frei	behindert	behindert	frei	frei
Nennmoment in Nm	150	100	100	100	160	70
Form der elastischen Elemente	Reifen	Scheibe	–	–	–	–

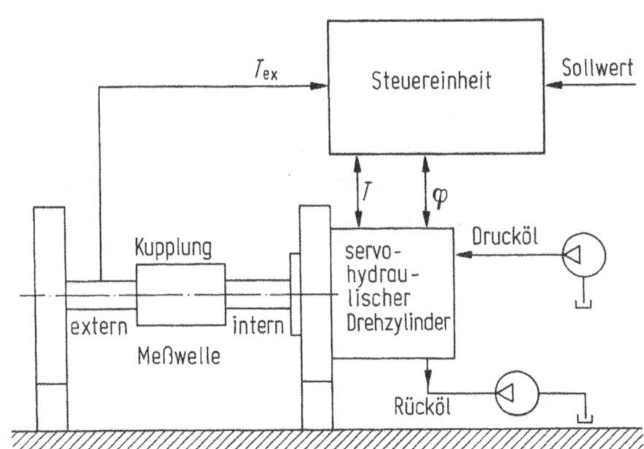

Bild 13.2. Prüfstandsaufbau

im Dauerprüfstand (Bild 13.2) an (Versuch 2 in Bild 13.4). Dabei wird nach Erreichen der Versuchstemperatur der Verdrehwinkel jeweils so eingestellt, daß die Kupplungen mit dem gewünschten T_{K0} belastet werden.

Die Versuche wurden bei folgenden Umgebungstemperaturen durchgeführt: −20, 0, 20, 40, 60 und 80 °C. Die Stoßbelastung wird im Einstufenversuch aufgebracht und in Stufen von $1 \cdot T_{KN}$, $2 \cdot T_{KN}$, $3 \cdot T_{KN}$, $4 \cdot T_{KN}$, $5 \cdot T_{KN}$ variiert. Die Zeit für das Durch-

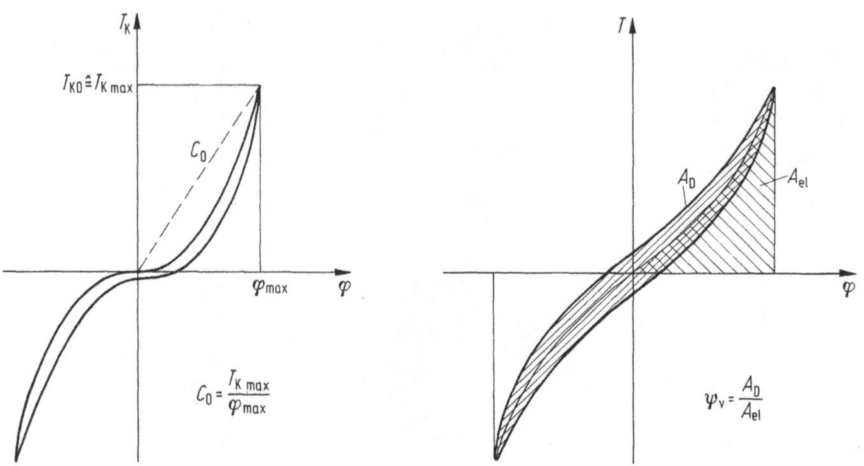

Bild 13.3. Vergleichskenngrößen für Steifigkeits- und Dämpfungsverhalten

laufen eines Lastpiels (entsprechend einem Anlauf) beträgt 6 s, so daß eine Schalthäufigkeit (bzw. Anlaufhäufigkeit) von 600/h erreicht wird. In Anlehnung an DIN 740 werden die Lastspielzahlen beim schwellenden Versuch auf 10^5 und bei wechselnder Beanspruchung auf $5 \cdot 10^4$ begrenzt. Nach Versuchsende wird die Kennlinie der Kupplung im statischen Verdrehversuch erneut aufgenommen (Versuch 3).

Die eingetretenen Veränderungen im Elastomer lassen sich durch Vergleich der Kenngrößen C_0 und ψ – aufgenommen vor Beginn und am Ende des Dauerversuchs bestimmen (Versuche 1 und 3). Zur Darstellung dieser Ergebnisse in den Diagrammen 1 bis 4 in Bild 13.4 werden Anfangsbelastung T_{K0} und der vor Versuchsbeginn eingestellte Verdrehwinkel als Parameter gewählt. Aus den Diagrammen 5 und 6 in Bild 13.4 sind die Abhängigkeiten zwischen Anfangsbelastung T_{K0}, bei Versuchsbeginn eingestelltem Verdrehwinkel φ und Umgebungstemperatur erkennbar.

Aus den während des Dauerversuchs (Versuch 2) kontinuierlich registrierten Drehmomentzeitverläufen kann die Abnahme des Anfangsmoments T_{K0} mit der Temperatur und der Lastwechselzahl N als Parameter (Diagramme 7 und 8) bestimmt und das am Ende der Versuche vorhandene Grenzmoment $T_{K\,Grenz}$ in Abhängigkeit von Temperatur und Anfangsmoment in den Diagrammen 9 und 10 (Bild 13.4) dargestellt werden. Alle Darstellungen in Bild 13.4 sind qualitativ.

Bei allen Versuchen und allen Kupplungen zeigt sich, daß das bei Versuchsbeginn eingestellte Drehmoment $T_{K0} = n\,T_{KN}$ mit $n < 3$ und Temperaturen unter 40 °C im Bereich von ca. $3 \cdot 10^4$ bis $4 \cdot 10^4$ Lastwechseln abfällt und dann bis zum Versuchsende konstant bleibt. Bei Versuchen mit höherer Anfangsbelastung $n > 3$ und Temperatur über 40 °C fällt das Moment auch noch bei höheren Lastwechselzahlen bis zum Versuchsende ab. Die bei Versuchsende (10^5 LW schwellend und $5 \cdot 10^4$ LW wechselnd nach DIN 740) noch vorhandenen Momente werden als Grenzdrehmomente $T_{K\,Grenz}$ definiert. In den Bildern 13.5 bis 13.10 wurde der Faktor $S(N, \vartheta) = T_{K0}/T_K$ für alle Kupplungen qualitativ dargestellt. Tendenzmäßig zeigt sich bei allen Kupplungen mit zunehmender Belastungszahl n, zunehmender Umgebungstemperatur und zunehmender Lastwechselzahl N ein Ansteigen des Faktors S. Diese Zusammenhänge können auch benutzt werden, um eine Definition des Nennmoments T_{KN} einer elastischen Ausgleichskupplung zu versuchen.

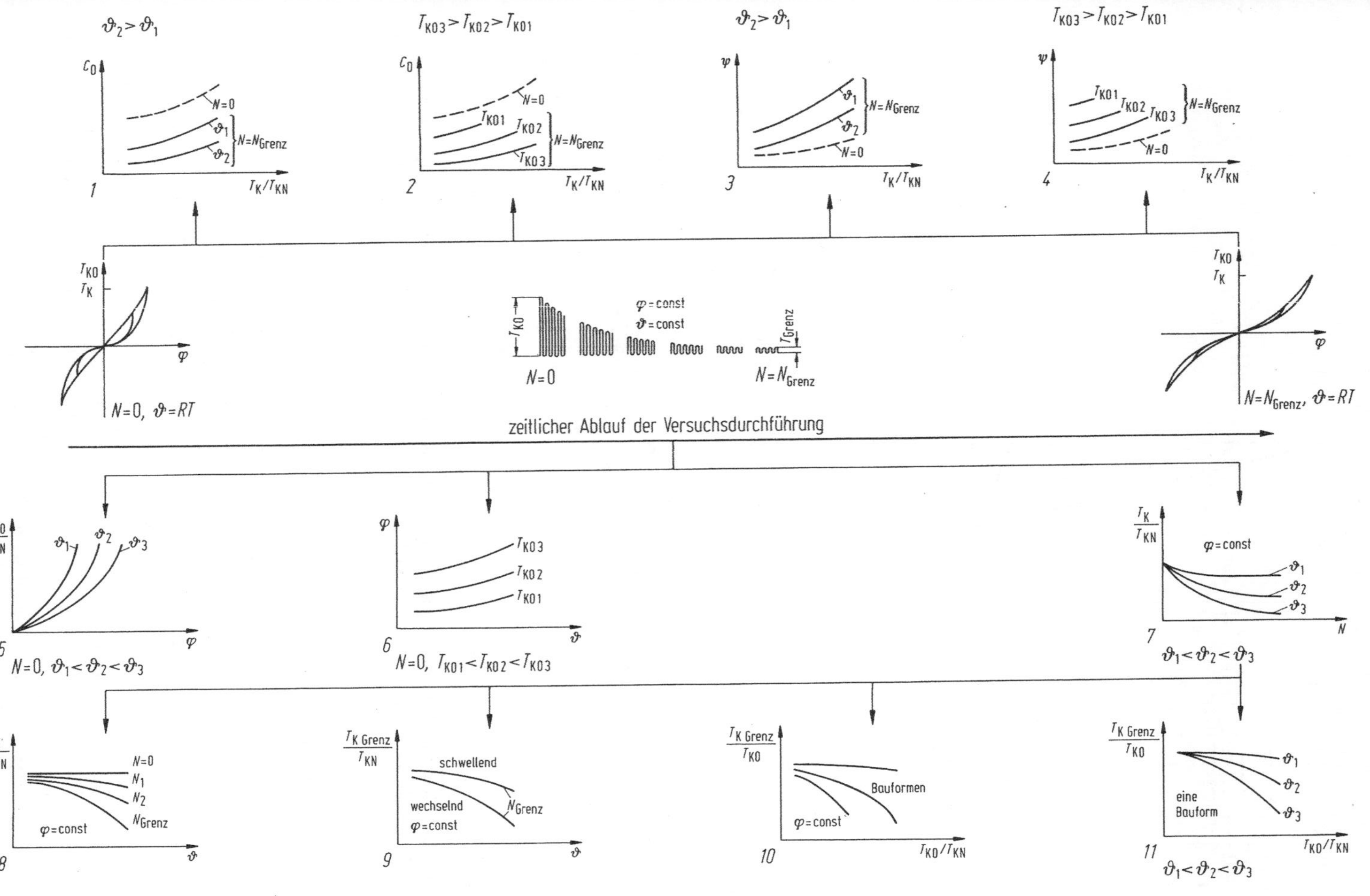

Bild 13.4. Verbindungen der Kenngrößen und ihre Darstellung aus Versuchsergebnissen

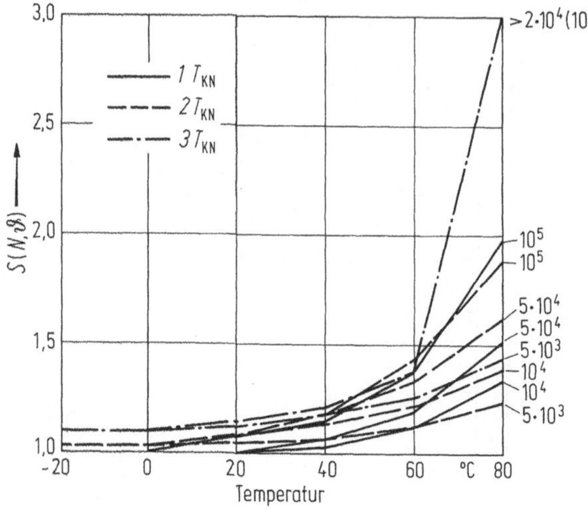

Bild 13.5. Kennzahl S in Abhängigkeit von der Belastungshöhe, Umgebungstemperatur und der Lastspielzahl für Kupplungstyp 1, Belastung schwellend, nach Bild 13.1

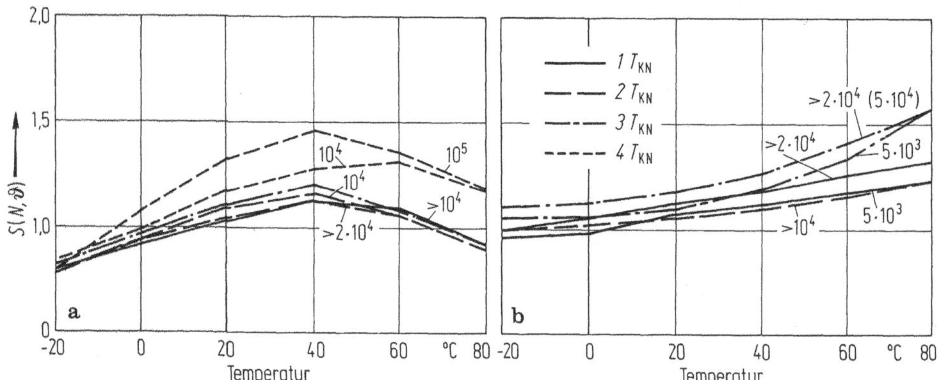

Bild 13.6. Kennzahl S in Abhängigkeit von der Belastungshöhe, Umgebungstemperatur und der Lastspielzahl für Kupplungstyp 2 nach Bild 13.1. a) Belastung schwellend; b) Belastung wechselnd

13.1.1 Ergebnisse

Aus den schwellend und wechselnd gefahrenen Dauerversuchen lassen sich für bestimmte Lastwechselzahlen N und Temperaturen ϑ für die Kupplungsdimensionierung im Zeitbereich Belastungskurven aufstellen, die die ertragbaren bezogenen Momente T_K/T_{KN} abhängig von N, ϑ und der Anfangsbelastung T_{K0}/T_{KN} angeben. Die Darstellungen in [49] zeigen (vgl. auch Diagramm 11 in Bild 13.4), daß bei höherer Anfangsbelastung $T_{K0} = nT_{KN}$ ein relativ stärkerer Abfall des Belastungsmoments bei konstantem Verdrehwinkel eintritt (Abnahme der Kupplungssteifigkeit).

Der Einfluß der Belastungsart zeigt sich darin, daß die Grenzdrehmomente bei wechselnder Belastung 10 bis 20 % unter denen bei schwellender Belastung liegen.

Zur Darstellung der eigentlichen Belastungsgrenzwerte, abhängig von den Versuchsparametern T_{KO}/T_{KN} und ϑ, werden die Grenzmomente $T_{K\,Grenz}$ auf die Anfangs-

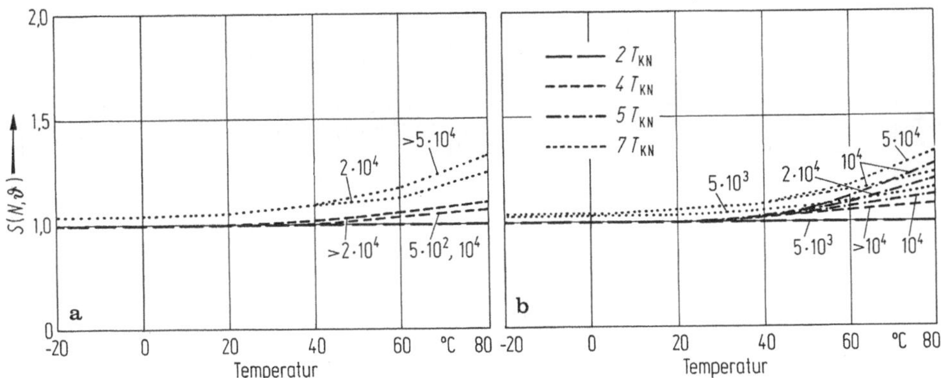

Bild 13.7a u. b. Kennzahl S in Abhängigkeit von der Belastungshöhe, Umgebungstemperatur und der Lastspielzahl für Kupplungstyp 3 nach Bild 13.1. a) Belastung schwellend; b) Belastung wechselnd

drehmomente T_{K0} bezogen. Mit dieser Darstellung lassen sich auch Kupplungsbauarten untereinander vergleichen (Diagramm 10 in Bild 13.4). Sie erlaubt es auch, den Steifigkeitsabfall bei vorgegebenen Versuchsverhältnissen T_{K0}/T_{KN}, ϑ, für jede Kupplungsbauart zu zeigen, da die Versuche mit konstantem Verdrehwinkel durchgeführt wurden.

Die Ergebnisse können auch dazu dienen, einen Temperatur- und Anlauffaktor in Anlehnung an DIN 740 auf der Basis der dieser Untersuchung zugrunde liegenden Versuchsbedingungen zu ermitteln. Beispielsweise kann der Quotient $S(N, \vartheta, n)$ für beliebiges N als ein temperatur- und belastungsabhängiger Faktor bezeichnet werden, der die Auswirkung der Lastwechsel, der Temperatur sowie der Belastungshöhe n erfaßt.

Das Nennmoment einer Kupplung ergibt sich dann, wenn die Kupplung mit dem n-fachen ($n = 1$ oder 2) Nennmoment $N_{max} = 10^5$ mal schwellend bzw. $N_{max} = 5 \cdot 10^4$ mal wechselnd belastet wird und der Faktor $S(N_{max}, \vartheta_{max})$ einen bestimmten Wert (z. B. 1,7 bei schwellender bzw. 1,5 bei wechselnder Belastung und einer festgelegten Umgebungstemperatur ϑ_{max} (z. B. 60 oder 80 °C je nach Werkstoff) nicht überschreitet (Bild 13.11).

Zur Bestimmung des Nennmoments sind demnach die Versuchsparameter n, $S(N, \vartheta)$ und ϑ_{max} festzulegen und die Höhe des Anfahrmoments $T_{K0} = n\,T_{KN}$ solange zu verändern, bis der Faktor $S(N, \vartheta)$ den geforderten Wert annimmt. Wendet man diese Betrachtungweise auf die Versuchsergebnisse an, so zeigt sich z. B., daß bei der Festlegung des Nennmoments mit $n = 2$ die Kupplung 4 unter- und die Kupplung 3 überdimensioniert wäre (Bilder 13.7 und 13.8).

Für die Praxis verwertbare Lebensdaueraussagen für größere Lastwechselzahlen lassen sich in Anlehnung an die Vorgehensweise bei metallischen Werkstoffen aus der experimentellen Bestimmung von Wöhler-Kurven für Kupplungen gewinnen. So zeigt Bild 13.12 den Festigkeitsverlauf der Elastomerelemente einer Hadeflex-Kupplung in Gestalt einer Wöhler-Kurve [83] für eine schwellende Belastung bei einer Belastungsfrequenz von 1 000 $\min^{-1}$. Das Bild zeigt auch bei den hohen Lastwechselzahlen eine langsam weiter abnehmende Festigkeit.

Liegen genügend experimentell bestimmte Wöhler-Kurven für eine Kupplung vor, so lassen sich daraus Smith-Diagramme entwickeln, wie sie von der Festigkeitsberech-

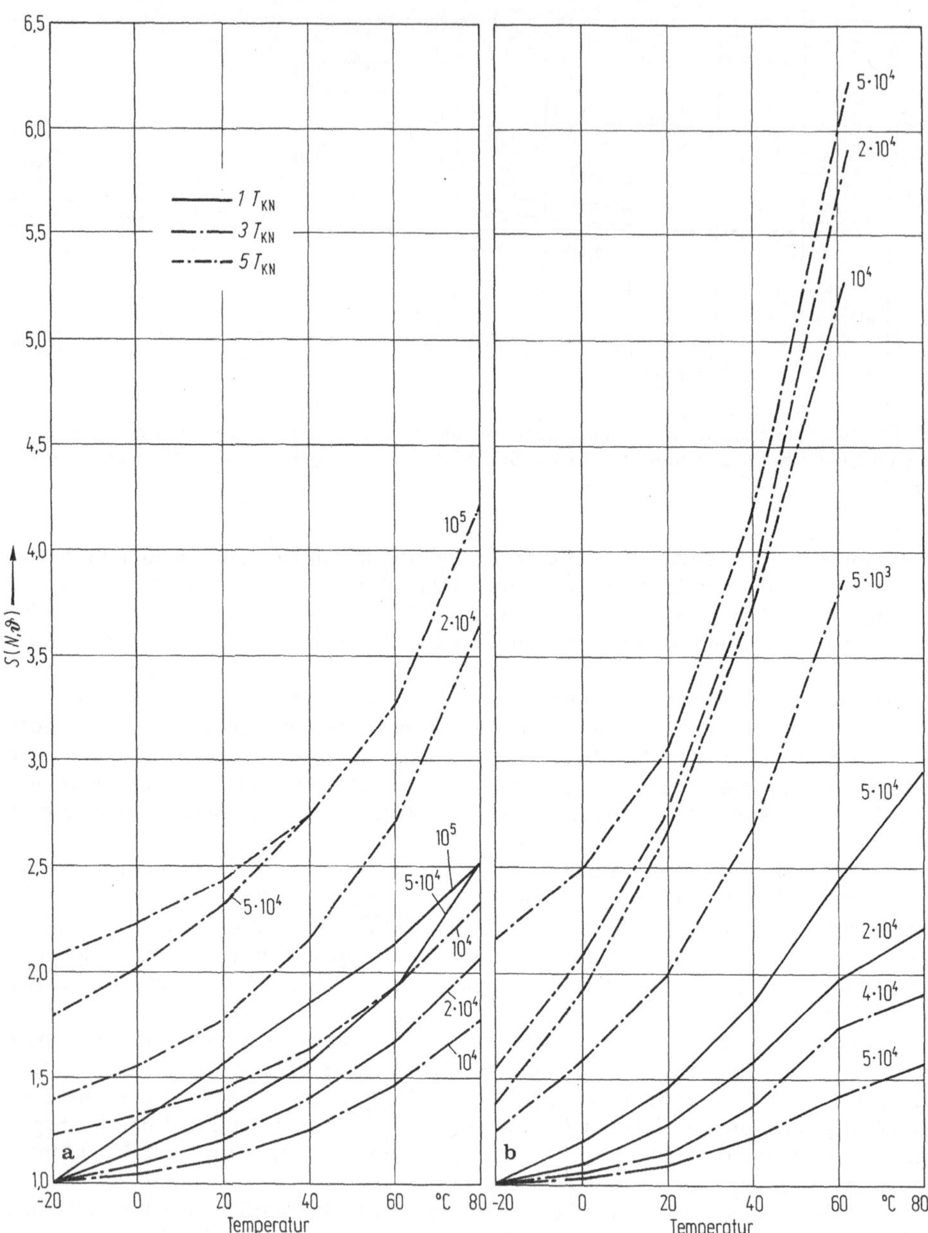

Bild 13.8a u. b. Kennzahl S in Abhängigkeit von der Belastungshöhe, Umgebungstemperatur und der Lastspielzahl für Kupplungstyp 4 nach Bild 13.1. a) Belastung schwellend; b) Belastung wechselnd

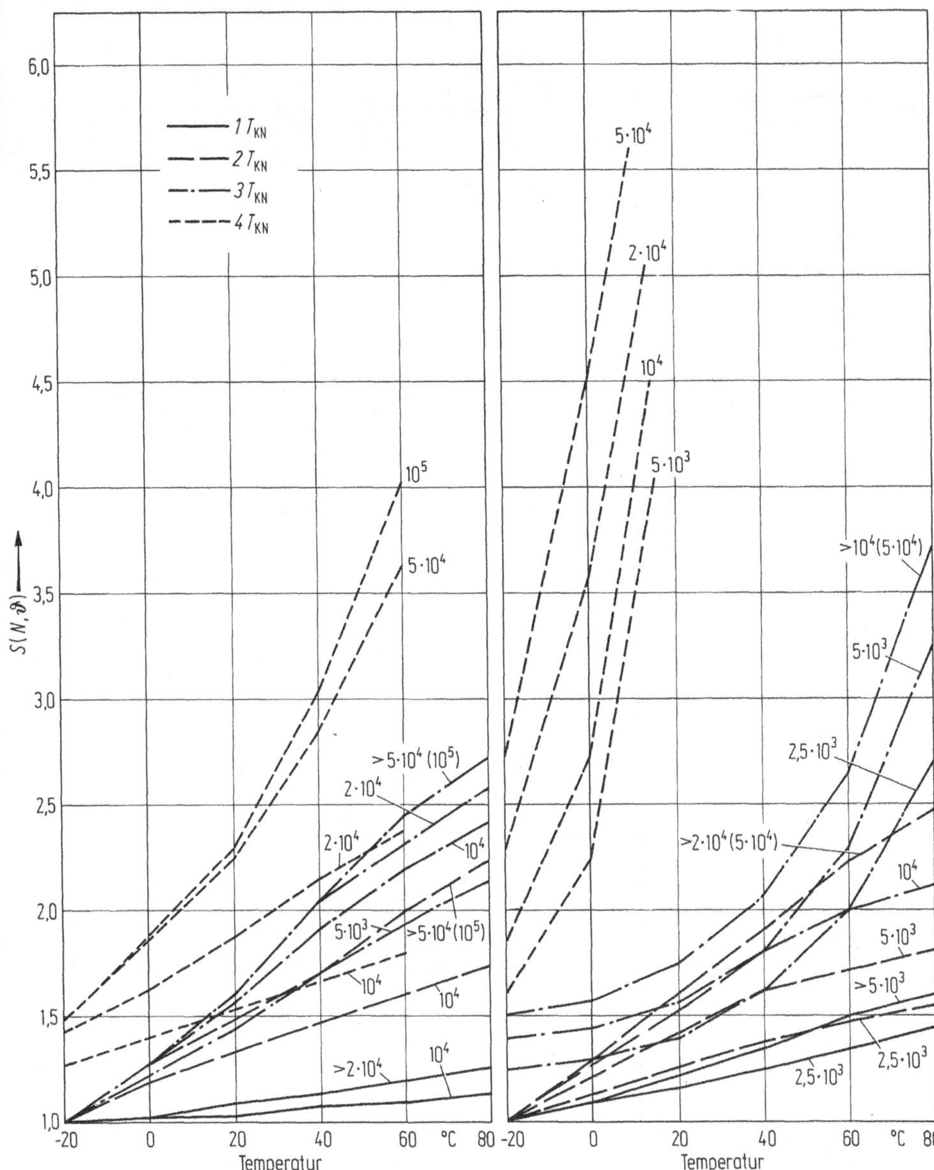

Bild 13.9a u. b. Kennzahl S in Abhängigkeit von der Belastungshöhe, Umgebungstemperatur und der Lastspielzahl für Kupplungstyp 5 nach Bild 13.1. a) Belastung schwellend; b) Belastung wechselnd

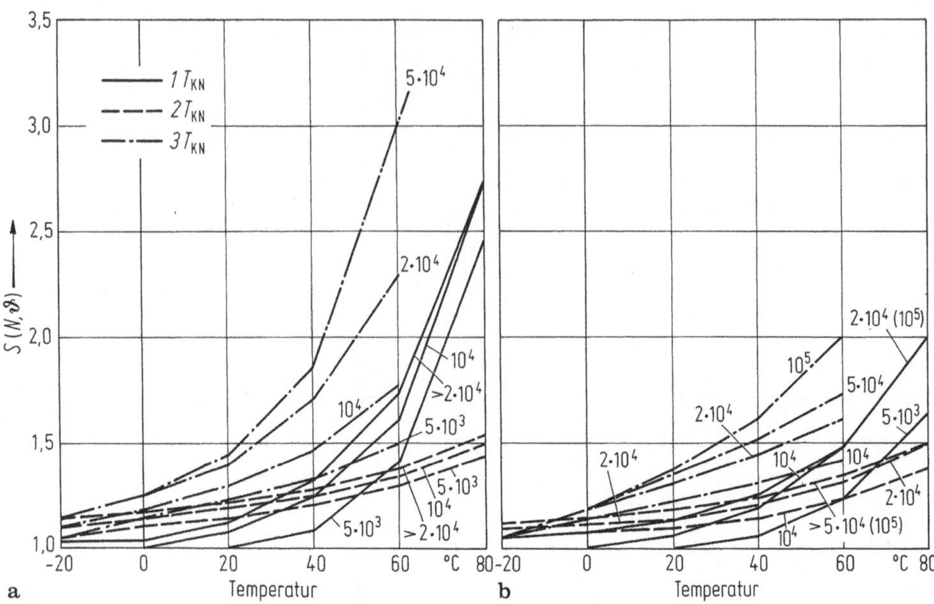

Bild 13.10 a u. b. Kennzahl S in Abhängigkeit von der Belastungshöhe, Umgebungstemperatur und der Lastspielzahl für Kupplungstyp 6 nach Bild 13.1. a) Belastung wechselnd; b) Belastung schwellend

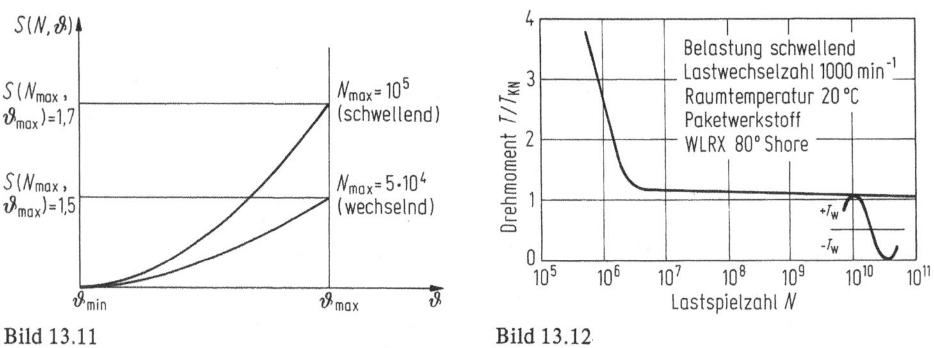

Bild 13.11. Verfahren zur Definition des Nennmoments

Bild 13.12. Festigkeit einer Hadeflex-Kupplung L 150 (Wöhler-Kurve) (Desch, Arnsberg)

nung für metallische Bauteile bekannt sind. Die Aufstellung eines Smith-Diagramms erfordert jedoch eine sinnvolle Festlegung der Grenzlastspielzahl, da bei Elastomeren im allgemeinen nicht mit einer Dauerfestigkeitsgrenze gerechnet werden kann.

In der Praxis ist zu beachten, daß die zulässigen Schwingungsamplituden auch entscheidend von der Drehzahl der Kupplung beeinflußt werden. Mit steigender Drehzahl nehmen Fliehkraftbeanspruchung und möglicherweise auch Kupplungstemperatur zu. Die Nutzungsdauer einer Kupplung wird deshalb von der Beanspruchungsfrequenz, der Drehzahl, dem Belastungskollektiv, der Temperatur sowie der Alterung durch Umgebungsmedien abhängen [65, 84–90].

Versuche mit Periflex-Kupplungen haben beispielsweise gezeigt, daß bis zu einer Belastungsfrequenz von 360 min^{-1} nur die Festigkeit des Gummireifens entscheidend ist, während für Belastungsfrequenzen über 360 min^{-1} auch die Erwärmung des Gummireifens Einfluß auf die Lebensdauer hat. Die bei dynamischer Beanspruchung durch hohe innere Werkstoffdämpfung erzeugte Wärmeenergie erhöht bei der im allgemeinen schlechten Wärmeleitfähigkeit die Temperatur im Werkstoff und führt zu seinem schnelleren Versagen. Für Elastomerelemente in Kupplungen werden deshalb höchstzulässige Temperaturen etwa 70 bis 80 °C festgelegt. Sie sind entsprechend der Materialdämpfung werkstoffabhängig. Bei Überschreiten dieser Grenztemperaturen werden größere plastische Verformungen und Zerstörungen beobachtet [84, 85, 87, 88, 90, 91]. Das endgültige Versagen z.B. in Form eines Bruchs der Elastomerelemente in einer Kupplung stellt das makroskopisch erkennbare letzte Glied einer Folge von Schadensprozessen im Mikrobereich dar.

13.2 Mikroskopisches Versagen

Molekulare Versagensvorgänge bei Elastomeren bestehen vorwiegend

- im Bereich von Kettenmolekülen unter mechanischer Belastung unter Bildung von Radikalen mit meist chemischen Folgereaktionen,
- in Hohlraumbildung im molekularen Bereich als Folge von Molekülbrüchen und Gleitbewegungen der Molekülketten,
- im Abgleiten von Kettenmolekülen.

Der Bruch von Kettenmolekülen ist ein Versagensprozeß, der zu einer Verminderung der Festigkeit und auch zur Reduktion des Elastizitätsmoduls führt, da die Kettenreste in Kettenrichtung Kräfte nicht mehr übertragen können. Meist wird der Kettenbruch des Elastomers auf die gemeinsame Einwirkung von mechanischen und thermischen Kräften zurückgeführt. Dabei können Kettenbrüche schon bei sehr geringen Spannungen auftreten, wenn nämlich bei geringen Dehnungen Kettenteile zwischen chemischen und physikalischen Vernetzungen bereits vollständig in Kraftrichtung gestreckt vorliegen, so daß eine weitere Dehnung zum Bruch führen muß. Das Bruchverhalten wird somit durch die Verteilung der Netzstellendichte im Material und durch die Kettenlängenverteilung zwischen den Netzstellen geprägt. Auch die Ausbildung von Hohlräumen als Folge einer inhomogenen Verteilung der Spannung kann lokal zu einer Überbeanspruchung von Kettenteilen führen.

Nach der Vorstellung von Griffith [92] tritt ein Wachstum mikroskopischer Risse ein, wenn die Energie, die elastisch im gedehnten Material gespeichert ist, größer wird als die Energie, die für die Ausbildung neuer Oberflächen im wachsenden Riß erforderlich ist. Es tritt demnach ein Kettenbruch dann auf, wenn die in den kritisch gespannten Ketten gespeicherte elastische Energie größer ist als die für die Ausbildung neuer Oberflächen, die als Folge eines Bruchs entstehen. Sie entspricht der Energie für den Kettenbruch. Durch Anwesenheit aggressiver Medien wird diese Energie herabgesetzt.

Nicht nur chemische, sondern auch physikalische Vernetzungen vermögen die viskoelastischen Eigenschaften von Materialien, die aus Kettenmolekülen aufgebaut sind, wesentlich zu beeinflussen. Unter physikalischer Vernetzung wird eine intermolekulare Fixierung der relativen Lage von Kettenteilen, die nicht durch kovalente Bindungen erzeugt wird, verstanden. Die Auflösung dieser physikalischen Vernetzung ist mit dem Auftreten von Kettengleitprozessen verknüpft, was zu einer Verschiebung der relativen Lagen von Kettenteilen führt. Somit kann das Kettenabgleiten als ein molekularer Versagensprozeß angesehen werden, verursacht er doch häufig eine irreversible Deformation. Ein direkter experimenteller Beweis für die physikalischen Vernetzungen, der sich auf Strukturuntersuchungen gründet, existiert nicht. Eine Fülle verschiedener experimenteller Ergebnisse zum mechanischen Verhalten von Polymeren weisen jedoch zweifelsfrei darauf hin, daß die Vorstellung über physikalische Vernetzungen und ihren Abbau durch Kettenabgleiten zutreffend sind. Das Abgleiten von Ketten führt zu einer Erniedrigung der effektiven Zahl der Vernetzungsstellen und kann somit ebenso wie der Kettenbruch als ein molekularer Versagensprozeß in Elastomeren angesehen werden.

In Gegenwart von Füllstoffen wird nicht nur das makroskopische, sondern auch das molekulare Versagensbild verändert. Dabei ist die Wechselwirkung zwischen der Matrix und dem Füllstoff eine entscheidende Größe. Füllstoffe können sowohl als Initiator für Risse, aber auch als Inhibator für die Rißbildung wirken. Prinzipiell muß man drei verschiedene Versagensfälle bei gefüllten Hochpolymeren unterscheiden:

- Bruch der Polymermatrix,
- Bruch innerhalb der Füllstoffpartikel,
- Bruch der Haftstellen zwischen Matrix und Füllstoff.

Insbesondere bei gutem Kontakt zwischen Matrix und (sog. aktivem) Füllstoff muß man mit Kettenbrüchen und Hohlraumbildung rechnen [93].

Literaturverzeichnis

1 Pahl, G.; Beitz, W.: Konstruktionslehre. Berlin, Heidelberg, New York: Springer 1977.
2 Pahl, G.: Förderung der Kreativität im Grundlagenfach Maschinenelemente durch methodisches Konstruieren. Konstr. 34 (1982) 313–319.
3 Fleiss, R.; Pahl, G.: Radial- und Axialkräfte beim Betrieb von Zahnkupplungen. VDI-Ber. 299 (1977) 153–159.
4 Benkler, H: Berechnung von Bogenzahnkupplungen. Fortschr.-Ber. VDI-Z. Reihe 1, Nr. 27 (1970).
5 Ehrlenspiel, K; Henkel, G.: Membrankupplungen als drehstarre biegenachgiebige Ganzmetallkupplung. VDI-Ber. 299 (1977) 161–169.
6 Henkel, G: Membrankupplungen: Theoretische und experimentelle Untersuchungen ebener und konzentrisch gewellter Kreisringmembranen. Diss. TU Hannover 1980.
7 Simrit Katalog Nr. 400, Ausgabe 1976.
8 Darenberg, D.; Rüggen, W.: Elastische Scheibenkupplung. Antriebstech. 18 (1979) 287–289.
9 Beitz, W.: Untersuchung der elastischen und dämpfenden Eigenschaften drehelastischer Kupplungen und ihre Dauerfestigkeit. VDI-Z. 104 (1962) 386.
10 Beitz, W.; Cornelius, E. A.: Bestimmung von Kenngrößen drehelastischer Kupplungen. Konstr. 13 (1961) 417–431.
11 Braun, W.; Fleischmann, E.: Einsatz hochelastischer Kupplungen in Anlagen mit Antrieb und Dieselmotoren. VDI-Ber. 299 (1977) 125–131.
12 Faust, W: Untersuchung über die Dämpfung und die dynamische Drehsteifigkeit bei hochelastischen Kupplungen. Konstr. 15 (1963) 235.
13 Faust, W.: Die Dämpfung und die dynamische Drehsteifigkeit bei hochelastischen Kupplungen. VDI-Ber. 73 (1963) 13–15.
14 Hiersig, H. M.: Hochdrehelastische Gummikupplungen für Schiffsantriebe. Antriebstech. 9 (1970) 274.
15 Ottl, D.: Schwingungen mechanischer Systeme mit Strukturdämpfung. VDI-Forsch.-Heft 603 (1981).
16 Pöllet, P.: Härteprüfung an Kunststoffen und Gummi. Kautsch., Gummi, Kunstst. 32 (1979) 11.
17 Schach, W.: Verhalten drehelastischer und drehnachgiebiger Kupplungen. Antriebstech. 3 (1964) 41–43.
18 Wiener, D.: Bestimmung der statischen und dynamischen Steifigkeit sowie der Dämpfung drehelastischer Kupplungen. Maschine 24 (1970) 35–37.
19 Wiener, D.: Elastische Kupplungen – Einsatzgebiete und Kriterien für die Auswahl. Maschine 24 (1970) 136.
20 DIN 740.
21 Darenberg, D.; Krellmann, H.; Rüggen, W: Kennwerte einer hochelastischen Kupplung, ihre Bedeutung und ihr Verhalten. Klepzig Fachber. 12 (1973) 17–20.
22 Jentzsch, J.; Malter, G.: Zur Abhängigkeit des E-Moduls bzw. des G-Moduls von der Beanspruchung. Plaste, Kautsch. 22 (1975) 30–32.
23 Jentzsch, J.; Dresig, H.; Horn, K.; Krause, K. H.: Deformationsmechanisches Verhalten von Gummi. Wiss. Z. TH Karl-Marx-Stadt 15 (1973) 359–378.
24 Kelp, D. V.: Verhalten und Einsatz von Gelenkwellen mit Gummi- Kugelelementen. Diss. TH Darmstadt 1972.
25 Nowacki, W.: Theorie des Kriechens; Lineare Viskoelastizität. Wien, New York: Springer 1965.

26 Japs, D.: Ein Beitrag zur analytischen Bestimmung des statischen und dynamischen Verhaltens gummielastischer Wulstkupplungen unter Berücksichtigung von auftretenden Axialkräften. Diss. TH Dortmund 1979.

27 Beitz, W.: Untersuchung der dämpfenden und elastischen Eigenschaften drehelastischer Kupplungen und ihrer Dauerfestigkeit. Diss. TU Berlin 1961.

28 Klingenberg, R.: Experimentelle und analytische Untersuchung des dynamischen Verhaltens drehnachgiebiger Kupplungen. Diss. TU Berlin 1977.

29 Haupt, P. H.: Viskoelastizität inkompressibler isotroper Stoffe: Approximation der allgemeinen Materialgleichung und Anwendung. Diss. TU Berlin 1971.

30 Kamke, E.: Differentialgleichungen, Lösungsmethoden und Lösungen, Teil I: Gewöhnliche Differentialgleichungen. Leipzig: Akad. Verl.-Ges. 1967.

31 Magnus, K.: Schwingungen. Stuttgart: Teubner 1976.

32 Dittrich, G.; Sommer, J.: Das instationäre Verhalten des linearen Schwingers mit einem Freiheitsgrad. VDI-Z. 118 (1976) 375–378 u. 477–482.

33 Klotter, K.: Technische Schwingungslehre, 1. Bd.: Einfache Schwinger, 3. Aufl. Teil A: Lineare Schwingungen; Teil B: Nichtlineare Schwingungen. Berlin, Heidelberg, New York: Springer 1978/80.

34 Dittrich, G.; Sommer, J.: Das instationäre Verhalten linearer Schwinger mit zwei und mehr Freiheitsgraden. VDI-Z. 120 (1978) 419–431.

35 Krings, W.; Waller, H: Numerisches Berechnen von Schwingungs- und Kriechvorgängen mit der Laplace-Transformation. Ing.-Arch. 44 (1975) 335–346.

36 Krings, W.; Waller, H.: Numerisches Berechnen mechanischer Einschwingvorgänge, eine Anwendung der schnellen Fourier-Transformation. VDI-Z. 116 (1974) 1385–1392

37 Klotter, K.: Neuere Methoden und Ergebnisse auf dem Gebiet der nichtlinearen Schwingungen. VDI-Ber. 4 (1955) 35–46

38 Bogoljubow, N. N.; Nitropolski, J. A.: Asymptotische Methoden in der Theorie der nichtlinearen Schwingungen. Berlin: Akademie-Verl. 1965.

39 Goloskokow, E. G.; Filippow, A. P.: Instationäre Schwingungen mechanischer Systeme. Berlin: Akademie-Verl. 1971.

40 Hagedorn, P.: Nichtlineare Schwingungen. Wiesbaden: Akad. Verl.-Ges. 1978.

41 Kauderer, H.: Nichtlineare Mechanik. Berlin, Göttingen, Heidelberg: Springer 1958.

42 Schmidt, G.: Parametererregte Schwingungen. Berlin: Dt. Verl. d. Wiss. 1975.

43 Stoker, J. J.: Nonlinear vibrations in mechanical und electrical systems. New York: Interscience 1950.

44 Magnus, K.: Über den Zusammenhang verschiedener Näherungsverfahren zur Berechnung nichtlinearer Schwingungen. Z. angew. Math. Mech. 37 (1957) 471–485.

45 Steinhilper, W.: Berechnung von drehelastischen Kupplungen mit nichtlinearer Kennlinie. Konstr. 18 (1966) 50–57

46 Jordan-Engeln, G.; Reutter, F.: Numerische Mathematik für Ingenieure. Mannheim: Bibl. Inst. 1973.

47 Grigorieff, R. D.: Numerik gewöhnlicher Differentialgleichungen I (Einschrittverfahren). Stuttgart: Teubner 1972.

48 Collatz, L.: The numerical treatment of differential equations. Berlin: Springer 1966.

49 Gear, C. W.: Numerical initial value problems in ordinary differential equations. Englewood Cliffs: Prentice Hall 1971.

50 Grigorieff, R. D.: Numerik gewöhnlicher Differentialgleichungen II (Mehrschrittverfahren). Stuttgart: Teubner 1977.

51 Henrici, P.: Discrete variable methods in ordinary differential equations. New York: Wiley 1962.

52 Jordan-Engeln, G.; Ruetter, F.: Formelsammlung zur numerischen Mathematik mit FORTRAN-IV-Programmen. Mannheim: Bibl. Inst. 1976.

53 Noble, B.: Numerisches Rechnen II. Mannheim: Bibl. Inst. 1973.

54 Stiefel, E.: Einführung in die numerische Mathematik. Stuttgart: Teubner 1976.

55 Stummel, F.; Hainer, K.: Praktische Mathematik. Stuttgart: Teubner 1971

56 Zurmühl, R.: Praktische Mathematik für Ingenieure und Physiker. Berlin, Heidelberg, New York: Springer 1965.

57 Diekhans, G.: Numerische Simulation von parametererregten Getriebeschwingungen. Diss. TH Aachen 1981.

58 Troeder, Ch.; Peeken, H.: Berechnung der instationären Beanspruchungsgrößen von nichtlinearen und spielbehafteten Maschinenanlagen. Konstr. 28 (1976) 129–137.
59 Troeder, Ch.; Peeken, H.; Diekhans, G.: Systemverhalten bei spielbehafteten und nichtlinearen Elementen beim Anfahren und im Betrieb. VDI-Ber. 299 (1977) 5–25.
60 Bonfert, K.: Betriebsverhalten der Synchronmaschine. Berlin, Göttingen, Heidelberg: Springer 1962.
61 Schuisky, W.: Induktionsmaschinen. Wien: Springer 1957.
62 Troeder, Ch.; Hinrichs, A.: Ermittlung und Berechnung der auf die Ausgleichskupplungen und angeschlossenen Aggregate einwirkenden Stoßdrehmomente beim Anfahren von Elektromotoren. FVA-Forsch.-Heft 16 (1974).
63 Peeken, H.; Troeder, Ch.; Diekhans, G. Torsional vibrations during the starting process in driving systems with three phase motors. Inst. of Mech. Eng. 2. Int. Conf. „Vibrations in rotating machinery“, Cambridge 1980.
64 Diekhans, G.; Troeder, Ch.: Stoßdrehmomente bei Freilaufkupplungen in Kombination mit drehelastischen Kupplungen beim Antrieb durch Asynchron-Elektromotoren.
65 Diekhans, G.; Troeder, Ch.: Belastungsatlas – Ermittlung und Berechnung der auf die Ausgleichskupplungen und angeschlossenen Aggregate einwirkenden Stoßdrehmomente beim Anfahren von Elektromotoren FVA-Forsch.-Heft 45 (1977).
66 Peeken, H.; Troeder, Ch.; Diekhans, G.: Stoßdrehmomente in Antriebssystemen mit Freilaufkupplungen in Kombination mit drehelastischer Kupplung. Antriebstech. 19 (1980) 612–617.
67 Troeder, Ch.: Dynamik von Maschinenantrieben mit nichtlinearen Maschinenelementen. Habil. TH Aachen 1978.
68 Peeken, H.; Troeder, Ch.; Diekhans, G.: Beanspruchung elastischer Kupplungen in Antriebssystemen mit Asynchron-Motoren. Antriebstech. 18 (1979) 484–489.
69 Weck, M.: Werkzeugmaschinen, Bd. 2; Berechnung und Konstruktion. Düsseldorf: VDI-Verl. 1981.
70 N. N.: Drehzahlregelung von Drehstrommotoren durch Frequenzumrichter. PIV Werner Reimers GmbH.
71 Lütkenhaus, H. J.: Drehmoment-Oberschwingungen bei Stromrichtermotoren. AEG-Industrie-Großanlagen.
72 Zeman, J.: Dynamische Zahnkräfte in Zahnradgetrieben. VDI-Z. 99 (1957) 244–254.
73 Dittrich, G.; Krumm, H.: Parametrische Drehschwingungen bei Kopplung von Kraft- und Arbeitsmaschinen mit periodisch veränderlichen Massenträgheitsmomenten. Forsch. Ing.Wes. 46 (1980) 181–195
74 Tondorf, J.: Einfluß des Aussetzergetriebes auf das Drehschwingungsverhalten von Antriebsanlagen mit Kolbenmotoren. Diss. TH Aachen 1981.
75 Backé, W.: Grundlagen der Ölhydraulik. Vorlesungsumdruck 1972.
76 Peeken, H.; Troeder, Ch.; Diekhans, G.; Laschet, A.: Instationäre Kupplungsbelastungen. FVA-Forsch.-Heft 121 (1982).
77 Magnus, K: Über den Zusammenhang verschiedener Näherungsverfahren zur Berechnung nichtlinearer Schwingungen. Z. angew. Math. Mech. 37 (1957) 471–485.
78 Troeder, Ch.; Hinrichs, A.; Peeken, H.: Ermittlung und Berechnung der auf die Ausgleichskupplungen und angeschlossenen Aggregate einwirkenden Stoßdrehmomente beim Anfahren von Elektromotoren. FVA-Forsch.-Heft 26 (1974).
79 Pinnekamp, W.: Drehschwingungen in Antrieben mit Kolbenmaschinen beim Durchfahren von Resonanzen während des Anlaufs. VDI-Z. 104 (1962) Nr. 13.
80 VDI – Wärmeatlas: Berechnungsblätter für den Wärmeübergang, 3. Aufl. Düsseldorf: VDI-Verl. 1977.
81 Kreith, F.: Connective heat transfer in rotating systems. Adv. Heat Transfer. 5 (1968).
82 Troeder, Ch.; Peeken, H.: Anlauf-, Temperatur- und Vergrößerungsfaktoren drehelastischer Kupplungen. FVA-Forsch.-Heft 78 (1979).
83 Desch: Antriebstechnische Information 29 (1976).
84 Bosch, M: Über das dynamische Verhalten von Stirnradgetrieben unter Berücksichtigung der Verzahnungsgenauigkeit. Diss. TH Aachen 1965.
85 Brauer, J.: Rheonome Schwingungserscheinungen in evolventenverzahnten Stirnradgetrieben. Diss. TU Berlin 1969
86 Gear, C. W.: Numerical initial value problems in ordinary differential equations. Englewood Cliffs: Prentice Hall 1971.

87 Peeken, H.; Troeder, Ch.; Diekhans, G.: Parametererregte Getriebeschwingungen. Teil 1–4. VDI-Z. 122 (1980) 869–877, 967–977, 1029–1043, 1101–1113.
88 Rettig, H.: Dynamische Zahnkraft. Diss. Th. München 1956.
89 Rettig, H.: Zahnkräfte und Schwingungen in Stirnradgetrieben. Konstr. 17 (1965) 41–53.
90 Rohrbach, R.; Stein, H.; Wriggers, P.: Vergleichende Betrachtungen des Runge-Kutta-Nystrom- und des Newmark-Verfahrens zur Integration von Systemen nichtlinearer Bewegungsgleichungen. Z. angew. Math. Mech. 58 (1978) 168–170.
91 Jordan-Engeln, G.; Reutter, F.: Numerische Mathematik für Ingenieure. Mannheim: Bibl. Inst. 1973.
92 Griffith, A. A.: The phenomena of rupture and flow in solids. Philos. Trans. R. Soc. London, Ser. A221 (1920) 163–197.
93 Braun, D.; Wendorff, J. H.: Untersuchung von molekularen Versagensvorgängen in Elastomeren. Kautsch. Gummi 33 (1980) 821–829.
94 Diekhans, G: Instationäre Kupplungsbelastung (Programmbeschreibung DRESP1), FVA-Forsch.-Vorhaben Nr. 59, Heft Nr. 124, Frankfurt 1982.
95 Troeder, Ch.; Schmidt, J.: Programmbeschreibung DRESP2, FVA-Forsch.-Vorhaben Nr. 96. (erscheint demnächst als FVA-Heft).
96 Laschet, A.: Einsatz der digitalen Simulation bei der Auslegung dynamisch beanspruchter Antriebssysteme. VDI-Ber. 524, Antriebstechnisches Kolloquium ATK 84, Düsseldorf 1984.
97 Weck, M.; Klingenberg, G.; Stöck, H.-P.: CAD-Ber.: Programmsystem zur Simulation dynamischer Prozesse. KfK-CAD 121, Karlsruhe 1979.
98 N. N.: Advanced continuous simulation language (ACSL). Mitchell and Gauthier, 1981.
99 N. N.: Dynamic analysis and design system (DADS). Center for Computer Aided Design, College of Engineering, University of Iowa.

SACHVERZEICHNIS